AutoCAD 2018

中文版建筑设计

从入门到精通

■ 刘炳辉 井水兰 编著

人民邮电出版社

北京

图书在版编目（CIP）数据

AutoCAD 2018中文版建筑设计从入门到精通 / 刘炳辉，井水兰编著. -- 北京：人民邮电出版社，2019.1（2023.1重印）
ISBN 978-7-115-49518-1

Ⅰ. ①A… Ⅱ. ①刘… ②井… Ⅲ. ①建筑设计－计算机辅助设计－AutoCAD软件 Ⅳ. ①TU201.4

中国版本图书馆CIP数据核字(2018)第228010号

内 容 提 要

本书主要讲解利用 AutoCAD 2018 中文版软件绘制各种建筑设计施工图的实例与技巧。

全书共分 3 篇 13 章，第一篇为基础知识篇，分别介绍 AutoCAD 2018 入门、二维绘图命令、二维编辑命令、辅助绘图工具。第二篇为建筑施工图篇，以某低层住宅楼为例分别讲述了建筑设计基本知识、绘制建筑总平面图、绘制建筑平面图、绘制建筑立面图、绘制建筑剖面图和绘制建筑详图，将建筑设计的全部流程完整地展示给读者。第三篇为综合实例篇，围绕某别墅建筑设计这个典型综合案例展开，讲述其设计的全过程，包括绘制总平面图、平面图、立面图和剖面图等。各章之间紧密联系，前后呼应。

本书面向初、中级用户以及对建筑设计比较了解的技术人员而编写，旨在帮助读者用较短的时间快速熟练地掌握使用 AutoCAD 2018 中文版软件绘制各种建筑设计实例的应用技巧，并提高建筑设计的质量。

为了方便广大读者更加形象直观地学习此书，随书通过二维码配赠电子资料包，包含全书实例操作过程作者配音录屏 AVI 文件和实例源文件，以及一些对读者学习有所帮助且具有很高价值的电子书。

◆ 编　　著　刘炳辉　井水兰
　　责任编辑　俞　彬
　　责任印制　马振武

◆ 人民邮电出版社出版发行　　北京市丰台区成寿寺路 11 号
　　邮编　100164　电子邮件　315@ptpress.com.cn
　　网址　http://www.ptpress.com.cn
　　北京虎彩文化传播有限公司印刷

◆ 开本：787×1092　1/16
　　印张：16　　　　　　　　　　2019 年 1 月第 1 版
　　字数：458 千字　　　　　　　2023 年 1 月北京第 7 次印刷

定价：49.00 元

读者服务热线：(010)81055410　印装质量热线：(010)81055316
反盗版热线：(010)81055315
广告经营许可证：京东市监广登字 20170147 号

前　言

AutoCAD是美国Autodesk公司开发的计算机辅助设计软件，是当今世界上获得众多用户首肯的计算机辅助设计软件。它具有体系结构开放、操作方便、易于掌握、应用广泛等特点，深受各行各业尤其是建筑和工业设计技术人员的欢迎。

随着人们对生活居住环境和空间的需求急剧增长，我国将迎来公共场馆、写字楼以及住宅等的建设高潮，建筑工程领域急需掌握AutoCAD的各种人才。对一个建筑设计师或技术人员来说，熟练掌握和运用AutoCAD进行建筑设计是非常必要的。本书以简体中文版AutoCAD 2018作为设计软件，结合各种建筑设计工程的特点，精心挑选了两个常见且具有代表性的建筑设计案例——普通单元住宅建筑和别墅建筑，讲述了在现代建筑设计中，使用AutoCAD绘制各种建筑图形的总平面图、平面图、立面图、剖面图和详图等相关建筑图样的方法与技巧。

一、本书特色

市场上的AutoCAD建筑设计书籍比较多，但读者要挑选一本自己中意的书却很困难，真是"乱花渐欲迷人眼"。那么，本书为什么能够在您"众里寻她千百度"之际，于"灯火阑珊"处"蓦然回首"呢？那是因为本书有以下四大特色。

实例典型

本书围绕两个常见的和具有代表性的建筑设计空间——普通单元住宅建筑和别墅建筑空间的绘制过程讲解在建筑设计工程实践中使用AutoCAD软件及绘制建筑详图的思路与技巧，不仅保证了读者能够学好知识点，更重要的是能帮助读者掌握具有工程实践意义的操作技能。

内容全面

本书在有限的篇幅内，包罗了AutoCAD常用的功能以及常见的建筑设计类型，涵盖了AutoCAD绘图基础知识、总平面图、平面图、立面图、剖面图及建筑详图等全方位的知识。真正做到"秀才不出门，便知天下事"。读者只要有本书在手，就能做到AutoCAD建筑设计知识全精通。本书实例的演练，能够帮助读者找到一条学习AutoCAD建筑设计的捷径。

提升技能

本书从全面提升建筑设计与AutoCAD应用能力的角度出发，结合具体的案例来讲解如何使用AutoCAD 2018进行建筑设计，真正让读者懂得计算机辅助建筑设计，从而独立地完成各种建筑设计任务。

作者权威

本书作者是Autodesk中国认证考试中心首席专家，有多年的计算机辅助建筑设计领域的工作经验和教学经验。本书是作者总结多年的设计经验以及教学的心得体会，精心编著完成的，力求全面细致地展现出AutoCAD 2018在建筑设计各个应用领域的各种功能和使用方法。

二、扫码看视频

为了方便读者学习，本书以二维码的方式提供了大量视频教程，扫描"云课"二维码即可获得全书视频，也可扫描正文中的二维码观看对应章节的视频。

云课

三、本书资源

本书除有传统的书面讲解外，随书配送了丰富的学习资源。扫描"资源下载"二维码，即可获得下载方式。资源包含全书实例建筑设计图纸和全书所有实例操作过程配音录屏AVI文件。为了增强教学的效果，更进一步方便读者的学习，作者将多年操作应用AutoCAD软件的心得和技巧进行了总结，集结成"AutoCAD应用技巧大全"电子书随书赠送；另外随书还赠送"AutoCAD常用工具按钮速查手册"电子书，希望对读者的学习有所裨益。

资源下载

　　提示：关注"职场研究社"公众号，回复关键词"49518"即可获得所有资源的获取方式。

四、致谢

　　本书由河北省人民医院的刘炳辉和井水兰两位高级工程师编著，Autodesk公司中国认证考试管理中心首席专家胡仁喜博士审校。薄亚、方月、刘浪、穆礼渊、郑传文、韩冬梅、李瑞、张秀辉、张亭、秦志霞、井晓翠、解江坤、闫国超、吴秋彦、毛璐、张红松、陈晓鸽、左昉、禹飞舟、杨肖、吕波、贾燕、刘建英等参与了具体章节的编写或为本书的出版提供了必要的帮助，对他们的付出表示真诚的感谢。

　　由于时间仓促，加上编者水平有限，书中不足之处在所难免，望广大读者发送邮件到win760520@126.com批评指正，也可以与本书责任编辑俞彬联系交流（电子邮件yubin@ptpress.com.cn）。欢迎加入三维书屋图书学习交流群（QQ：597056765或379090620）就软件安装方法、本书学习问题等展开交流探讨。

编者
于2018年9月

目　录

| 第一篇　基础知识篇 |

| 第二篇　建筑施工图篇 |

第三篇　综合实例篇

第一篇　基础知识篇

本篇导读：

　　本篇主要介绍 AutoCAD 2018 的基础知识，目的是为下一步建筑设计案例讲解做必要的知识准备。这一部分内容主要介绍 AutoCAD 2018 的基本绘图方法和快速绘图工具的使用。

内容要点：

◆ AutoCAD 2018 入门
◆ 二维绘图命令
◆ 二维编辑命令
◆ 辅助绘图工具

第1章

AutoCAD 2018 入门

在本章中，我们开始循序渐进地学习 AutoCAD 2018 绘图的有关基本知识。了解如何设置图形的系统参数、样板图，熟悉建立新的图形文件、打开已有文件的方法等。为后面进入系统学习准备必要的知识。

知识点

- 操作界面
- 配置绘图系统
- 设置绘图环境
- 文件管理
- 基本输入操作
- 图层设置
- 绘图辅助工具

1.1 操作界面

AutoCAD的操作界面是打开软件显示的第一个画面，也是AutoCAD显示、编辑图形的区域。下面先对操作界面进行简要介绍，帮助读者进入AutoCAD的领域。

AutoCAD的操作界面是AutoCAD显示、编辑图形的区域。图1-1所示为启动AutoCAD 2018后的默认界面，这个界面是AutoCAD 2016以后的界面风格。

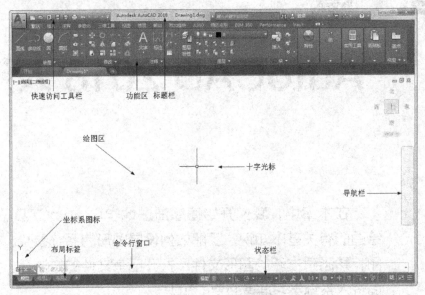

图1-1 AutoCAD 2018 中文版的操作界面

一个完整的草图与注释操作界面包括标题栏、绘图区、十字光标、坐标系图标、命令行窗口、状态栏、布局标签和快速访问工具栏等。

1.1.1 | 标题栏

在AutoCAD 2018中文版绘图窗口的最上端是标题栏。在标题栏中，显示了系统当前正在运行的应用程序（AutoCAD 2018）和用户正在使用的图形文件。在用户第一次启动AutoCAD时，在AutoCAD 2018绘图窗口的标题栏中，将显示AutoCAD 2018在启动时创建并打开的图形文件的名字Drawing1.dwg，如图1-1所示。

1.1.2 | 绘图区

绘图区是指标题栏下方的大片空白区域，绘图区域是用户使用AutoCAD绘制图形的区域，用户完成一幅设计图形的主要工作都是在绘图区域中完成的。

在绘图区域中，还有一个作用类似光标的十字线，其交点反映了光标在当前坐标系中的位置。在AutoCAD中，将该十字线称为光标，如图1-1所示，AutoCAD通过光标显示当前点的位置。十字线的方向与当前用户坐标系的X轴、Y轴方向平行，十字线的长度系统预设为屏幕大小的5%。

1. 修改图形窗口中十字光标的大小

光标的长度系统预设为屏幕大小的5%，用户可以根据绘图的实际需要更改其大小。改变光标大小的方法为：在绘图窗口中选择菜单栏中的"工具"→"选项"命令，屏幕上将弹出关于系统配置的"选项"对话框。打开"显示"选项卡，在"十字光标大小"区域中的编辑框中直接输入数值，或者拖动编辑框后的滑块，即可以对十字光标的大小进行调整，如图1-2所示。

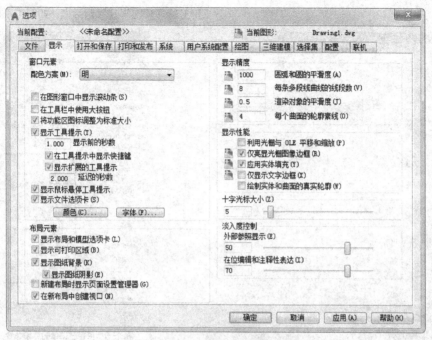

图1-2 "选项"对话框中的"显示"选项卡

此外，还可以通过设置系统变量CURSORSIZE的值，实现对其大小的更改，其方法是在命令行中输入如下命令。

```
命令：CURSORSIZE ✓
输入 CURSORSIZE 的新值 <5>：✓
```

在提示下输入新值即可，默认值为5%。

2. 修改绘图窗口的颜色

在默认情况下，AutoCAD的绘图窗口是黑色背景、白色线条，这不符合绝大多数用户的习惯，因此修改绘图窗口颜色是大多数用户都需要进行的操作。

修改绘图窗口颜色的操作步骤如下。

（1）选择菜单栏中的"工具"→"选项"命令，打开"选项"对话框，选择如图1-2所示的"显示"选项卡，单击"窗口元素"区域中的"颜色"按钮，将打开如图1-3所示的"图形窗口颜色"对话框。

（2）单击"图形窗口颜色"对话框中的"颜色"下拉箭头，在打开的下拉列表中，选择需要的窗口颜色，然后单击"应用并关闭"按钮，此时AutoCAD的绘图窗口变成了窗口背景色，通常按视觉习惯选择白色为窗口颜色。

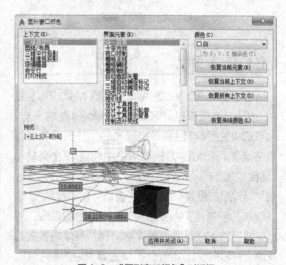

图1-3 "图形窗口颜色"对话框

1.1.3 坐标系图标

在绘图区域的左下角，有一个箭头指向图标，称之为坐标系图标，表示用户绘图时正使用的坐标系形式，如图1-1所示。坐标系图标的作用是为点的坐标确定一个参照系。根据工作需要，用户可以选择将其关闭。其方法是：选择菜单栏中的"视图"→"显示"→"UCS图标"→"开"命令，如

图1-4所示。

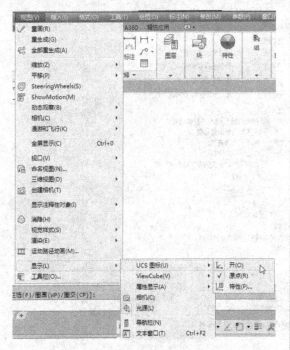

图1-4 "视图"菜单

1.1.4 | 菜单栏

在AutoCAD 绘图窗口标题栏的下方是AutoCAD的菜单栏。同其他Windows程序一样，AutoCAD的菜单也是下拉形式的，并在菜单中包含子菜单。AutoCAD的菜单栏中包含12个菜单："文件""编辑""视图""插入""格式""工具""绘图""标注""修改""参数""窗口"和"帮助"，这些菜单几乎包含了AutoCAD 的所有绘图命令，后面的章节将围绕这些菜单详细讲述，具体内容在此从略。一般来讲，AutoCAD下拉菜单中的命令有以下3种。

1.带有子菜单的菜单命令

这种类型的命令后面带有小三角形，例如，单击菜单栏中的"绘图"菜单，指向其下拉菜单中的"圆弧"命令，屏幕上就会进一步显示出"圆弧"子菜单中所包含的命令，如图1-5所示。

2.打开对话框的菜单命令

这种类型的命令后面带有省略号，例如，单击菜单栏中的"格式"菜单，选择其下拉菜单中的"表格样式"命令，如图1-6所示。屏幕上就会打开

对应的"表格样式"对话框，如图1-7所示。

图1-5 带有子菜单的菜单命令

图1-6 打开对话框的菜单命令

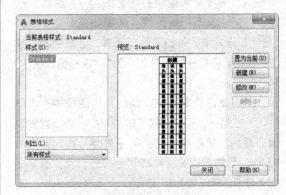

图1-7 "表格样式"对话框

3. 直接执行操作的菜单命令

这种类型的命令后面既不带小三角形，也不带省略号，选择该命令将直接进行相应的操作。例如，选择菜单栏中的"视图"→"重画"命令，系统将刷新显示所有视口，如图1-8所示。

图1-8　直接执行操作的菜单命令

1.1.5 工具栏

工具栏是一组图标型工具的集合，选择菜单栏中的"工具"→"工具栏"→"AutoCAD"命令，如图1-9所示。调出所需要的工具栏，把光标移动到某个图标，稍停片刻即在该图标一侧显示相应的工具提示。此时，单击图标也可以启动相应命令。

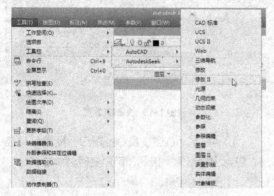

图1-9　调出工具栏

调出一个工具栏后，也可将光标放在任一工具栏的非标题区，右击，系统会自动打开单独的工具栏标签，如图1-10所示。单击某一个未在界面中显示的工具栏名，系统自动在界面中打开该工具

栏；反之，则关闭工具栏。

图1-10　工具栏标签

工具栏可以在绘图区"浮动"，如图1-11所示。此时显示该工具栏标题，并可关闭该工具栏，用鼠标可以拖动浮动工具栏到图形区边界，使其变为固定工具栏，此时该工具栏标题隐藏。用户也可以把固定工具栏拖出，使其成为浮动工具栏。

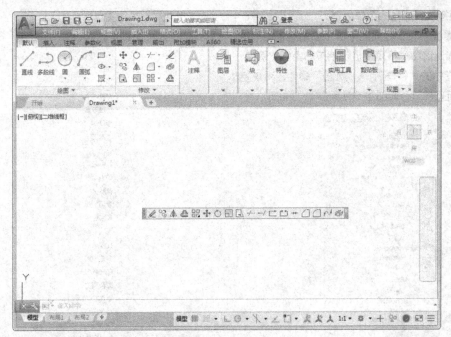

图1-11 浮动工具栏

在有些图标的右下角带有一个小三角，将光标
移到小三角上按住鼠标左键会打开相应的工具栏，
再将光标移动到某一图标上然后释放，该图标就为
当前图标。单击当前图标，即可执行相应命令，如
图1-12所示。

图1-12 打开工具栏

1.1.6 命令行窗口

命令行窗口是输入命令名和显示命令提示的区
域，默认的命令行窗口布置在绘图区下方，是若干
文本行，如图1-1所示。对命令行窗口，有以下几
点需要说明。

（1）移动拆分条，可以扩大与缩小命令行
窗口。

（2）用户可以拖动命令行窗口，布置在屏幕上
的其他位置。默认情况下布置在图形窗口的下方。

（3）对当前命令行窗口中输入的内容，可以
按F2键用文本编辑的方法进行编辑，如图1-13所
示。AutoCAD文本窗口和命令行窗口相似，它可以

显示当前AutoCAD进程中命令的输入和执行过程，
在执行AutoCAD某些命令时，它会自动切换到文
本窗口，列出有关信息。

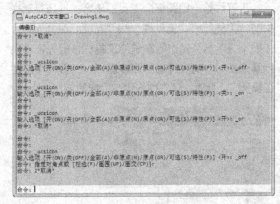

图1-13 文本窗口

（4）AutoCAD通过命令行窗口，反馈各种信
息，包括出错信息。因此，用户要时刻关注在命令
行窗口中出现的信息。

1.1.7 布局标签

AutoCAD 系统默认设定一个模型空间布局标
签和"布局1""布局2"两个图样空间布局标签。
在这里有两个概念需要解释一下。

1. 布局

布局是系统为绘图设置的一种环境，包括图样大小、尺寸单位、角度设定、数值精确度等，在系统预设的3个标签中，这些环境变量都按默认设置。用户可根据实际需要改变这些变量的值，具体方法在此暂且从略。用户也可以根据需要设置符合自己要求的新标签。

2. 模型

AutoCAD的空间分为模型空间和图样空间。模型空间是我们通常绘图的环境，而在图样空间中，用户可以创建叫作"浮动视口"的区域，以不同视图显示所绘图形。用户可以在图样空间中调整浮动视口并决定所包含视图的缩放比例。如果选择图样空间，则可打印多个视图，用户可以打印任意布局的视图。AutoCAD系统默认打开模型空间，用户可以通过鼠标左键单击选择需要的布局。

1.1.8 状态栏

状态栏在屏幕的底部，依次有"坐标""模型空间""栅格""捕捉模式""推断约束""动态输入""正交模式""极轴追踪""等轴测草图""对象捕捉追踪""二维对象捕捉""线宽""透明度""选择循环""三维对象捕捉""动态UCS""选择过滤""小控件""注释可见性""自动缩放""注释比例""切换工作空间""注释监视器""单位""快捷特性""锁定用户界面""隔离对象""硬件加速""全屏显示""自定义"这30个功能按钮。单击部分开关按钮，可以实现这些功能的开关。通过部分按钮也可以控制图形或绘图区的状态。

默认情况下，状态栏不会显示所有工具，可以通过状态栏上最右侧的"自定义"按钮三，在打开的快捷菜单中选择要添加到状态栏中的工具。状态栏上显示的工具可能会发生变化，具体取决于当前的工作空间以及当前显示的是"模型"选项卡还是"布局"选项卡。下面对部分状态栏上的按钮做简单介绍，如图1-14所示。

（1）模型空间：在模型空间与布局空间之间进行转换。

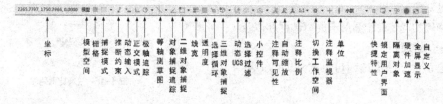

图1-14 状态栏

（2）栅格：栅格是覆盖用户坐标系（UCS）的整个XY平面的直线或点的矩形图案。使用栅格类似于在图形下放置一张坐标纸。利用栅格可以对齐对象并直观显示对象之间的距离。

（3）捕捉模式：对象捕捉对于在对象上指定精确位置非常重要。不论何时提示输入点，都可以指定对象捕捉。默认情况下，当光标移到对象的对象捕捉位置时，将显示标记和工具提示。

（4）正交模式：将光标限制在水平或垂直方向上移动，以便于精确地创建和修改对象。当创建或移动对象时，可以使用"正交"模式将光标限制在相对于用户坐标系（UCS）的水平或垂直方向上。

（5）极轴追踪（按指定角度限制光标）：使用极轴追踪，光标将按指定角度进行移动。创建或修改对象时，可以使用极轴追踪来显示由指定的极轴角度所定义的临时对齐路径。

（6）等轴测草图：通过设定"等轴测捕捉"→"栅格"，可以很容易地沿3个轴测平面之一对齐对象。尽管等轴测图形看似三维图形，但实际上是二维表示，因此不能期望提取三维距离和面积、从不同视点显示对象或自动消除隐藏线。

（7）对象捕捉追踪（显示捕捉参照线）：使用对象捕捉追踪，可以沿着基于对象捕捉点的对齐路径进行追踪。已获取的点将显示一个小加号（+），一次最多可以获取7个追踪点。获取点之后，当在绘图路径上移动光标时，将显示相对于获取点的水平、垂直或极轴对齐路径。例如，可以基于对象端点、中点或者对象的交点，沿着某个路径选择一点。

（8）二维对象捕捉（将光标捕捉到二维参照点）：使用执行对象捕捉设置（也称为对象捕捉），可以在对象上的精确位置指定捕捉点。选择多个选项后，将应用选定的捕捉模式，以返回距离靶框中心最近的点。按Tab键可在这些选项之间循环。

（9）注释可见性：当图标亮显时，表示显示所有比例的注释性对象；当图标变暗时，表示仅显示当前比例的注释性对象。

（10）自动缩放：注释比例更改时，自动将比例添加到注释对象。

（11）注释比例：单击注释比例右下角小三角符号弹出注释比例列表，如图1-15所示，可以根据需要选择适当的注释比例。

（12）切换工作空间：进行工作空间转换。

（13）注释监视器：打开仅用于所有事件或模型文档事件的注释监视器。

（14）隔离对象：当选择隔离对象时，在当前视图中显示选定对象，所有其他对象都暂时隐藏；当选择隐藏对象时，在当前视图中暂时隐藏选定对象，所有其他对象都可见。

（15）硬件加速：设定图形卡的驱动程序以及设置硬件加速的选项。

（16）全屏显示：该选项可以清除Windows窗口中的标题栏、功能区和选项板等界面元素，使AutoCAD的绘图窗口全屏显示，如图1-16所示。

（17）自定义：状态栏可以提供重要信息，而无须中断工作流。使用MODEMACRO系统变量可将应用程序所能识别的大多数数据显示在状态栏中。使用该系统变量的计算、判断和编辑功能可以完全按照用户的要求构造状态栏。

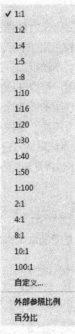

图1-15　注释比例列表

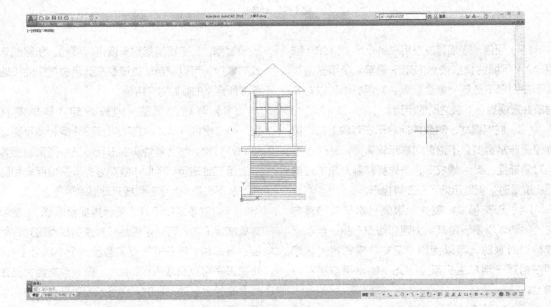

图1-16　全屏显示

1.1.9 滚动条

　　AutoCAD 2018默认界面中是不显示滚动条的,需要把滚动条调出来,选择菜单栏中的"工具"→"选项"命令,打开"选项"对话框,选择"显示"选项卡,将"窗口元素"选项组中的"在图形窗口中显示滚动条"复选框选中,如图1-17所示。

　　滚动条包括水平和垂直滚动条,用于上下或左右移动绘图窗口内的图形。用鼠标拖动滚动条中的滑块或单击滚动条两侧的三角按钮,即可移动图形,如图1-18所示。

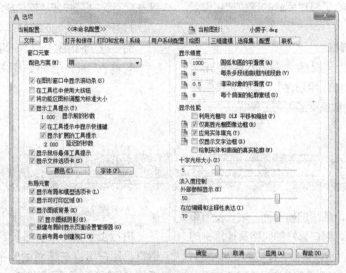

图1-17　"选项"对话框中的"显示"选项卡

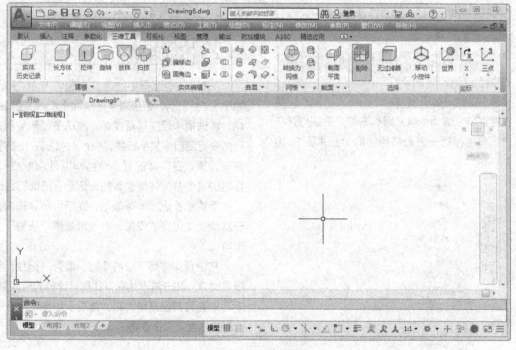

图1-18　显示滚动条

1.1.10 快速访问工具栏和交互信息工具栏

1．快速访问工具栏

该工具栏包括"新建""打开""保存""另存为""放弃""重做"和"打印"等几个最常用的工具。用户也可以单击本工具栏后面的下拉按钮设置需要的常用工具。

2．交互信息工具栏

该工具栏包括"搜索""Autodesk 360""Autodesk Exchange应用程序""保持连接"和"帮助"等几个常用的数据交互访问工具。

1.1.11 功能区

功能区包括"默认""插入""注释""参数化""视图""管理""输出""附加模块"、A360以及"精选应用"选项卡，每个选项卡集成了相关的操作工具，方便了用户的使用。用户可以单击功能区选项后面的 按钮控制功能的展开与收缩。

打开或关闭功能区的操作方式如下。

命令行：RIBBON（或RIBBONCLOSE）

菜单：工具→选项板→功能区

1.2 配置绘图系统

由于每台计算机所使用的显示器、输入设备和输出设备的类型不同，用户喜好的风格及计算机的目录设置也是不同的，所以每台计算机都是独特的。一般来讲，使用AutoCAD 2018的默认配置就可以绘图，但为了使用用户的定点设备或打印机，以及为提高绘图的效率，AutoCAD推荐用户在开始作图前先进行必要的配置。

执行方式

命令行：PREFERENCES

菜单：工具→选项

右键菜单：选项（单击鼠标右键，系统打开右键菜单，其中包括一些最常用的命令，如图1-19所示）

图1-19 "选项"右键菜单

操作步骤

执行上述命令后，系统自动打开"选项"对话框。用户可以在该对话框中选择有关选项，对系统进行配置。下面只就其中主要的几个选项卡做简要说明，其他配置选项，在后面用到时再做具体说明。

1.2.1 显示配置

"选项"对话框中的第二个选项卡为"显示"，如图1-20所示。该选项卡控制AutoCAD窗口的外观。该选项卡设定屏幕菜单、滚动条显示与否，固定命令行窗口中文字行数，AutoCAD 2018的版面布局设置，各实体的显示分辨率以及AutoCAD运行时的其他各项性能参数的设定等。前面已经讲述了屏幕菜单设定、屏幕颜色、光标大小等知识，至于其余有关选项的设置，读者可参照"帮助"文件学习。

在设置实体显示分辨率时，请务必记住，显示质量越高，即分辨率越高，计算机计算的时间越长，千万不要将其设置得太高。将显示质量设定在一个合理的程度上是很重要的。

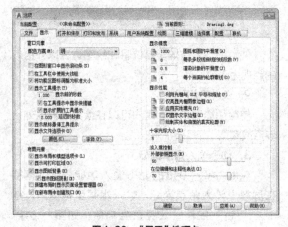

图1-20　"显示"选项卡

1.2.2 系统配置

"选项"对话框中的第五个选项卡为"系统",

如图1-21所示。该选项卡用来设置AutoCAD系统的有关特性。

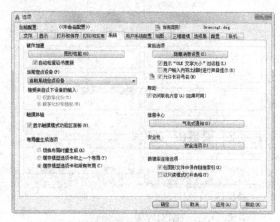

图1-21　"系统"选项卡

1.3 设置绘图环境

启动AutoCAD 2018,在AutoCAD中,可以利用相关命令对图形单位和图形边界进行具体设置。

1.3.1 设置图形单位

执行方式

命令行:DDUNITS(或UNITS)

菜单:格式→单位

操作步骤

执行上述命令后,系统打开"图形单位"对话框,如图1-22所示。该对话框用于定义单位和角度格式。

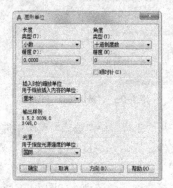

图1-22　"图形单位"对话框

选项说明

1."长度"与"角度"选项组

指定测量的长度与角度当前单位及当前单位的精度。

2."插入时的缩放单位"下拉列表框

将使用工具选项板(例如 DesignCenter 或 i-drop)拖入当前图形或块的测量单位。如果块或图形创建时使用的单位与该选项指定的单位不同,则在插入这些块或图形时,将对其按比例缩放。插入比例是源块或图形使用的单位与目标图形使用的单位之比。如果插入块时不按指定单位缩放,请选择"无单位"。

3.输出样例

显示用当前单位和角度设置的例子。

4.光源

控制当前图形中光度控制光源的强度测量单位。

5."方向"按钮

单击该按钮,系统显示"方向控制"对话框。如图1-23所示。可以在该对话框中进行方向控制设置。

图1-23 "方向控制"对话框

1.3.2 设置图形边界

执行方式

命令行：LIMITS

菜单：格式→图形界限

操作步骤

命令：LIMITS ✓

重新设置模型空间界限：

指定左下角点或 [开（ON）/关（OFF）] <0.0000，0.0000>：✓（输入图形界限左下角的坐标后回车）

指定右上角点 <12.0000，9.0000>：✓（输入图形边界右上角的坐标后回车）

选项说明

1. 开（ON）

使绘图边界有效。系统将在绘图边界以外拾取的点视为无效。

2. 关（OFF）

使绘图边界无效。用户可以在绘图边界以外拾取点或实体。

3. 动态输入角点坐标

AutoCAD 2018的动态输入功能，可以直接在屏幕上输入角点坐标，输入水平坐标值后，按下"，"键，接着输入竖直坐标值，如图1-24所示。也可以按光标位置直接按下鼠标左键确定角点位置。

图1-24 动态输入

1.4 文件管理

本节将介绍有关文件管理的一些基本操作方法，包括新建文件、打开已有文件、保存文件、退出文件等，这些都是AutoCAD 2018最基础的操作知识。

1.4.1 新建文件

执行方式

命令行：NEW或QNEW

菜单：文件→新建

工具栏：标准→新建□或者单击快速访问工具栏中的"新建"按钮□

操作步骤

系统打开如图1-25所示"选择样板"对话框。

在运行快速创建图形功能之前必须进行如下设置。

（1）将FILEDIA系统变量设置为1，将STARTUP

系统变量设置为0。

图1-25 "选择样板"对话框

（2）从"工具"→"选项"菜单中选择默认图形样板文件。具体方法是：在"文件"选项卡下，单击标记为"样板设置"的节点下的"快速新建的默认样板文件"分节点，如图1-26所示。单击

"浏览"按钮，打开与图1-25类似的"选择样板"对话框，然后选择需要的样板文件。

图1-26 "选项"对话框中的"文件"选项卡

1.4.2 打开文件

执行方式

命令行：OPEN

菜单：文件→打开

工具栏：标准→打开◎或者单击快速访问工具栏中的"打开"按钮◎

操作步骤

执行上述命令后，打开"选择文件"对话框（图1-27），在"文件类型"列表框中用户可选".dwg"文件、".dwt"文件、".dxf"文件和".dws"文件。".dxf"文件是用文本形式存储的图形文件，能够被其他程序读取，许多第三方应用软件都支持".dxf"格式。

图1-27 "选择文件"对话框

1.4.3 保存文件

执行方式

命令行：QSAVE（或SAVE）

菜单：文件→保存

工具栏：标准→保存◎或者单击快速访问工具栏中的"保存"按钮◎

操作步骤

执行上述命令后，若文件已命名，则AutoCAD自动保存；若文件未命名（即为默认名drawing1.dwg），则系统打开"图形另存为"对话框（图1-28），用户可以命名保存。在"保存于"下拉列表框中可以指定保存文件的路径；在"文件类型"下拉列表框中可以指定保存文件的类型。

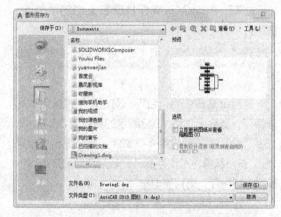

图1-28 "图形另存为"对话框

为了防止因意外操作或计算机系统故障导致正在绘制的图形文件的丢失，可以对当前图形文件设置自动保存，步骤如下。

（1）利用系统变量SAVEFILEPATH设置所有"自动保存"文件的位置，如C：\HU\。

（2）利用系统变量SAVEFILE存储"自动保存"文件名。该系统变量储存的文件名是只读文件，用户可以从中查询自动保存的文件名。

（3）利用系统变量SAVETIME指定在使用"自动保存"时多长时间保存一次图形。

1.4.4 | 另存为

执行方式

命令行：SAVEAS

菜单：文件→另存为

操作步骤

执行上述命令后，打开"图形另存为"对话框（图1-28），AutoCAD用另存名保存，并把当前图形更名。

1.4.5 | 退出

执行方式

命令行：QUIT或EXIT

菜单：文件→退出

按钮：AutoCAD操作界面右上角的"关闭"按钮 ⊠

操作步骤

命令：QUIT ✓（或 EXIT ✓）

执行上述命令后，若用户对图形所做的修改尚未保存，则会出现图1-29所示的系统警告对话框。选择"是"按钮系统将保存文件，然后退出；选择"否"按钮系统将不保存文件。若用户对图形所做的修改已经保存，则直接退出。

图1-29 系统警告对话框

1.4.6 | 图形修复

执行方式

命令行：DRAWINGRECOVERY

菜单：文件→图形实用工具→图形修复管理器

操作步骤

命令：DRAWINGRECOVERY ✓

执行上述命令后，系统打开图形修复管理器，如图1-30所示，打开"备份文件"列表中的文件，可以重新保存，从而进行修复。

图1-30 图形修复管理器

1.5 基本输入操作

在AutoCAD中，有一些基本的输入操作方法，这些基本方法是进行AutoCAD绘图的必备知识基础，也是深入学习AutoCAD功能的前提。

1.5.1 | 命令输入方式

AutoCAD交互绘图必须输入必要的指令和参数。有多种AutoCAD命令输入方式（以画直线为例）。

1. 在命令窗口输入命令名

命令字符可不区分大小写。如"命令：LINE ✓"。执行命令时，在命令行提示中经常会出现命令选项。如输入绘制直线命令"LINE"后，命令行中的提示如下。

命令：LINE ✓

指定第一个点：✓（在屏幕上指定一点或输入一个点的坐标）

指定下一点或 [放弃（U）]：✓

选项中不带括号的提示为默认选项，因此可以直接输入直线段的起点坐标或在屏幕上指定一点，如果要选择其他选项，则应该首先输入该选项的标识字符，如"放弃"选项的标识字符"U"，然后按系统提示输入数据即可。在命令选项的后面有时候还带有尖括号，尖括号内的数值为默认数值。

2. 在命令窗口输入命令缩写字母

在命令窗口输入命令缩写字母，如L（Line）、C（Circle）、A（Arc）、Z（Zoom）、R（Redraw）、M（More）、CO（Copy）、PL（Pline）、E（Erase）等。

3. 选取绘图菜单直线选项

选取该选项后，在状态栏中可以看到对应的命令说明及命令名。

4. 选取工具栏中的对应图标

选取该图标后，在状态栏中也可以看到对应的命令说明及命令名。

5. 在命令行打开右键快捷菜单

如果在前面刚使用过要输入的命令，可以在命令行打开右键快捷菜单，在"最近使用的命令"子菜单中选择需要的命令，如图1-31所示。"最近使用的命令"子菜单中储存最近使用的6个命令，如果经常重复使用某个6次操作以内的命令，这种方法就比较快速简洁。

图1-31 命令行右键快捷菜单

6. 在绘图区右击鼠标

如果用户要重复使用上次使用的命令，可以直接在绘图区右击鼠标，系统立即重复执行上次使用的命令，这种方法适用于重复执行某个命令。

1.5.2 命令的重复、撤销、重做

1. 命令的重复

在命令窗口中键入Enter键可重复调用上一个命令，不管上一个命令是完成了还是被取消了。

2. 命令的撤销

在命令执行的任何时刻都可以取消和终止命令的执行。

执行方式

命令行：UNDO

菜单：编辑→放弃

快捷键：Esc

3. 命令的重做

已被撤销的命令还可以恢复重做。要恢复撤消的最后一个命令。

执行方式

命令行：REDO

菜单：编辑→重做

该命令可以一次执行多重放弃和重做操作。单击 UNDO 或 REDO 列表箭头，可以选择要放弃或重做的操作，如图1-32所示。

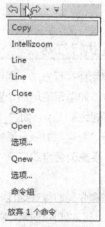

图1-32 多重放弃或重做

1.5.3 透明命令

AutoCAD 2018中有些命令不仅可以直接在命令行中使用，而且还可以在其他命令的执行过程中，插入并执行，待该命令执行完毕后，系统继续执行原命令，这种命令称为透明命令。透明命令一般多为修改图形设置或打开辅助绘图工具的命令。

上述3种命令的执行方式同样适用于透明命令的执行，举例如下。

命令：ARC ✓

指定圆弧的起点或 [圆心（C）]：'ZOOM ✓（透明使用显示缩放命令 ZOOM）
>>（执行 ZOOM 命令）
正在恢复执行 ARC 命令。
指定圆弧的起点或 [圆心（C）]：✓（继续执行原命令）

1.5.4 按键定义

在AutoCAD 2018中，除了可以通过在命令窗口输入命令、点取工具栏图标或点取菜单项来完成外，还可以使用键盘上的一组功能键或快捷键，通过这些功能键或快捷键，可以快速实现指定功能，如单击F1键，系统调用AutoCAD帮助对话框。

系统使用 AutoCAD 传统标准（Windows 之前）或 Microsoft Windows 标准解释快捷键。有些功能键或快捷键在AutoCAD的菜单中已经指出，如"粘贴"的快捷键为"CTRL+V"，这些只要用户在使用的过程中多加留意，就会熟练掌握。快捷键的定义见菜单命令后面的说明，如"粘贴（P）/Ctrl+V"。

1.5.5 命令执行方式

有的命令有两种执行方式：通过对话框或通过命令行输入命令。如指定使用命令窗口方式，可以在命令名前加下划线来表示，如"_Layer"表示用命令行方式执行"图层"命令。而如果在命令行输入"LAYER"，系统则会自动打开"图层特性管理器"对话框。

另外，有些命令同时存在命令行、菜单和工具栏3种执行方式，这时如果选择菜单或工具栏方式，命令行会显示该命令，并在前面加一下划线，如通过菜单或工具栏方式执行"直线"命令时，命令行会显示"_line"，命令的执行过程和结果与命令行方式相同。

1.5.6 坐标系与数据的输入方法

1. 坐标系

AutoCAD采用两种坐标系：世界坐标系（WCS）与用户坐标。用户刚进入AutoCAD时的坐标系就是世界坐标系，是固定的坐标系。世界坐标系也是坐标系中的基准，绘制图形时多数情况下都是在这个坐标系下进行的。

执行方式

命令行：UCS
菜单：工具→UCS
工具栏：UCS工具栏中→UCS ↳

AutoCAD有两种视图显示方式：模型空间和图纸空间。模型空间是指单一视图显示法，用户通常使用的都是这种显示方式；图纸空间是指在绘图区域创建图形的多视图。用户可以对其中每一个视图进行单独操作。在默认情况下，当前UCS与WCS重合。图1-33（a）所示为模型空间下的UCS坐标系图标，通常放在绘图区左下角处。用户也可以指定将其放在当前UCS的实际坐标原点位置，如图1-33（b）所示。图1-33（c）所示为布局空间下的坐标系图标。

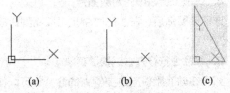

（a）　　　　（b）　　　　（c）

图1-33　坐标系图标

2. 数据输入方法

在AutoCAD 2018中，点的坐标可以用直角坐标、极坐标、球面坐标和柱面坐标表示，每一种坐标又分别具有两种坐标输入方式：绝对坐标和相对坐标。其中直角坐标和极坐标最为常用，下面主要介绍一下它们的输入。

（1）直角坐标法。用点的X、Y坐标值表示的坐标。

例如，在命令行中输入点的坐标提示下，输入"15，18"，则表示输入了一个X、Y的坐标值分别为15、18的点，此为绝对坐标输入方式，表示该点的坐标是相对于当前坐标原点的坐标值，如图1-34（a）所示。如果输入"@10，20"，则为相对坐标输入方式，表示该点的坐标是相对于前一点的坐标值，如图1-34（b）所示。

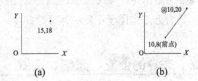

（a）　　　　　　（b）

图1-34　数据输入方法

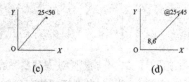

图1-34 数据输入方法（续）

（2）极坐标法。用长度和角度表示的坐标，只能用来表示二维点的坐标。

在绝对坐标输入方式下，表示为："长度＜角度"，如"25＜50"，其中长度为该点到坐标原点的距离，角度为该点至原点的连线与X轴正向的夹角，如图1-34（c）所示。

在相对坐标输入方式下，表示为："@长度＜角度"，如"@25＜45"，其中长度为该点到前一点的距离，角度为该点至前一点的连线与X轴正向的夹角，如图1-34（d）所示。

3. 动态数据输入

单击状态栏中的"动态输入"按钮 ，系统打开动态输入功能，可以在屏幕上动态地输入某些参数数据，例如，绘制直线时，在光标附近，会动态地显示"指定第一点"，以及后面的坐标框，当前显示的是光标所在位置，可以输入数据，如图1-35所示。指定第一点后，系统动态显示直线的角度，同时要求输入线段长度值，如图1-36所示，其输入效果与"@长度＜角度"方式相同。

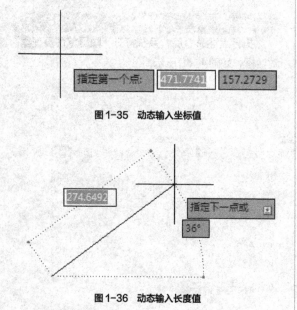

图1-35 动态输入坐标值

图1-36 动态输入长度值

4. 点与距离值的输入方法

（1）点的输入。绘图过程中，常需要输入点的位置，AutoCAD提供了如下几种输入点的方式。

① 用键盘直接在命令窗口中输入点的坐标。直角坐标有两种输入方式：x，y（点的绝对坐标值，例如：100，50）和@x，y（相对于上一点的相对坐标值，例如：@50，-30）。坐标值均相对于当前的用户坐标系。

极坐标的输入方式为：长度＜角度（其中，长度为点到坐标原点的距离，角度为原点至该点连线与X轴的正向夹角，例如：20＜45）或@长度＜角度（相对于上一点的相对极坐标，例如：@50＜-30）。

② 用鼠标等定标设备移动光标单击左键在屏幕上直接取点。

③ 用目标捕捉方式捕捉屏幕上已有图形的特殊点（如端点、中点、中心点、插入点、交点、切点、垂足点等）。

④ 直接距离输入：先用光标拖拉出橡筋线确定方向，然后用键盘输入距离。这样有利于准确控制对象的长度等参数，如要绘制一条10mm长的线段，方法如下。

```
命令：LINE ✓
指定第一点：✓（在屏幕上指定一点）
指定下一点或 [放弃(U)]：✓
```

这时在屏幕上移动鼠标指明线段的方向，但不要单击鼠标左键确认，如图1-37所示，然后在命令行输入10，这样就在指定方向上准确地绘制了长度为10 mm的线段。

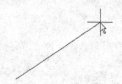

图1-37 绘制直线

（2）距离值的输入。在AutoCAD命令中，有时需要提供高度、宽度、半径、长度等距离值。AutoCAD提供了两种输入距离值的方式：一种是用键盘在命令窗口中直接输入数值；另一种是在屏幕上拾取两点，以两点的距离值定出所需数值。

1.6 图层设置

AutoCAD 中的图层就如同在手工绘图中使用的重叠透明图纸，如图 1-38 所示，可以使用图层来组织不同类型的信息。在 AutoCAD 中，图形的每个对象都位于一个图层上，所有图形对象都具有图层、颜色、线型和线宽这4个基本属性。在绘制的时候，图形对象将创建在当前的图层上。每个CAD 文档中图层的数量是不受限制的，每个图层都有自己的名称。

墙壁
电器
家具
全部图层

图 1-38　图层示意图

1.6.1 建立新图层

新建的 CAD 文档中只能自动创建一个名为"0"的特殊图层。默认情况下，图层0将被指定使用 7 号颜色、Continuous 线型、"默认"线宽以及

NORMAL 打印样式。不能删除或重命名图层0。通过创建新的图层，可以将类型相似的对象指定给同一个图层使其相关联。例如，可以将构造线、文字、标注和标题栏置于不同的图层上，并为这些图层指定通用特性。通过将对象分类放到各自的图层中，可以快速有效地控制对象的显示以及对其进行更改。

执行方式

命令行：LAYER

菜单：格式→图层

工具栏：图层→图层特性管理器，如图 1-39 所示。

功能区：单击"默认"选项卡"图层"面板中的"图层特性"按钮，如图 1-39 所示。

图 1-39　"图层"工具栏

操作步骤

执行上述命令后，系统打开"图层特性管理器"对话框，如图 1-40 所示。

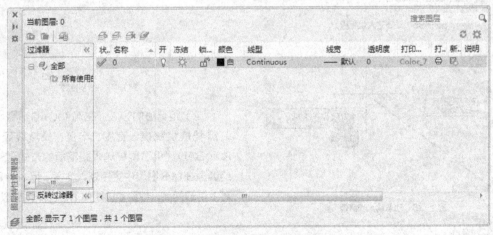

图 1-40　"图层特性管理器"对话框

单击"图层特性管理器"对话框中的"新建"按钮，建立新图层，默认的图层名为"图层1"。可以根据绘图需要，更改图层名，例如改为实体层、中心线层或标准层等。

在一个图形中可以创建的图层数以及在每个图层中可以创建的对象数实际上是无限的。图层最长可使用255个字符的字母数字命名。图层特性管理器按名称的字母顺序排列图层。

> **注意**
> 如果要建立不止一个图层，无须重复单击"新建"按钮。更有效的方法是：在建立一个新的图层"图层1"后，改变图层名，在其后输入一个逗号"，"，这样就会自动建立一个新图层"图层1"，改变图层名，再输入一个逗号，又建立了一个新的图层，如此可依次建立各个图层。用户也可以按两次Enter键，建立另一个新的图层。图层的名称也可以更改，直接双击图层名称，键入新的名称即可。

在每个图层属性设置中，包括图层名称、关闭/打开图层、冻结/解冻图层、锁定/解锁图层、图层线条颜色、图层线条线型、图层线条宽度、图层打印样式以及图层是否打印9个参数。下面将分别讲述如何设置这些图层参数。

1. 设置图层线条颜色

在工程制图中，整个图形包含多种不同功能的图形对象，例如实体、剖面线与尺寸标注等，为了便于直观区分它们，就有必要针对不同的图形对象使用不同的颜色，例如实体层使用白色，剖面线层使用青色等。

要改变图层的颜色时，单击图层所对应的颜色图标，弹出"选择颜色"对话框，如图1-41所示。它是一个标准的颜色设置对话框，可以使用索引颜色、真彩色和配色系统3个选项卡来选择颜色。系统显示的RGB配比，即Red（红）、Green（绿）和Blue（蓝）3种颜色。

2. 设置图层线型

线型是指作为图形基本元素的线条的组成和显示方式，如实线、点画线等。在许多的绘图工作中，常常以线型划分图层，为某一个图层设置适合的线型，在绘图时，只需将该图层设为当前工作层，即可绘制出符合线型要求的图形对象，极大地提高了

绘图的效率。

单击图层所对应的线型图标，弹出"选择线型"对话框，如图1-42所示。默认情况下，在"已加载的线型"列表框中，系统中只添加了Continuous线型。单击"加载"按钮，打开"加载或重载线型"对话框，如图1-43所示，可以看到AutoCAD还提供许多其他的线型，用鼠标选择所需线型，单击"确定"按钮，即可把该线型加载到"已加载的线型"列表框中，可以按住Ctrl键选择几种线型同时加载。

(a)

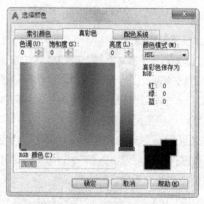

(b)

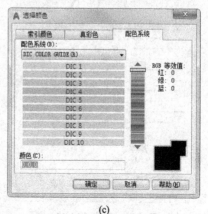

(c)

图1-41 "选择颜色"对话框

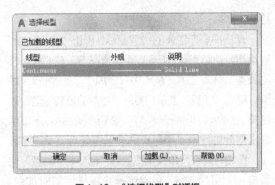

图1-42　"选择线型"对话框

图1-43　"加载或重载线型"对话框

3. 设置图层线宽

线宽设置顾名思义就是改变线条的宽度。用不同宽度的线条表现图形对象的类型，也可以提高图形的表达能力和可读性，例如绘制外螺纹时大径使用粗实线，小径使用细实线。

单击图层所对应的线宽图标，弹出"线宽"对话框，如图1-44所示。选择一个线宽，单击"确定"按钮完成对图层线宽的设置。

图1-44　"线宽"对话框

图层线宽的默认值为0.25mm。在状态栏为"模型"状态时，显示的线宽与计算机的像素有关。线宽为零时，显示为一个像素的线宽。单击状态栏中的"线宽"按钮，绘图区域中显示图形线宽，所显示的线宽与实际线宽成比例，如图1-45所示，但线宽不随着图形的放大和缩小而变化。"线宽"功能关闭时，不显示图形的线宽，图形的线宽均显示默认宽度值。可以在"线宽"对话框中选择需要的线宽。

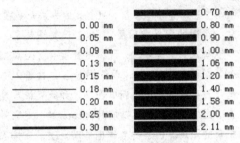

图1-45　线宽显示效果图

1.6.2　设置图层

除了上面讲述的通过图层管理器设置图层的方法外，还有其他几种简便方法可以设置图层的颜色、线宽、线型等参数。

1. 直接设置图层

用户可以直接通过命令行或菜单设置图层的颜色、线宽、线型。

执行方式

命令行：COLOR

菜单：格式→颜色

操作步骤

执行上述命令后，系统打开"选择颜色"对话框，如图1-46所示。

执行方式

命令行：LINETYPE

菜单：格式→线型

操作步骤

执行上述命令后，系统打开"线型管理器"对话框，如图1-47所示。该对话框的使用方法与图1-48所示的"选择线型"对话框类似。

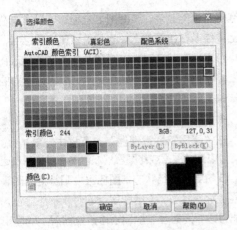

图 1-46 “选择颜色”对话框

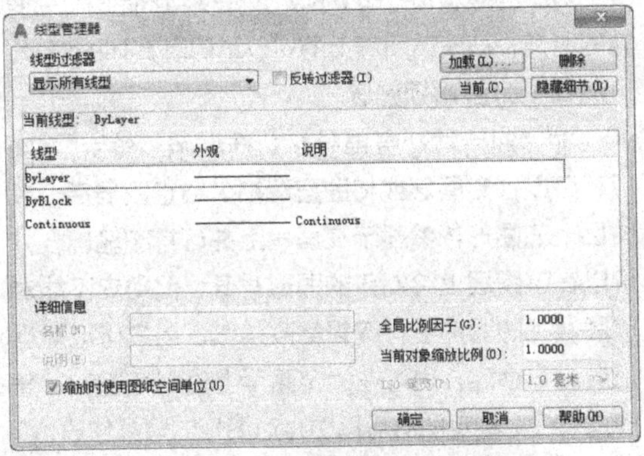

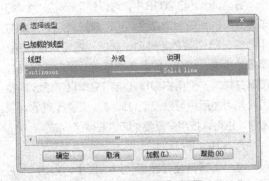

图 1-47 “线型管理器”对话框

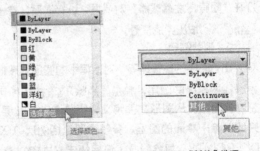

图 1-48 “选择线型”对话框

执行方式

命令行：LINEWEIGHT或LWEIGHT

菜单：格式→线宽

操作步骤

执行上述命令后，系统打开“线宽设置”对话框，如图1-49所示。该对话框的使用方法与图1-44所示的“线宽”对话框类似。

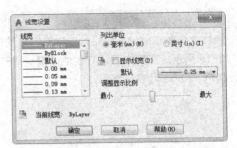

图 1-49 “线宽设置”对话框

2. 利用“特性”工具栏设置图层

AutoCAD 2018 提供了一个“特性”工具栏，如图1-50所示。用户能够控制和使用工具栏上的“特性”工具栏快速地查看和改变所选对象的图层、颜色、线型和线宽等特性。“特性”工具栏上的图层颜色、线型、线宽和打印样式的控制增强了查看和编辑对象属性的命令。在绘图屏幕上选择任何对象都将在工具栏上自动显示它所在图层、颜色、线型等属性。

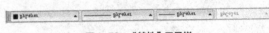

图 1-50 “特性”工具栏

用户也可以在“特性”工具栏上的“颜色”“线型”“线宽”和“打印样式”下拉列表中选择需要的参数值。如果在“颜色”下拉列表中选择“选择颜色”选项，如图1-51所示，系统打开“选择颜色”对话框；同样，如果在“线型”下拉列表中选择“其他”选项，如图1-52所示，系统就会打开“线型管理器”对话框，如图1-47所示。

图 1-51 “选择颜色”选项

图 1-52 “其他”选项

3. 用“特性”对话框设置图层

执行方式

命令行：DDMODIFY或PROPERTIES

菜单：修改→特性

工具栏：标准→特性

操作步骤

执行上述命令后,系统打开"特性"选项板,如图1-53所示。在其中可以方便地设置或修改图层、颜色、线型、线宽等属性。

图1-53 "特性"选项板

1.6.3 控制图层

1. 切换当前图层

不同的图形对象需要绘制在不同的图层中,在绘制前,需要将工作图层切换到所需的图层上来。打开"图层特性管理器"对话框,选择图层,单击"当前" 按钮完成设置。

2. 删除图层

在"图层特性管理器"对话框中的图层列表框中选择要删除的图层,单击"删除" 按钮即可删除该图层。从图形文件定义中删除选定的图层,只能删除未参照的图层。参照图层包括图层0及DEFPOINTS、包含对象(包括块定义中的对象)的图层、当前图层和依赖外部参照的图层。不包含对象(包括块定义中的对象)的图层、非当前图层和不依赖外部参照的图层都可以删除。

3. 关闭/打开图层

在"图层特性管理器"对话框中,单击 图标,可以控制图层的可见性。图层打开时,图标小

灯泡呈鲜艳的颜色,该图层上的图形可以显示在屏幕上或绘制在绘图仪上。当单击该属性图标后,图标小灯泡呈灰暗色时,该图层上的图形不显示在屏幕上,而且不能被打印输出,但仍然作为图形的一部分保留在文件中。

4. 冻结/解冻图层

在"图层特性管理器"对话框中,单击 图标,可以冻结图层或将图层解冻。图标呈雪花灰暗色时,该图层是冻结状态;图标呈太阳鲜艳色时,该图层是解冻状态。冻结图层上的对象不能显示,也不能打印,同时也不能编辑修改该图层上的图形对象。在冻结了图层后,该图层上的对象不影响其他图层上对象的显示和打印。例如,在使用HIDE命令消隐的时候,被冻结图层上的对象不隐藏其他的对象。

5. 锁定/解锁图层

在"图层特性管理器"对话框中,单击 图标,可以锁定图层或将图层解锁。锁定图层后,该图层上的图形依然显示在屏幕上并可打印输出,并可以在该图层上绘制新的图形对象,但用户不能对该图层上的图形进行编辑修改操作。用户可以对当前层进行锁定,也可在锁定图层上使用查询和对象捕捉命令。锁定图层可以防止对图形的意外修改。

6. 打印样式

在AutoCAD 2018中,可以使用一个称为"打印样式"的新的对象特性。打印样式控制对象的打印特性,包括颜色、抖动、灰度、笔号、虚拟笔、淡显、线型、线宽、线条端点样式、线条连接样式和填充样式。使用打印样式给用户提供了很大的灵活性,因为用户可以设置打印样式来替代其他对象特性,也可以按用户需要关闭这些替代设置。

7. 打印/不打印

在"图层特性管理器"对话框中,单击 图标,可以设定打印时该图层是否打印,以在保证图形显示可见不变的条件下,控制图形的打印特征。打印功能只对可见的图层起作用,对于已经被冻结或被关闭的图层不起作用。

8. 新视口冻结

在"图层特性管理器"对话框中,单击 图标,显示可用的打印样式,包括默认打印样式NORMAL。打印样式是打印中使用的特性设置的集合。

1.7 绘图辅助工具

要快速顺利地完成图形绘制工作，有时要借助一些辅助工具，比如用于准确确定绘制位置的精确定位工具和调整图形显示范围与方式的显示工具等。下面简略介绍一下这两种非常重要的辅助绘图工具。

1.7.1 精确定位工具

在绘制图形时，可以使用直角坐标和极坐标精确定位点，但是有些点（如端点、中心点等）的坐标我们是不知道的，想要精确地指定这些点，可想而知是很难的，有时甚至是不可能的。幸好 AutoCAD 2018 已经很好地解决了这个问题。AutoCAD 2018 提供了辅助定位工具，使用这类工具，可以很容易地在屏幕中捕捉到这些点，进行精确的绘图。

1. 栅格

AutoCAD 的栅格由有规则的点的矩阵组成，延伸到指定为图形界限的整个区域。使用栅格与在坐标纸上绘图是十分相似的，利用栅格可以对齐对象并直观显示对象之间的距离。如果放大或缩小图形，可能需要调整栅格间距，使其更适合新的比例。虽然栅格在屏幕上是可见的，但它并不是图形对象，因此它不会被打印成图形中的一部分，也不会影响绘图。可以单击状态栏上的"栅格"按钮或 F7 键打开或关闭栅格。启用栅格并设置栅格在 X 轴方向和 Y 轴方向上的间距的方法如下。

执行方式

命令行：DSETTINGS（或 DS，SE 或 DDRMODES）

菜单：工具→绘图设置

快捷菜单："栅格"按钮处右击→设置

操作步骤

执行上述命令，系统打开"草图设置"对话框，如图 1-54 所示。

如果需要显示栅格，选择"启用栅格"复选框。在"栅格 X 轴间距"文本框中，输入栅格点之间的水平距离，单位为毫米。如果使用相同的间距设置垂直和水平分布的栅格点，则按 Tab 键。否则，在

"栅格 Y 轴间距"文本框中输入栅格点之间的垂直距离。

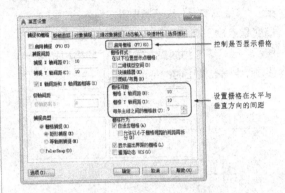

图 1-54 "草图设置"对话框

用户可改变栅格与图形界限的相对位置。默认情况下，栅格以图形界限的左下角为起点，沿着与坐标轴平行的方向填充整个由图形界限所确定的区域。在"捕捉"选项区中的"角度"项可决定栅格与相应坐标轴之间的夹角；"X 基点"和"Y 基点"项可决定栅格与图形界限的相对位移。

捕捉可以使用户直接使用鼠标快捷准确地定位目标点。捕捉模式有几种不同的形式：栅格捕捉、对象捕捉、极轴捕捉和自动捕捉。在下文中将详细讲解。

另外，可以使用 GRID 命令通过命令行方式设置栅格，功能与"草图设置"对话框类似，不再赘述。

> **注意** 如果栅格的间距设置得太小，当进行"打开栅格"操作时，AutoCAD 将在文本窗口中显示"栅格太密，无法显示"的信息，而不在屏幕上显示栅格点。或者使用"缩放"命令时，将图形缩放很小，也会出现同样的提示，不显示栅格。

2. 捕捉

捕捉是指 AutoCAD 2018 可以生成一个隐含分布于屏幕上的栅格，这种栅格能够捕捉光标，使得光标只能落到其中的一个栅格点上。捕捉可分为"矩形捕捉"和"等轴测捕捉"两种类型。默认设置

为"矩形捕捉",即捕捉点的阵列类似于栅格,如图1-55所示,用户可以指定捕捉模式在X轴方向和Y轴方向上的间距,也可改变捕捉模式与图形界限的相对位置。与栅格不同之处在于:捕捉间距的值必须为正实数;另外,捕捉模式不受图形界限的约束。"等轴测捕捉"表示捕捉模式为等轴测模式,此模式是绘制正等轴测图时的工作环境,如图1-56所示。在"等轴测捕捉"模式下,栅格和光标十字线成绘制等轴测图时的特定角度。

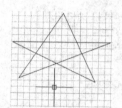 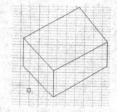

图1-55 "矩形捕捉"实例   图1-56 "等轴测捕捉"实例

在绘制图1-55和图1-56中的图形时,输入参数点时光标只能落在栅格点上。两种模式切换方法:打开"草图设置"对话框,进入"捕捉和栅格"选项卡,在"捕捉类型"选项区中,通过单选框可以切换"矩阵捕捉"模式与"等轴测捕捉"模式。

3. 极轴捕捉

极轴捕捉是在创建或修改对象时,按事先给定的角度增量和距离增量来追踪特征点,即捕捉基于初始点且满足指定的极轴距离和极轴角的目标点。

极轴追踪设置主要是设置追踪的距离增量和角度增量,以及与之相关联的捕捉模式。这些设置可以通过"草图设置"对话框的"捕捉和栅格"选项卡与"极轴追踪"选项卡来实现,如图1-57和图1-58所示。

(1)设置极轴距离。在"草图设置"对话框的"捕捉和栅格"选项卡中,可以设置极轴距离,单位为毫米。绘图时,光标将按指定的极轴距离增量进行移动。

(2)设置极轴角度。在"草图设置"对话框的"极轴追踪"选项卡中,可以设置极轴角增量角度。设置时,可以使用向下箭头所打开的下拉选择框中的90°、45°、30°、22.5°、18°、15°、10°和5°的极轴角增量,也可以直接输入指定其他任意角度。光标移动时,如果接近极轴角,将显示对齐路

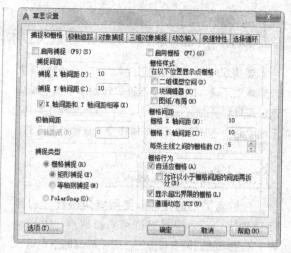

图1-57 "捕捉和栅格"选项卡

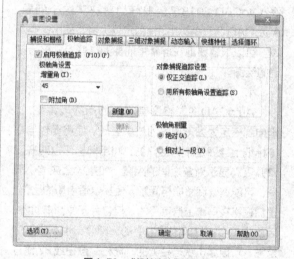

图1-58 "极轴追踪"选项卡

径和工具栏提示。例如,如图1-59所示,当极轴角增量设置为30°,光标移动90°时显示的对齐路径。

图1-59 设置极轴角度实例

"附加角"用于设置极轴追踪时是否采用附加角度追踪。选中"附加角"复选框,通过"增加"按钮或者"删除"按钮来增加、删除附加角度值。

(3)设置对象捕捉追踪。用于设置对象捕捉追踪的模式。如果选择"仅正交追踪"选项,则当

采用追踪功能时，系统仅在水平和垂直方向上显示追踪数据；如果选择"用所有极轴角设置追踪"选项，则当采用追踪功能时，系统不仅可以在水平和垂直方向显示追踪数据，还可以在设置的极轴追踪角度与附加角度所确定的一系列方向上显示追踪数据。

（4）极轴角测量。用于设置极轴角的角度测量采用的参考基准，"绝对"则是相对水平方向逆时针测量，"相对上一段"则是以上一段对象为基准进行测量。

4．对象捕捉

AutoCAD 2018给所有的图形对象都定义了特征点，对象捕捉则是指在绘图过程中，通过捕捉这些特征点，迅速准确地将新的图形对象定位在现有对象的确切位置上，例如圆的圆心、线段中点或两个对象的交点等。在AutoCAD 2018中，可以通过单击状态栏中的"对象捕捉"选项，或是在"草图设置"对话框的"对象捕捉"选项卡中选择"启用对象捕捉"单选框，来完成启用对象捕捉功能。在绘图过程中，对象捕捉功能的调用可以通过以下方式完成。

"对象捕捉"工具栏：如图1-60所示，在绘图过程中，当系统提示需要指定点位置时，可以单击"对象捕捉"工具栏中相应的特征点按钮，再把光标移动到要捕捉的对象上的特征点附近，AutoCAD会自动提示并捕捉到这些特征点。例如，如果需要用直线连接一系列圆的圆心，可以将"圆心"设置为执行对象捕捉。如果有两个可能的捕捉点落在选择区域，AutoCAD 2018将捕捉离光标中心最近的符合条件的点。还有可能指定点时需要检查哪一个对象捕捉有效，例如在指定位置有多个对象捕捉符合条件，在指定点之前，按Tab键可以遍历所有可能

的点。

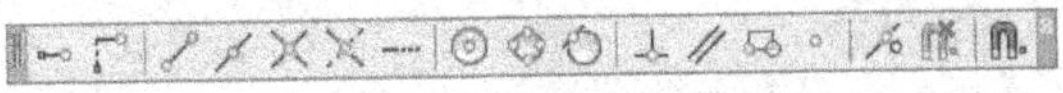

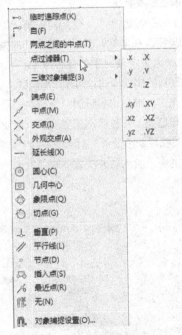

图1-60 "对象捕捉"工具栏

"对象捕捉"快捷菜单：在需要指定点位置时，还可以按住Ctrl键或Shift键，单击鼠标右键，弹出"对象捕捉"快捷菜单，如图1-61所示。从该菜单上一样可以选择某一种特征点执行对象捕捉，把光标移动到要捕捉的对象上的特征点附近，即可捕捉到这些特征点。

图1-61 "对象捕捉"快捷菜单

使用命令行：当需要指定点位置时，在命令行中输入相应特征点的关键字并把光标移动到要捕捉的对象上的特征点附近，即可捕捉到这些特征点。对象捕捉特征点的关键字如表1-1所示。

表1-1 对象捕捉模式

模式	关键字	模式	关键字	模式	关键字
临时追踪点	TT	捕捉自	FROM	端点	END
中点	MID	交点	INT	外观交点	APP
延长线	EXT	圆心	CEN	象限点	QUA
切点	TAN	垂足	PER	平行线	PAR
节点	NOD	最近点	NEA	无捕捉	NON

注意 1. 对象捕捉不可单独使用，必须配合别的绘图命令一起使用。仅当AutoCAD提示输入点时，对象捕捉才生效。如果试图在命令提示下使用对象捕捉，AutoCAD将显示错误信息。

2. 对象捕捉只影响屏幕上可见的对象，包括锁定图层、布局视口边界和多段线上的对象，不能捕捉不可见的对象，如未显示的对象、关闭或冻结图层上的对象或虚线的空白部分。

5. 自动对象捕捉

在绘制图形的过程中，使用对象捕捉的频率非常高，如果每次在捕捉时都要先选择捕捉模式，将使工作效率大大降低。出于此种考虑，AutoCAD提供了自动对象捕捉模式。如果启用自动捕捉功能，当光标距指定的捕捉点较近时，系统会自动精确地捕捉这些特征点，并显示出相应的标记以及该捕捉的提示。设置"草图设置"对话框中的"对象捕捉"选项卡，选中"启用对象捕捉追踪"复选框，可以调用自动捕捉，如图1-62所示。

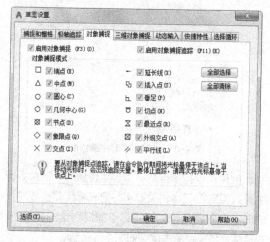

图1-62　"对象捕捉"选项卡

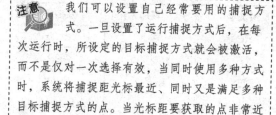

注意 我们可以设置自己经常要用的捕捉方式。一旦设置了运行捕捉方式后，在每次运行时，所设定的目标捕捉方式就会被激活，而不是仅对一次选择有效，当同时使用多种方式时，系统将捕捉距光标最近、同时又是满足多种目标捕捉方式的点。当光标距要获取的点非常近时，按下Shift键将暂时不获取对象点。

6. 正交绘图

正交绘图模式，即在命令的执行过程中，光标只能沿X轴或者Y轴移动。所有绘制的线段和构造线都将平行于X轴或Y轴，因此它们相互垂直成90°相交，即正交。使用正交绘图，对于绘制水平线和垂直线非常有用，特别是当绘制构造线时经常使用。而且当捕捉模式为等轴测模式时，它还迫使直线平行于3个等轴测中的一个。

设置正交绘图可以直接单击状态栏中的"正交"按钮，或按F8键，相应地会在文本窗口中显示开/关提示信息。用户也可以在命令行中输入"ORTHO"命令，执行开启或关闭正交绘图。

注意 "正交"模式将光标限制在水平或垂直（正交）轴上。因为不能同时打开"正交"模式和极轴追踪，因此"正交"模式打开时，AutoCAD会关闭极轴追踪。如果再次打开极轴追踪，AutoCAD将关闭"正交"模式。

1.7.2 | 图形显示工具

对于一个较为复杂的图形来说，在观察整幅图形时往往无法对其局部细节进行查看和操作，而当在屏幕上显示一个细部时又看不到其他部分，为解决这类问题，AutoCAD提供了缩放、平移、视图、鸟瞰视图和视口命令等一系列图形显示控制命令，可以用来任意放大、缩小或移动屏幕上的图形显示，或者同时从不同的角度、不同的部位来显示图形。AutoCAD 2018还提供了重画和重新生成命令来刷新屏幕、重新生成图形。

1. 图形缩放

图形缩放命令类似于照相机的镜头，可以放大或缩小屏幕所显示的范围，只改变视图的比例，但是对象的实际尺寸并不发生变化。当放大图形一部分的显示尺寸时，可以更清楚地查看这个区域的细节；相反，如果缩小图形的显示尺寸，则可以查看更大的区域，如整体浏览。

图形缩放功能在绘制大幅面建筑图纸，尤其是大型的建筑平面图时非常有用，是使用频率最高的命令之一。这个命令可以透明地使用，也就是说，该命令可以在其他命令执行时运行。用户在绘制过程中涉及透明命令时，AutoCAD 会自动返回在用户调用透明命令前正在运行的命令。执行图形缩放的方法如下。

执行方式

命令行：ZOOM

菜单：视图→缩放

工具栏：标准→缩放或缩放（图1-63）

实时缩放

放大或缩小显示当前视口中对象的外观尺寸

ZOOM

按 F1 键获得更多帮助

图1-63 "缩放"工具栏

操作步骤

执行上述命令后，系统提示：

指定窗口的角点，输入比例因子（nX 或 nXP），或者[全部（A）/中心（C）/动态（D）/范围（E）/上一个（P）/比例（S）/窗口（W）/对象（O）]<实时>：

选项说明

（1）实时缩放。这是"缩放"命令的默认操作，即在输入"ZOOM"命令后，直接按 Enter 键，将自动调用实时缩放操作。实时缩放就是可以通过上下移动鼠标交替进行放大和缩小。在使用实时缩放时，系统会显示一个"＋"号或"－"号。当缩放比例接近极限时，AutoCAD 将不再与光标一起显示"＋"号或"－"号。需要从实时缩放操作中退出时，可按 Enter 键、Esc 键或是从菜单中选择"Exit"退出。

（2）全部（A）。执行"ZOOM"命令后，在提示文字后键入"A"，即可执行"全部（A）"缩放操作。不论图形有多大，该操作都将显示图形的边界或范围，即使对象不包括在边界以内，它们也将被显示。因此，使用"全部（A）"缩放选项，可查看当前视口中的整个图形。

（3）中心（C）。通过确定一个中心点，该选项可以定义一个新的显示窗口。操作过程中需要指定中心点以及输入比例或高度。默认新的中心点就是视图的中心点，默认的输入高度就是当前视图的高度，直接按 Enter 键后，图形将不会被放大。输

入比例越大，则数值越大，图形放大倍数也将越大。也可以在数值后面紧跟一个 X，如 3X，表示在放大时不是按绝对值变化，而是按相对于当前视图的相对值缩放。

（4）动态（D）。通过操作一个表示视口的视图框，可以确定所需显示的区域。选择该选项，在绘图窗口中出现一个小的视图框，按住鼠标左键左右移动可以改变该视图框的大小，定形后放开左键，再按下鼠标左键移动视图框，确定图形中的放大位置，系统将清除当前视口并显示一个特定的视图选择屏幕。这个特定屏幕，由有关当前视图及有效视图的信息所构成。

（5）范围（E）。"范围（E）"选项可以使图形缩放至整个显示范围。图形的范围由图形所在的区域构成，剩余的空白区域将被忽略。应用这个选项，图形中所有的对象都尽可能地被放大。

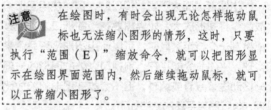

注意 在绘图时，有时会出现无论怎样拖动鼠标也无法缩小图形的情形，这时，只要执行"范围（E）"缩放命令，就可以把图形显示在绘图界面范围内，然后继续拖动鼠标，就可以正常缩小图形了。

（6）上一个（P）。在绘制一幅复杂的图形时，有时需要放大图形的一部分以进行细节的编辑。当编辑完成后，有时希望回到前一个视图。这种操作可以使用"上一个（P）"选项来实现。当前视口由"缩放"命令的各种选项或"移动"视图、视图恢复、平行投影或透视命令引起的任何变化，系统都将做保存。每一个视口最多可以保存 10 个视图。连续使用"上一个（P）"选项可以恢复前 10 个视图。

（7）比例（S）。"比例（S）"选项提供了 3 种使用方法。在提示信息下，直接输入比例系数，AutoCAD 将按照此比例因子放大或缩小图形的尺寸。如果在比例系数后面加一"X"，则表示相对于当前视图计算的比例因子。使用比例因子的第三种方法就是相对于图形空间，例如，可以在图纸空间阵列布排或打印出模型的不同视图。为了使每一张视图都与图纸空间单位成比例，可以使用"比例（S）"选项，每一个视图可以有单独的比例。

（8）窗口（W）。"窗口（W）"选项是最常使

用的选项。通过确定一个矩形窗口的两个对角来指定所需缩放的区域，对角点可以由鼠标指定，也可以输入坐标确定。指定窗口的中心点将成为新的显示屏幕的中心点。窗口中的区域将被放大或缩小。调用"ZOOM"命令时，可以在没有选择任何选项的情况下，利用鼠标在绘图窗口中直接指定缩放窗口的两个对角点。

（9）对象（O）。"对象（O）"选项是放大，以便尽可能大地显示一个或多个选定的对象并使其位于视图的中心。可以在启动"ZOOM"命令前后选择对象。

 注意 这里所提到的诸如放大、缩小或移动的操作，仅仅是对图形在屏幕上的显示进行控制，图形本身并没有任何改变。

2. 图形平移

当图形幅面大于当前视口时，例如使用图形缩放命令将图形放大，如果需要在当前视口之外观察或绘制一个特定区域时，可以使用图形平移命令来实现。平移命令能将在当前视口以外的图形的一部分移动进来查看或编辑，但不会改变图形的缩放比例。执行图形平移的方法如下。

命令行：PAN

菜单：视图→平移

工具栏：标准→平移

快捷菜单：绘图窗口中单击右键，选择"平移"选项

激活平移命令之后，光标将变成一只"小手"，可以在绘图窗口中任意移动，以示当前正处于平移模式。单击并按住鼠标左键将光标锁定在当前位置，即"小手"已经抓住图形，然后，拖动图形使其移动到所需位置上。松开鼠标左键将停止平移图形。可以反复按下鼠标左键，拖动、松开，将图形平移到其他位置上。

平移命令预先定义了一些不同的菜单选项与按钮，它们可用于在特定方向上平移图形，在激活平移命令后，这些选项可以从菜单"视图"→"平移"中调用。

（1）实时。该选项是平移命令中最常用的选项，也是默认选项，前面提到的平移操作都是指实时平移，通过鼠标的拖动来实现任意方向上的平移。

（2）点。这个选项要求确定位移量，这就需要确定图形移动的方向和距离。可以通过输入点的坐标或用鼠标指定点的坐标来确定位移。

（3）左。该选项移动图形使屏幕左部的图形进入显示窗口。

（4）右。该选项移动图形使屏幕右部的图形进入显示窗口。

（5）上。该选项向底部平移图形后，使屏幕顶部的图形进入显示窗口。

（6）下。该选项向顶部平移图形后，使屏幕底部的图形进入显示窗口。

第 2 章

二维绘图命令

二维图形是指在二维平面空间绘制的图形，主要由一些图形元素组成，如点、直线、圆弧、圆、椭圆、矩形、多边形、多段线、样条曲线、多线等。AutoCAD 提供了大量的绘图工具，可以帮助用户完成二维图形的绘制。本章主要内容包括：直线、圆和圆弧、椭圆和椭圆弧、平面图形、点、多段线、样条曲线、多线的绘制和图案填充等。

知识点

- ➲ 直线类
- ➲ 圆类图形
- ➲ 平面图形
- ➲ 点
- ➲ 多段线
- ➲ 样条曲线
- ➲ 多线
- ➲ 图案填充

2.1 直线类

直线类命令包括直线、射线和构造线等命令。这几个命令是AutoCAD中最简单的绘图命令。

2.1.1 绘制直线段

执行方式

命令行：LINE

菜单：绘图→直线

工具栏：绘图→直线／

功能区：单击"默认"选项卡"绘图"面板中的"直线"按钮／

操作步骤

命令：LINE ✓
指定第一个点：✓（输入直线段的起点，用鼠标指定点或者给定点的坐标）
指定下一点或 [放弃(U)]：✓（输入直线段的端点，也可以用鼠标指定一定角度后，直接输入直线段的长度）
指定下一点或 [放弃(U)]：✓（输入下一直线段的端点。输入选项U表示放弃前面的输入；右击或按Enter键，结束命令）
指定下一点或 [闭合(C)/放弃(U)]：✓（输入下一直线段的端点，或输入选项C使图形闭合，结束命令）

选项说明

（1）若按Enter键响应"指定第一点"的提示，则系统会把上次绘线（或弧）的终点作为本次操作的起始点。若上次操作为绘制圆弧，按Enter键响应后，绘出通过圆弧终点并与该圆弧相切的直线段，该线段的长度由鼠标在屏幕上指定的一点与切点之间线段的长度确定。

（2）在"指定下一点"的提示下，用户可以指定多个端点，从而绘出多条直线段。但是，每一条直线段都是一个独立的对象，可以进行单独地编辑操作。

（3）绘制两条以上的直线段后，若用选项"C"响应"指定下一点"的提示，系统会自动链接起始点和最后一个端点，从而绘出封闭的图形。

（4）若用选项"U"响应提示，则会擦除最近一次绘制的直线段。

（5）若设置正交方式（单击状态栏上的"正交"按钮），则只能绘制水平直线段或垂直直线段。

（6）若设置动态数据输入方式（单击状态栏中的"动态输入"按钮＋），则可以动态输入坐标或长度值。其余二维绘图命令，同样可以设置动态数据输入方式，效果与非动态数据输入方式类似。除了特别需要（以后不再强调），否则只按非动态数据输入方式输入相关数据。

2.1.2 绘制构造线

执行方式

命令行：XLINE

菜单：绘图→构造线

工具栏：绘图→构造线✎

功能区：单击"默认"选项卡"绘图"面板中的"构造线"按钮✎

操作步骤

命令：XLINE ✓
指定点或 [水平(H)/垂直(V)/角度(A)/二等分(B)/偏移(O)]：（给出点）
指定通过点：（给定通过点2，画一条双向的无限长直线）
指定通过点：（继续给定点，继续画线，按Enter键，结束命令）

选项说明

（1）执行选项中有"指定点""水平""垂直""角度""二等分"和"偏移"6种方式绘制构造线。

（2）这种线可以模拟手工绘图中的辅助绘图线。用特殊的线型显示，在绘图输出时，可不作输出。常用于辅助绘图。

2.1.3 实例——绘制标高符号

绘制如图2-1所示标高符号，具体操作步骤如下。

扫一扫

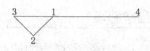

图 2-1 标高符号

```
命令：_line↙
指定第一个点：100,100↙（1点）
指定下一点或 [放弃（U）]：@40，-135↙
指定下一点或 [放弃（U）]：@40<-135↙（2点，
也可以单击状态栏中的"动态输入"按钮 ，在鼠标
位置为135°时，动态输入40，如图2-2所示，下同）
指定下一点或 [放弃（U）]：@40<135↙（3点，
相对极坐标数值输入方法，此方法便于控制线段长度）
指定下一点或 [闭合（C）/放弃（U）]：@180，
0↙（4点，相对直角坐标数值输入方法，此方法便
于控制坐标点之间的正交距离）
指定下一点或 [闭合（C）/放弃（U）]：↙（回车
结束直线命令）
```

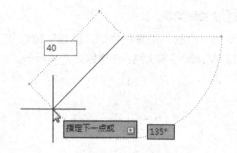

图 2-2 动态输入

> 说明 一般每个命令有3种执行方式，这里只给出了命令行执行方式，其他两种执行方式的操作方法与命令行执行方式相同。

2.2 圆类图形

圆类命令主要包括"圆""圆弧""椭圆""椭圆弧"以及"圆环"等命令，这几个命令是AutoCAD中最简单的圆类命令。

2.2.1 绘制圆

执行方式

命令行：CIRCLE

菜单：绘图→圆

工具栏：绘图→圆

功能区：单击"默认"选项卡"绘图"面板中的"圆"按钮

操作步骤

```
命令：CIRCLE↙
指定圆的圆心或 [三点（3P）/两点（2P）/切点、
切点、半径（T）]：↙（指定圆心）
指定圆的半径或 [直径（D）]：↙（直接输入半径
数值或用鼠标指定半径长度）
指定圆的直径 <默认值>：↙（输入直径数值或用
鼠标指定直径长度）
```

选项说明

（1）三点（3P）：按指定圆周上三点的方法画圆。

（2）两点（2P）：按指定直径的两端点的方法画圆。

（3）切点、切点、半径（T）：按先指定两个相切对象，后给出半径的方法画圆。

（4）相切、相切、相切（A）：依次拾取相切的第一个圆弧、第二个圆弧和第三个圆弧。

2.2.2 实例——绘制锚具端视图

绘制如图2-3所示的锚具端视图，具体操作步骤如下。

扫一扫

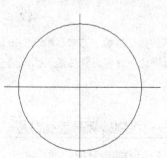

图 2-3 锚具端视图

STEP 绘制步骤

❶ 单击"绘图"工具栏中的"直线"按钮，绘制两条十字交叉线，结果如图2-4所示。

图2-4 绘制十字交叉线

❷ 单击"默认"选项卡"绘图"面板中的"圆"按钮，绘制圆，命令行提示如下。

```
命令：_circle ✓
指定圆的圆心或 [三点（3P）/两点（2P）/切点、切点、半径（T）]：✓（指定十字交叉线交点）
指定圆的半径或 [直径（D）]：✓（适当指定半径大小）
```
结果如图2-3所示。

2.2.3 绘制圆弧

执行方式

命令行：ARC（缩写名：A）

菜单：绘图→弧

工具栏：绘图→圆弧

功能区：单击"默认"选项卡"绘图"面板中的"圆弧"按钮

操作步骤

```
命令：ARC ✓
指定圆弧的起点或 [圆心（C）]：（指定起点）
指定圆弧的第二个点或 [圆心（C）/端点（E）]：（指定第二点）
指定圆弧的端点：（指定端点）
```

选项说明

（1）用命令行方式绘制圆弧时，可以根据系统提示单击不同的选项，具体功能和单击菜单栏中的"绘图"→"圆弧"中子菜单提供的11种方式相似。这11种方式绘制的圆弧如图2-5所示。

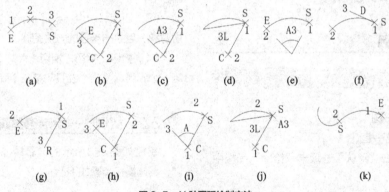

(a) (b) (c) (d) (e) (f)

(g) (h) (i) (j) (k)

图2-5 11种圆弧绘制方法

（2）需要强调的是"继续"方式，绘制的圆弧与上一线段或圆弧相切，继续画圆弧段，因此提供端点即可。

2.2.4 实例——绘制楼板开圆孔符号

绘制如图2-6所示的楼板开圆孔符号，具体操作步骤如下。

扫一扫

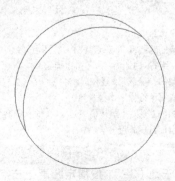

图2-6 楼板开圆孔符号

STEP 绘制步骤

❶ 单击"默认"选项卡"绘图"面板中的"圆"按钮 ⊙，绘制一个适当大小的圆。

❷ 单击"默认"选项卡"绘图"面板中的"圆弧"按钮 ⌒，绘制圆弧，命令行提示与操作如下。

命令：ARC↙
指定圆弧的起点或 [圆心（C）]：↙（用鼠标指定圆周上右上方适当位置一点）
指定圆弧的第二个点或 [圆心（C）/端点（E）]：↙（用鼠标向左下方适当位置指定一点）
指定圆弧的端点：↙（用鼠标指定圆周上左下方适当位置一点）

绘制结果如图2-6所示。

注意 绘制圆弧时，注意圆弧的曲率是遵循逆时针方向的，所以在选择指定圆弧两个端点和半径模式时，需要注意端点的指定顺序，否则有可能导致圆弧的凹凸形状与预期的相反。

2.2.5 绘制圆环

执行方式

命令行：DONUT
菜单：绘图→圆环
功能区：单击"默认"选项卡"绘图"面板中的"圆环"按钮 ◎

操作步骤

命令：DONUT↙
指定圆环的内径 <默认值>：↙（指定圆环内径）
指定圆环的外径 <默认值>：↙（指定圆环外径）
指定圆环的中心点或 <退出>：↙（指定圆环的中心点）
指定圆环的中心点或 <退出>：↙（继续指定圆环的中心点，则继续绘制具有相同内外径的圆环。按Enter键、空格键或右击，结束命令）

选项说明

（1）若指定内径为零，则画出实心填充圆。
（2）用命令FILL可以控制圆环是否填充。

命令：FILL↙
输入模式 [开（ON）/关（OFF）] <开>：↙（选择ON表示填充，选择OFF表示不填充）

2.2.6 绘制椭圆与椭圆弧

执行方式

命令行：ELLIPSE
菜单：绘图→椭圆→圆弧
工具栏：绘图→椭圆 ⊙ 或绘图→椭圆弧 ⌒
功能区：单击"默认"选项卡"绘图"面板中的"轴，端点"按钮 ⊙

操作步骤

命令：ELLIPSE↙
指定椭圆的轴端点或 [圆弧（A）/中心点（C）]：↙
指定轴的另一个端点：↙
指定另一条半轴长度或 [旋转（R）]：↙

选项说明

1. 指定椭圆的轴端点

根据两个端点，定义椭圆的第一条轴。第一条轴的角度确定了整个椭圆的角度。第一条轴既可定义为椭圆的长轴也可定义为椭圆的短轴。

2. 旋转（R）

通过绕第一条轴旋转圆来创建椭圆。相当于将一个圆绕椭圆轴翻转一个角度后的投影视图。

3. 中心点（C）

通过指定的中心点创建椭圆。

4. 椭圆弧（A）

该选项用于创建一段椭圆弧。与单击"默认"选项卡"绘图"面板中的"椭圆弧"按钮 ⌒ 功能相同。其中第一条轴的角度确定了椭圆弧的角度。第一条轴既可定义为椭圆弧长轴也可定义为椭圆弧短轴。选择该项，命令行提示如下。

指定椭圆的轴端点或 [圆弧（A）/中心点（C）]：（指定端点或输入C）
指定轴的另一个端点：（指定另一端点）
指定另一条半轴长度或 [旋转（R）]：（指定另一条半轴长度或输入R）
指定起点角度或 [参数（P）]：（指定起始角度或输入P）
指定端点角度或 [参数（P）/夹角（I）]：
其中各选项含义如下。

（1）起始角度。指定椭圆弧端点的两种方式之一，光标与椭圆中心点连线的夹角为椭圆弧端点位置的角度。

（2）参数（P）。指定椭圆弧端点的另一种方式，该方式同样是指定椭圆弧端点的角度，通过以下矢量参数方程式创建椭圆弧。

$$P(u) = c + a \times \cos(u) + b \times \sin(u)$$

式中，c 为椭圆的中心点；a、b 分别为椭圆的长轴和短轴；u 为光标与椭圆中心点连线的夹角。

（3）包含角度（I）。定义从起始角度开始的包含角度。

2.2.7 实例——绘制洗脸盆

绘制如图2-7所示的洗脸盆，具体操作步骤如下。

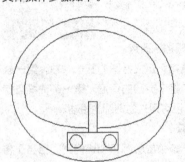

图2-7　洗脸盆

STEP 绘制步骤

❶ 单击"默认"选项卡"绘图"面板中的"直线"按钮 ，绘制水龙头图形，绘制结果如图2-8所示。

❷ 单击"默认"选项卡"绘图"面板中的"圆"按钮 ，绘制两个水龙头旋钮，绘制结果如图2-9所示。

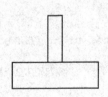

图2-8　绘制水龙头

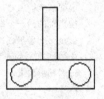

图2-9　绘制旋钮

❸ 单击"默认"选项卡"绘图"面板中的"椭圆"按钮 ，绘制脸盆外沿，命令行中的提示与操作如下。

```
命令：_ellipse ✓
```

指定椭圆的轴端点或 ［圆弧（A）/中心点（C）］：
✓（用鼠标指定椭圆轴端点）
指定轴的另一个端点：✓（用鼠标指定另一端点）
指定另一条半轴长度或 ［旋转（R）］：✓（用鼠标在屏幕上拉出另一半轴长度）
结果如图2-10所示。

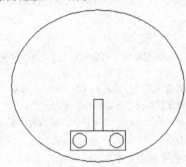

图2-10　绘制脸盆外沿

❹ 单击"默认"选项卡"绘图"面板中的"椭圆弧"按钮 ，绘制脸盆部分内沿，命令行中的提示与操作如下。

```
命令：_ellipse ✓
指定椭圆的轴端点或 ［圆弧（A）/中心点（C）］：
A ✓
指定椭圆弧的轴端点或 ［中心点（C）］：C ✓✓
指定椭圆弧的中心点：✓（捕捉上步绘制的椭圆中心点）
指定轴的端点：✓（适当指定一点）
指定另一条半轴长度或 ［旋转（R）］：R ✓✓
指定绕长轴旋转的角度：✓（用鼠标指定椭圆轴端点）
指定起点角度或 ［参数（P）］：✓（用鼠标拉出起始角度）
指定端点角度或 ［参数（P）/夹角（I）］：✓（用鼠标拉出终止角度）
```

结果如图2-11所示。

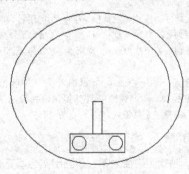

图2-11　绘制脸盆部分内沿

❺ 单击"默认"选项卡"绘图"面板中的"圆弧"按钮 ，绘制脸盆内沿其他部分，最终结果如图2-7所示。

2.3 平面图形

2.3.1 绘制矩形

执行方式

命令行：RECTANG（缩写名：REC）

菜单：绘图→矩形

工具栏：绘图→矩形 ▭

功能区：单击"默认"选项卡"绘图"面板中的"矩形"按钮 ▭

操作步骤

命令：RECTANG ↙
指定第一个角点或 [倒角（C）/标高（E）/圆角（F）/厚度（T）/宽度（W）]：↙
指定另一个角点或 [面积(A)/尺寸(D)/旋转(R)]：↙

选项说明

（1）第一个角点：通过指定两个角点来确定矩形，如图2-12（a）所示。

（2）倒角（C）：指定倒角距离，绘制带倒角的矩形（图2-12（b）），每一个角点的逆时针和顺时针方向的倒角可以相同，也可以不同，其中第一个倒角距离是指角点逆时针方向的倒角距离，第二个倒角距离是指角点顺时针方向的倒角距离。

（3）标高（E）：指定矩形标高（Z坐标），即把矩形画在标高为Z，与XOY坐标面平行的平面上，并作为后续矩形的标高值。

（4）圆角（F）：指定圆角半径，绘制带圆角的矩形，如图2-12（c）所示。

（5）厚度（T）：指定矩形的厚度，如图2-12（d）所示。

（6）宽度（W）：指定线宽，如图2-12（e）所示。

（7）面积（A）：通过指定面积和长或宽来创建矩形。选择该项，系统提示如下。

输入以当前单位计算的矩形面积 <20.0000>：（输入面积值）
计算矩形标注时依据 [长度（L）/宽度（W）] <长度>：（按 Enter 键或输入 W）
输入矩形长度 <4.0000>：（指定长度或宽度）

指定长度或宽度后，系统自动计算出另一个维度后绘制出矩形。如果矩形被倒角或圆角，则在长度或宽度计算中，会考虑此设置，如图2-13所示。

（8）尺寸（D）：使用长和宽创建矩形。第二个指定点将矩形定位在与第一个角点相关的4个位置之一内。

（9）旋转（R）：旋转所绘制形的角度。选择该项，系统提示如下。

指定旋转角度或 [拾取点（P）] <135>：（指定角度）
指定另一个角点或 [面积(A)/尺寸(D)/旋转(R)]：（指定另一个角点或选择其他选项）

指定旋转角度后，系统按指定旋转角度创建矩形，如图2-14所示。

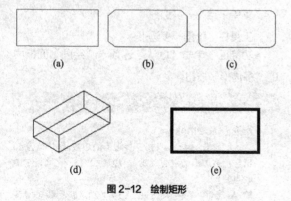

(a)　　　　(b)　　　　(c)

(d)　　　　(e)

图2-12　绘制矩形

倒角距离（1，1）；　　　圆角半径：1.0；
面积：20，长度：6　　　面积：20，宽度：6

图2-13　按面积绘制矩形

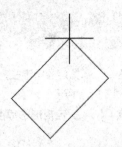

图 2-14　按指定旋转角度创建矩形

2.3.2 | 实例——绘制办公桌

绘制如图 2-15 所示的办公桌，具体操作步骤如下。

扫一扫

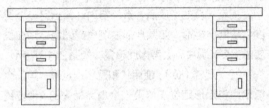

图 2-15　办公桌

STEP **绘制步骤**

❶ 单击"默认"选项卡"绘图"面板中的"矩形"按钮 ▱，在合适的位置绘制矩形，命令行操作如下。

> 指定第一个角点或 [倒角（C）/标高（E）/圆角（F）/厚度（T）/宽度（W）]：✓（在适当位置指定一点）
> 指定另一个角点或 [面积（A）/尺寸（D）/旋转（R）]：✓（在适当位置指定另一点）

结果如图 2-16 所示。

❷ 单击"默认"选项卡"绘图"面板中的"矩形"按钮 ▱，在合适的位置绘制一系列的矩形，结果如图 2-17 所示。

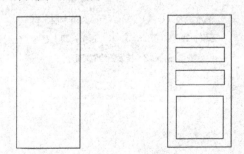

图 2-16　绘制矩形（一）　　**图 2-17　绘制矩形（二）**

❸ 单击"默认"选项卡"绘图"面板中的"矩形"按钮 ▱，在合适的位置绘制一系列的矩形，结果如图 2-18 所示。

图 2-18　绘制矩形（三）

❹ 单击"默认"选项卡"绘图"面板中的"矩形"按钮 ▱，在合适的位置绘制一个矩形，结果如图 2-19 所示。

图 2-19　绘制矩形（四）

❺ 同样方法，利用"矩形"命令绘制右边的抽屉，完成办公桌的绘制。结果如图 2-15 所示。

2.3.3 | 绘制多边形

执行方式

命令行：POLYGON

菜单：绘图→多边形

工具栏：绘图→多边形 ⬠

功能区：单击"默认"选项卡"绘图"面板中的"多边形"按钮 ⬠

操作步骤

> 命令：POLYGON ✓
> 输入侧面数 <4>：✓（指定多边形的边数，默认值为 4）
> 指定正多边形的中心点或 [边（E）]：✓（指定中心点）
> 输入选项 [内接于圆（I）/外切于圆（C）] <I>：✓[指定是内接于圆或外切于圆。
> I 表示内接于圆，如图 2-20（a）所示；C 表示外切于圆，如图 2-20（b）所示]

指定圆的半径：✓（指定外接圆或内切圆的半径）

选项说明

上述操作步骤中，如果选择"边"选项，则只要指定多边形的一条边，系统就会按逆时针方向创建该正多边形，如图2-20（c）所示。

(a)　　　　　(b)　　　　　(c)

图 2-20　绘制多边形

2.3.4 | 实例——绘制楼板开方孔符号

绘制如图2-21所示的楼板开方孔符号，具体操作步骤如下。

扫一扫

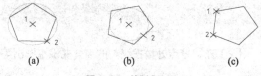

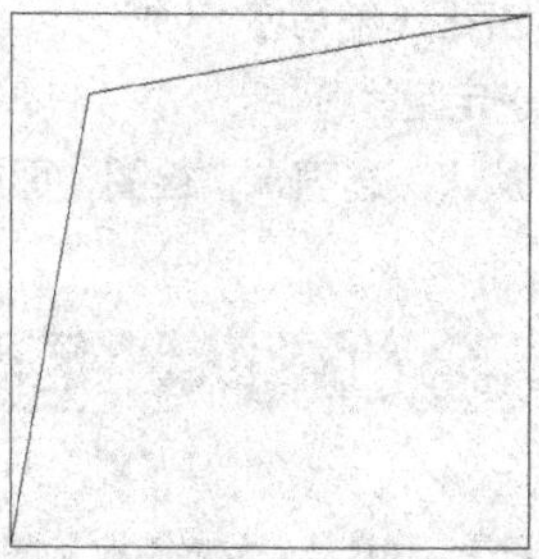

图 2-21　楼板开方孔符号

STEP 绘制步骤

❶ 单击"默认"选项卡"绘图"面板中的"多边形"按钮⬠，绘制外轮廓线。命令行提示与操作如下。

```
命令：polygon ✓
输入侧面数 <8>：4 ✓
指定正多边形的中心点或 [边（E）]：0,0 ✓
输入选项 [内接于圆（I）/外切于圆（C）] <I>：
C ✓
指定圆的半径：100 ✓
```
绘制结果如图2-22所示。

图 2-22　绘制轮廓线图

❷ 单击"默认"选项卡"绘图"面板中的"直线"按钮╱，绘制外轮廓线。命令行提示与操作如下。

```
命令：LINE ✓
指定第一个点：-100,-100 ✓
指定下一点或 [放弃（U）]：-70,70 ✓
指定下一点或 [放弃（U）]：100,100 ✓
指定下一点或 [闭合（C）/放弃（U）]：✓
```
绘制结果如图2-21所示。

2.4 点

点在AutoCAD中有多种不同的表示方式，用户可以根据需要进行设置，也可以设置等分点和测量点。

2.4.1 | 绘制点

执行方式

命令行：POINT
菜单：绘图→点→单点或多点
工具栏：绘图→点▫
功能区：单击"默认"选项卡中"绘图"面板中的"点"按钮▫

操作步骤

```
命令：POINT ✓
当前点模式：PDMODE =0 PDSIZE=0.0000
指定点：✓（指定点所在的位置）
```

选项说明

（1）通过菜单方法进行操作时（图2-23），"单点"命令表示只输入一个点，"多点"命令表示可输入多个点。

（2）可以单击状态栏中的"对象捕捉"开关按钮，设置点的捕捉模式，帮助用户拾取点。

（3）点在图形中的表示样式共有20种。可通过命令DDPTYPE 或拾取菜单：格式→点样式，打开"点样式"对话框来设置点样式，如图2-24所示。

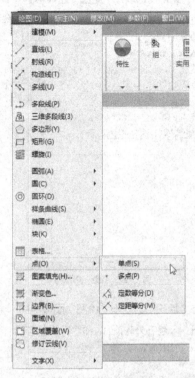

图 2-23 "点"子菜单

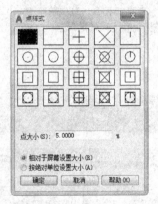

图 2-24 "点样式"对话框

2.4.2 绘制等分点

命令行：DIVIDE（缩写名：DIV）

菜单：绘图→点→定数等分

功能区：单击"默认"选项卡"绘图"面板中

的"定数等分"按钮 ⚲

命令：DIVIDE ✓
选择要定数等分的对象：（选择要等分的实体）
输入线段数目或 [块（B）]：（指定实体的等分数）

（1）等分数范围为2 ~ 32767。

（2）在等分点处，按当前的点样式设置画出等分点。

（3）在第二提示行选择"块（B）"选项时，表示在等分点处插入指定的块（BLOCK）。

2.4.3 绘制测量点

命令行：MEASURE（缩写名：ME）

菜单：绘图→点→定距等分

功能区：单击"默认"选项卡"绘图"面板中

的"定距等分"按钮 ⚲

命令：MEASURE ✓
选择要定距等分的对象：（选择要设置测量点的实体）
指定线段长度或 [块（B）]：（指定分段长度）

（1）设置的起点一般是指指定线段的绘制起点。

（2）在第二提示行选择"块（B）"选项时，表示在测量点处插入指定的块，后续操作与上节中等分点的绘制类似。

（3）在测量点处，按当前的点样式设置画出测量点。

（4）最后一个测量段的长度不一定等于指定分段的长度。

2.4.4 实例——绘制楼梯

绘制如图2-25所示的楼梯，具体操作步骤如下。

扫一扫

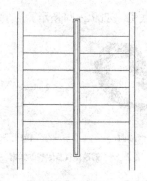

图 2-25　楼梯

④ 分别以等分点为起点，左边墙体上的点为中点绘
制水平线段，如图 2-28 所示。

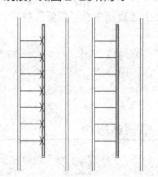

图 2-28　绘制水平线段

STEP　绘制步骤

❶ 利用"直线"命令，绘制墙体与扶手，如图 2-26
所示。

❷ 设置点样式。选择 菜单栏中"格式"→"点样式"
命令，在打开的"点样式"对话框中选择"X"样式。

❸ 单击"默认"选项卡"绘图"面板中的"定数等
分"按钮 ，以左边扶手的外面线段为对象，
数目为 8，绘制等分点，如图 2-27 所示。

⑤ 删除绘制的等分点，如图 2-29 所示。

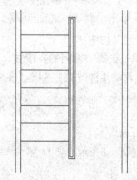

图 2-29　删除点

⑥ 用相同方法绘制另一侧楼梯，最终结果如图
2-25 所示。

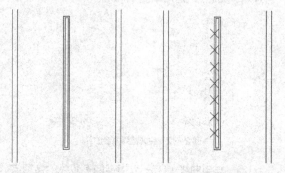

图 2-26　绘制墙体与扶手　　　图 2-27　绘制等分点

2.5　多段线

多段线是一种由线段和圆弧组合而成的、不同
线宽的多线。这种线由于其组合形式多样和线宽不
同，弥补了直线或圆弧功能的不足，适合绘制各种
复杂的图形轮廓，因而得到了广泛的应用。

2.5.1　绘制多段线

执行方式

命令行：PLINE（缩写名：PL）

菜单：绘图→多段线

工具栏：绘图→多段线

功能区：单击"默认"选项卡"绘图"面板中
的"多段线"按钮

操作步骤

命令：PLINE ↙
指定起点：↙（指定多段线的起点）
当前线宽为 0.0000
指定下一个点或 ［圆弧（A）/半宽（H）/长度（L）
/放弃（U）/宽度（W）］：↙（指定多段线的下一点）

选项说明

多段线主要由不同长度的连续的线段或圆弧组成，如果在上述提示中选"圆弧"命令，则命令行提示如下。

[角度（A）/圆心（CE）/方向（D）/半宽（H）/直线（L）/半径（R）/第二个点（S）/放弃（U）/宽度（W）]:

2.5.2 编辑多段线

执行方式

命令行：PEDIT（缩写名：PE）

菜单："修改"→"对象"→"多段线"

工具栏："修改Ⅱ"→"编辑多段线"

功能区：单击"默认"选项卡"修改"面板中的"编辑多段线"按钮

快捷菜单：选择要编辑的多段线，在绘图区右击，从打开的右键快捷菜单上选择"多段线编辑"

操作步骤

命令：PEDIT↙
选择多段线或 [多条（M）]:↙（选择一条要编辑的多段线）
输入选项 [闭合（C）/合并（J）/宽度（W）/编辑顶点（E）/拟合（F）/样条曲线（S）/非曲线化（D）/线型生成（L）/反转（R）/放弃（U）]:↙

选项说明

（1）闭合（C）：如果选择的是闭合多段线，则"打开"会替换提示中的"闭合"选项。如果二维多段线的法线与当前用户坐标系的Z轴平行且同向，则可以编辑二维多段线。

（2）合并（J）：以选中的多段线为主体，合并其他直线段、圆弧或多段线，使其成为一条多段线。能合并的条件是各段线的端点首尾相连，如图2-30所示。

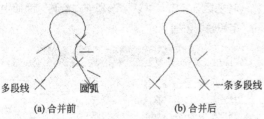

多段线   圆弧   一条多段线

(a) 合并前   (b) 合并后

图2-30　合并多段线

（3）宽度（W）：修改整条多段线的线宽，使

其具有同一线宽，如图2-31所示。

(a) 修改前   (b) 修改后

图2-31　修改整条多段线的线宽

（4）编辑顶点（E）：选择该项后，在多段线起点处出现一个斜的十字叉"×"，它为当前顶点的标记，并在命令行出现进行后续操作的提示。

[下一个（N）/上一个（P）/打断（B）/插入（I）/移动（M）/重生成（R）/拉直（S）/切向（T）/宽度（W）/退出（X）] <N>:

这些选项允许用户进行移动、插入顶点和修改任意两点间的线的线宽等操作。

（5）拟合（F）：从指定的多段线生成由光滑圆弧连接而成的圆弧拟合曲线，该曲线经过多段线的各顶点，如图2-32所示。

(a) 修改前   (b) 修改后

图2-32　生成圆弧拟合曲线

（6）样条曲线（S）：以指定的多段线的各顶点作为控制点生成B样条曲线，如图2-33所示。

(a) 修改前   (b) 修改后

图2-33　生成B样条曲线

（7）非曲线化（D）：用直线代替指定的多段线中的圆弧。对于选择"拟合（F）"选项或"样条曲线（S）"选项后生成的圆弧拟合曲线或样条曲线，删去其生成曲线时新插入的顶点，则恢复成由直线段组成的多段线。

（8）线型生成（L）：当多段线的线型为点画线时，控制多段线的线型生成方式开关。选择此项，系统提示如下。

输入多段线线型生成选项 [开（ON）/ 关（OFF）] <关>：

选择ON时，将在每个顶点处允许以短画线开始或结束生成线型；选择OFF时，将在每个顶点处允许以长画线开始或结束生成线型。"线型生成"不能用于包含带变宽的线段的多段线，如图2-34所示。

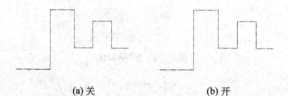

(a) 关   (b) 开

图 2-34 控制多段线的线型（线型为点画线时）

（9）反转（R）：反转多段线顶点的顺序。使用此选项可反转使用包含文字线型的对象的方向。例如，根据多段线的创建方向，线型中的文字可能会倒置显示。

2.5.3 | 实例——绘制圈椅

绘制如图2-35所示的圈椅，具体操作步骤如下。

扫一扫

图 2-35 圈椅

STEP 绘制步骤

❶ 单击"默认"选项卡"绘图"面板中的"多段线"按钮，绘制外部轮廓，命令行提示如下。

```
命令：_pline ↙
指定起点：↙（适当指定一点）
当前线宽为 0.0000
指定下一个点或 [圆弧（A）/ 半宽（H）/ 长度（L）
/ 放弃（U）/ 宽度（W）]：@0,-600 ↙
指定下一点或 [圆弧（A）/ 闭合（C）/ 半宽（H）
```

```
/ 长度（L）/ 放弃（U）/ 宽度（W）]：@150,0 ↙
指定下一点或 [圆弧（A）/ 闭合（C）/ 半宽（H）
/ 长度（L）/ 放弃（U）/ 宽度（W）]：0,600 ↙
指定下一点或 [圆弧（A）/ 闭合（C）/ 半宽（H）
/ 长度（L）/ 放弃（U）/ 宽度（W）]：U↙（放弃，
表示上步操作出错）
指定下一点或 [圆弧（A）/ 闭合（C）/ 半宽（H）
/ 长度（L）/ 放弃（U）/ 宽度（W）]：@0,600 ↙
指定下一点或 [圆弧（A）/ 闭合（C）/ 半宽（H）
/ 长度（L）/ 放弃（U）/ 宽度（W）]：A↙
指定圆弧的端点或 [角度（A）/ 圆心（CE）/ 闭合
（CL）/ 方向（D）/ 半宽（H）/ 直线（L）/ 半径（R）
/ 第二个点（S）/ 放弃（U）/ 宽度（W）]：CE↙
指定圆弧的半径：750 ↙
指定圆弧的端点或 [角度（A）]：A↙
指定包含角：180 ↙
指定圆弧的弦方向 <90>：180 ↙
指定圆弧的端点或 [角度（A）/ 圆心（CE）/ 闭合
（CL）/ 方向（D）/ 半宽（H）/ 直线（L）/ 半径（R）
/ 第二个点（S）/ 放弃（U）/ 宽度（W）]：L↙
指定下一点或 [圆弧（A）/ 闭合（C）/ 半宽（H）
/ 长度（L）/ 放弃（U）/ 宽度（W）]：@0,-600 ↙
指定下一点或 [圆弧（A）/ 闭合（C）/ 半宽（H）
/ 长度（L）/ 放弃（U）/ 宽度（W）]：@150,0 ↙
指定下一点或 [圆弧（A）/ 闭合（C）/ 半宽（H）
/ 长度（L）/ 放弃（U）/ 宽度（W）]：@0,600 ↙
指定下一点或 [圆弧（A）/ 闭合（C）/ 半宽（H）
/ 长度（L）/ 放弃（U）/ 宽度（W）]：↙
```

绘制结果如图2-36所示。

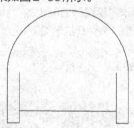

图 2-36 绘制外部轮廓

❷ 打开状态栏上的"对象捕捉"按钮，单击"默认"选项卡"绘图"面板中的"圆弧"按钮，绘制内圈。命令行提示如下。

```
命令：_arc ↙
指定圆弧的起点或 [圆心（C）]：↙（捕捉右边竖
线上端点）
指定圆弧的第二个点或 [圆心（C）/ 端点（E）]：
E↙
指定圆弧的端点：↙（捕捉左边竖线上端点）
指定圆弧的圆心或 [角度（A）/ 方向（D）/ 半径（R）]：
D↙
指定圆弧的起点切向：90 ↙
```

绘制结果如图2-37所示。

图 2-37　绘制内圈

❸ 单击"默认"选项卡"修改"面板中的"编辑多段线"按钮△，编辑多段线，命令行提示如下。

```
命令：_pedit ✓
选择多段线或 [多条（M）]：✓（选择刚绘制的多段线）
输入选项 [闭合（C）/合并（J）/宽度（W）/编辑顶点（E）/拟合（F）/样条曲线（S）/非曲线化（D）/线型生成（L）/反转（R）/放弃（U）]：J✓
选择对象：✓（选择刚绘制的圆弧）
选择对象：
多段线已增加 1 条线段
输入选项 [打开（O）/合并（J）/宽度（W）/编辑顶点（E）/拟合（F）/样条曲线（S）/非曲线化（D）/线型生成（L）/反转（R）/放弃（U）]：✓
```

系统将圆弧和原来的多段线合并成一条新的多段线，选择该多段线，可以看出所有线条都被选中，说明已经合并为一体了，如图 2-38 所示。

❹ 打开状态栏上的"对象捕捉"按钮□，单击"默认"选项卡"绘图"面板中的"圆弧"按钮⌒，绘制椅垫。命令行提示如下。

```
命令：_arc ✓
指定圆弧的起点或 [圆心（C）]：✓（捕捉多段线
```

左边竖线上适当一点）
指定圆弧的第二个点或 [圆心（C）/端点（E）]：✓（向右上方适当指定一点）
指定圆弧的端点：✓（捕捉多段线右边竖线上适当一点，与左边点位置大约平齐）
绘制结果如图 2-39 所示。

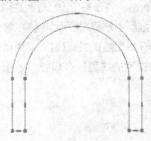

图 2-38　合并多段线

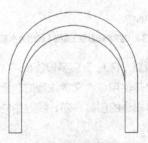

图 2-39　绘制椅垫

❺ 单击"默认"选项卡"绘图"面板中的"直线"按钮╱，捕捉适当的点为端点，绘制一条水平直线，最终结果如图 2-35 所示。

2.6　样条曲线

AutoCAD 2018 使用一种称为非一致有理B样条（NURBS）曲线的特殊样条曲线类型。NURBS曲线在控制点之间产生一条光滑的样条曲线，如图2-40所示。样条曲线可用于创建形状不规则的曲线，例如，为地理信息系统（GIS）应用或汽车设计绘制轮廓线。

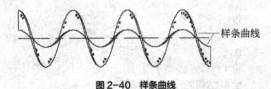

图 2-40　样条曲线

2.6.1　绘制样条曲线

执行方式

命令行：SPLINE

菜单：绘图→样条曲线

工具栏：绘图→样条曲线╱

功能区：单击"默认"选项卡"绘图"面板中的"样条曲线拟合"按钮╱

操作步骤

命令：SPLINE ✓

当前设置：方式＝拟合　节点＝弦

指定第一个点或 ［方式（M）／节点（K）／对象（O）］：（指定一点或选择"对象（O）"选项）

输入下一个点或 ［起点切向（T）／公差（L）］：（指定一点）

输入下一个点或 ［端点相切（T）／公差（L）／放弃（U）］：（指定第三点）

输入下一个点或 ［端点相切（T）／公差（L）／放弃（U）／闭合（C）］：

选项说明

（1）方式（M）。控制是使用拟合点还是使用控制点来创建样条曲线。

（2）节点（K）。指定节点参数化，它会影响曲线在通过拟合点时的形状（SPLKNOTS系统变量）。

（3）对象（O）。将二维或三维的二次或三次样条曲线拟合多段线转换为等价的样条曲线，然后（根据 DELOBJ系统变量的设置）删除该多段线。

（4）起点切向（T）。基于切向创建样条曲线。

（5）公差（L）。指定样条曲线必须经过的指定拟合点的距离。公差应用于除起点和端点外的所有拟合点。

（6）端点相切（T）。停止基于切向创建样条曲线，可通过指定拟合点继续创建样条曲线。

选择"端点相切"后，将提示指定最后一个输入拟合点的切线方向。

（7）闭合（C）。将最后一点定义为与第一点一致，并使它在连接处相切，这样可以闭合样条曲线。选择该项，系统继续提示如下。

指定切向：（指定点或按 Enter 键）

用户可以指定一点来定义切向矢量，或者使用"切点"和"垂足"对象捕捉模式使样条曲线与现有对象相切或垂直。

2.6.2 | 编辑样条曲线

执行方式

命令行：SPLINEDIT

菜单：修改→对象→样条曲线

快捷菜单：选择要编辑的样条曲线，在绘图区右击，在弹出的快捷菜单中选择"编辑样条曲线"命令

工具栏：修改Ⅱ→编辑样条曲线 ✍

功能区：单击"默认"选项卡"修改"面板中的"编辑样条曲线"按钮 ✍

操作步骤

命令：SPLINEDIT ✓

选择样条曲线：✓（选择要编辑的样条曲线。若选择的样条曲线是用SPLINE命令创建的，其近似点以夹点的颜色显示出来；若选择的样条曲线是用PLINE命令创建的，其控制点以夹点的颜色显示出来）

输入选项 ［闭合（C）／合并（J）／拟合数据（F）／编辑顶点（E）／转换为多段线（P）／反转（R）／放弃（U）／退出（X）］＜退出＞：✓

选项说明

（1）拟合数据（F）。编辑近似数据。选择该项后，创建该样条曲线时指定的各点将以小方格的形式显示出来。

（2）编辑顶点（E）。编辑样条曲线上的当前点。

（3）反转（R）。翻转样条曲线的方向。

（4）转换为多段线（P）。将样条曲线转换为多段线。

2.6.3 | 实例——绘制雨伞

绘制如图2-41所示的雨伞，具体操作步骤如下。

扫一扫

图2-41　雨伞

STEP 绘制步骤

❶ 绘制伞的外框。

> 命令：ARC ↙
> 指定圆弧的起点或 [圆心（C）]：C ↙
> 指定圆弧的圆心：↙（在屏幕上指定圆心）
> 指定圆弧的起点：↙（在屏幕上圆心位置的右边指
> 定圆弧的起点）
> 指定圆弧的端点或 [角度（A）/弦长（L）]：
> A ↙↙
> 指定包含角：180 ↙（注意角度的逆时针转向）

❷ 绘制伞的底边。

> 命令：SPLINE ↙（或者选择"绘图"→"样条曲
> 线"菜单命令，或单击"默认"选项卡"绘图"面板
> 中的"样条曲线拟合"按钮）
> 指定第一个点或 [对象（O）]：↙（指定样条曲线
> 的第一个点 1，如图 2-42 所示）
> 指定下一点：（指定样条曲线的下一个点 2）
> 指定下一点或 [闭合（C）/拟合公差（F）] ＜起
> 点切向＞：（指定样条曲线的下一个点 3）
> 指定下一点或 [闭合（C）/拟合公差（F）] ＜起
> 点切向＞：（指定样条曲线的下一个点 4）
> 指定下一点或 [闭合（C）/拟合公差（F）] ＜起
> 点切向＞：（指定样条曲线的下一个点 5）
> 指定下一点或 [闭合（C）/拟合公差（F）] ＜起
> 点切向＞：（指定样条曲线的下一个点 6）
> 指定下一点或 [闭合（C）/拟合公差（F）] ＜起
> 点切向＞：（指定样条曲线的下一个点 7）
> 指定下一点或 [闭合（C）/拟合公差（F）] ＜起
> 点切向＞：↙
> 指定起点切向：（在 1 点左边顺着曲线往外指定一点
> 并右击确认）
> 指定端点切向：（在 7 点右边顺着曲线往外指定一点
> 并右击确认）

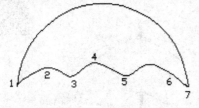

图 2-42 绘制伞边

❸ 绘制伞面辐条。

> 命令：ARC ↙
> 指定圆弧的起点或 [圆心（C）]：↙（在圆弧大约
> 正中点 8 位置，指定圆弧的起点，如图 2-43 所示）
> 指定圆弧的第二个点或 [圆心（C）/端点（E）]：
> ↙（在点 9 位置，指定圆弧的第二个点）
> 指定圆弧的端点：↙（在点 2 位置，指定圆弧的端点）
> 利用圆弧命令用同样方法绘制其他的伞面辐条，
> 绘制结果如图 2-44 所示。

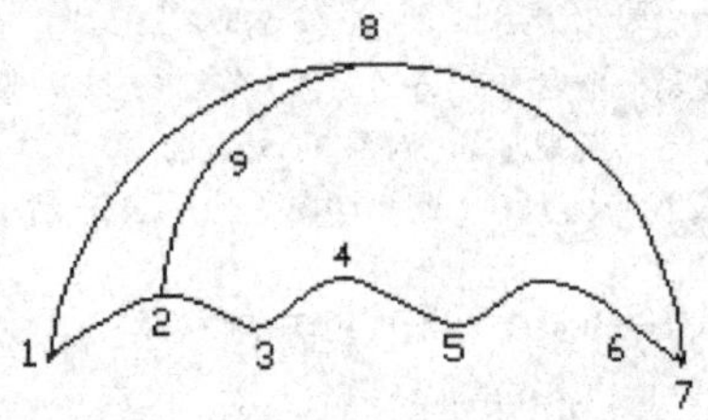

图 2-43 绘制伞面辐条

图 2-44 绘制伞面

❹ 绘制伞顶和伞把。

> 命令：PLINE ↙
> 指定起点：↙（在图 2-43 所示的点 8 位置指定伞
> 顶起点）
> 当前线宽为 3.0000
> 指定下一个点或 [圆弧（A）/半宽（H）/长度（L）
> /放弃（U）/宽度（W）]：W ↙↙
> 指定起点宽度 ＜3.0000＞：4 ↙↙
> 指定端点宽度 ＜4.0000＞：2 ↙↙
> 指定下一个点或 [圆弧（A）/半宽（H）/长度（L）
> /放弃（U）/宽度（W）]：↙（指定伞顶终点）
> 指定下一点或 [圆弧（A）/闭合（C）/半宽（H）/
> 长度（L）/放弃（U）/宽度（W）]：U ↙（位置不
> 合适，取消）
> 指定下一个点或 [圆弧（A）/半宽（H）/长度（L）
> /放弃（U）/宽度（W）]：↙（重新在往上适当位置
> 指定伞顶终点）
> 指定下一点或 [圆弧（A）/闭合（C）/半宽（H）
> /长度（L）/放弃（U）/宽度（W）]：↙（右击确认）
> 命令：PLINE ↙
> 指定起点：↙（在图 2-44 所示的点 8 的正下方点 4
> 位置附近，指定伞把起点）
> 当前线宽为 2.0000
> 指定下一个点或 [圆弧（A）/半宽（H）/长度（L）
> /放弃（U）/宽度（W）]：H ↙↙
> 指定起点半宽 ＜1.0000＞：1.5 ↙↙
> 指定端点半宽 ＜1.5000＞：1.5 ↙
> 指定下一个点或 [圆弧（A）/半宽（H）/长度（L）
> /放弃（U）/宽度（W）]：↙（往下适当位置指定下一点）
> 指定下一点或 [圆弧（A）/闭合（C）/半宽（H）
> /长度（L）/放弃（U）/宽度（W）]：A ↙↙
> 指定圆弧的端点或 [角度（A）/圆心（CE）/闭合
> （CL）/方向（D）/半宽（H）/直线（L）/半径（R）
> /第二个点（S）/放弃（U）/宽度（W）]：↙（指

定圆弧的端点)

指定圆弧的端点或［角度（A）/圆心（CE）/闭合（CL）/方向（D）/半宽（H）/直线（L）/半径（R）

/第二个点（S）/放弃（U）/宽度（W）]：√（右击确认）

最终绘制的图形如图2-41所示。

2.7　多线

多线是一种复合线，由连续的直线段复合而成。多线的一个突出优点是能够提高绘图效率，保证图线之间的统一性。

2.7.1　绘制多线

执行方式

命令行：MLINE

菜单：绘图→多线 ✎

操作步骤

命令：MLINE √√

当前设置：对正 = 上，比例 = 20.00，样式 = STANDARD

指定起点或［对正（J）/比例（S）/样式（ST）]：√（指定起点）

指定下一点：√（给定下一点）

指定下一点或［放弃（U）]：√（继续给定下一点，绘制线段。输入"U"，则放弃前一段的绘制；右击或按Enter键，结束命令）

指定下一点或［闭合（C）/放弃（U）]：√（继续给定下一点，绘制线段。输入"C"，则闭合线段，结束命令）

选项说明

（1）对正（J）：该项用于给定绘制多线的基准。共有3种对正类型："上""无"和"下"。其中，"上（T）"表示以多线上侧的线为基准，以此类推。

（2）比例（S）：选择该项，要求用户设置平行线的间距。输入值为零时，平行线重合；值为负时，多线的排列倒置。

（3）样式（ST）：该项用于设置当前使用的多线样式。

2.7.2　定义多线样式

执行方式

命令行：MLSTYLE

菜单：格式→多线样式"

操作步骤

命令：MLSTYLE √

系统自动执行该命令后，打开如图2-45所示的"多线样式"对话框。在该对话框中，用户可以对多线样式进行定义、保存和加载等操作。

图2-45　"多线样式"对话框

2.7.3　编辑多线

执行方式

命令行：MLEDIT

菜单：修改→对象→多线

操作步骤

调用该命令后，打开"多线编辑工具"对话框，如图2-46所示。

图2-46 "多线编辑工具"对话框

利用该对话框，可以创建或修改多线的模式。对话框中分4列显示了示例图形。其中，第一列管理十字交叉形式的多线；第二列管理T形多线；第三列管理拐角结合点和节点形式的多线；第四列管理多线被剪切或连接的形式。

单击选择某个示例图形，然后单击"关闭"按钮，就可以调用该项编辑功能。

2.7.4 实例——绘制墙体

绘制如图2-47所示的墙体，具体操作步骤如下。

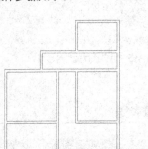

图2-47 墙体

STEP 绘制步骤

❶ 利用"构造线"命令，绘制出一条水平构造线和

一条竖直构造线，组成"十"字形辅助线，如图2-48所示，继续绘制辅助线，命令行提示如下。

```
命令：XLINE ✓
指定点或 [水平（H）/垂直（V）/角度（A）/二等分（B）/偏移（O）]：O ✓
选择直线对象：✓（选择刚绘制的水平构造线）
指定向哪侧偏移：✓（指定右边一点）
选择直线对象：✓（继续选择刚绘制的水平构造线）
```

用相同方法将绘制得到的水平构造线依次向上偏移5100、1800和3000，偏移得到的水平构造线如图2-49所示。用同样方法绘制垂直构造线，并依次向右偏移3900、1800、2100和4500，结果如图2-50所示。

图2-48 "十"字形辅助线

图2-49 水平构造线

图2-50 垂直构造线

❷ 定义多线样式。选择菜单栏中的"格式/多线样式"命令，弹出"多线样式"对话框，在该对话框中单击"新建"按钮，系统打开"创建新的多线样式"对话框，在该对话框的"新样式名"文本框中键入"墙体线"，单击"继续"按钮。

❸ 系统打开"新建多线样式"对话框，进行图2-51所示的设置。

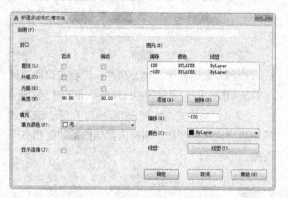

图 2-51　"新建多线样式"对话框

❹ 绘制多线墙体，命令行提示如下。

```
命令：MLINE ✓
当前设置：对正 = 上，比例 = 20.00，样式 =
STANDARD
指定起点或 [对正（J）/比例（S）/样式
（ST）]：S✓✓
输入多线比例 <20.00>：1✓✓
当前设置：对正 = 上，比例 = 1.00，样式 =
STANDARD
指定起点或 [对正（J）/比例（S）/样式
（ST）]：J✓✓
输入对正类型 [上（T）/无（Z）/下（B）] <上
>：Z✓✓
当前设置：对正 = 无，比例 = 1.00，样式 =
STANDARD
指定起点或 [对正（J）/比例（S）/样式（ST）]：
✓（在绘制的辅助线交点上指定一点）
指定下一点：✓（在绘制的辅助线交点上指定下一
点）
指定下一点或 [放弃（U）]：✓（在绘制的辅助线
交点上指定下一点）
指定下一点或 [闭合（C）/放弃（U）]：✓（在绘
制的辅助线交点上指定下一点）
指定下一点或 [闭合（C）/放弃（U）]：C✓✓
```

根据辅助线网格，用相同方法绘制多线，绘制结果如图2-52所示。

❺ 编辑多线。单击下拉菜单"修改"→"对象"→"多线"命令，系统打开"多线编辑工具"对话框，如图2-53所示。单击其中的"T形合并"选项，单击"关闭"按钮后，命令行提示如下。

```
命令：MLEDIT ✓
选择第一条多线：✓（选择多线）
选择第二条多线：✓（选择多线）
选择第一条多线或 [放弃（U）]：✓（选择多线）
选择第一条多线或 [放弃（U）]：✓
```

用同样方法继续进行多线编辑，编辑的最终结果如图2-47所示。

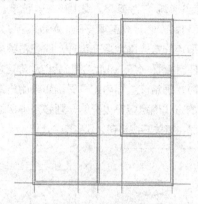

图 2-52　全部多线绘制结果

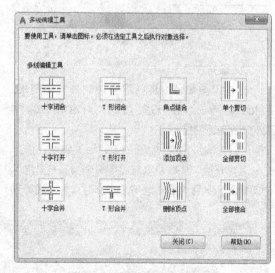

图 2-53　"多线编辑工具"对话框

2.8　图案填充

当用户需要用一个重复的图案（pattern）填充某个区域时，可以使用BHATCH命令建立一个相关联的填充阴影对象，即所谓的图案填充。

2.8.1 基本概念

1. 图案边界

当进行图案填充时，首先要确定图案填充的边界。定义边界的对象只能是直线、双向射线、单向射线、多段线、样条曲线、圆弧、圆、椭圆、椭圆弧、面域等对象或用这些对象定义的块，而且作为边界的对象，在当前屏幕上必须全部可见。

2. 孤岛

在进行图案填充时，我们把位于总填充域内的封闭区域称为孤岛，如图2-54所示。在用BHATCH命令进行图案填充时，AutoCAD允许用户以拾取点的方式确定填充边界，即在希望填充的区域内任意拾取一点，AutoCAD会自动确定填充边界，同时也确定该边界内的孤岛。如果用户是以点取对象的方式确定填充边界的，则必须确切地点取这些孤岛，有关知识将在2.8.2节中介绍。

图 2-54 孤岛

3. 填充方式

在进行图案填充时，需要控制填充的范围，AutoCAD系统为用户设置了以下3种填充方式，实现对填充范围的控制。

（1）普通方式。如图2-55（a）所示，该方式从边界开始，从每条填充线或每个剖面符号的两端向里画，遇到内部对象与之相交时，填充线或剖

面符号断开，直到遇到下一次相交时再继续画。采用这种方式时，要避免填充线或剖面符号与内部对象的相交次数为奇数。该方式为系统内部的默认方式。

（2）最外层方式。如图2-55（b）所示，该方式从边界开始，向里画剖面符号，只要在边界内部与对象相交，则剖面符号由此断开，而不再继续画。

（3）忽略方式。如图2-55（c）所示，该方式忽略边界内部的对象，所有内部结构都被剖面符号覆盖。

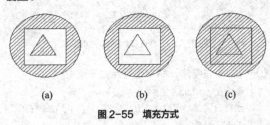

图 2-55 填充方式

2.8.2 图案填充的操作

执行方式

命令行：BHATCH
菜单：绘图→图案填充
工具栏：绘图→图案填充 或绘图→渐变色
功能区：单击"默认"选项卡"绘图"面板中的"图案填充"按钮

操作步骤

执行上述命令后，系统打开如图2-56所示的"图案填充创建"选项卡，各选项组和按钮含义如下。

图 2-56 "图案填充创建"选项卡

1. "边界"面板

（1）拾取点。通过选择由一个或多个对象形成的封闭区域内的点，确定图案填充边界，如图2-57

所示。指定内部点时，可以随时在绘图区域中右击以显示包含多个选项的快捷菜单。

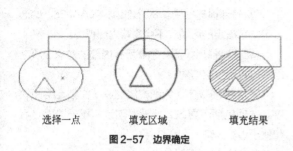

选择一点　　　　填充区域　　　　填充结果

图2-57　边界确定

（2）选择边界对象。指定基于选定对象的图案填充边界。使用该选项时，不会自动检测内部对象，必须选择选定边界内的对象，以按照当前孤岛检测样式填充这些对象，如图2-58所示。

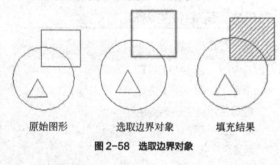

原始图形　　　　选取边界对象　　　　填充结果

图2-58　选取边界对象

（3）删除边界对象。从边界定义中删除之前添加的任何对象，如图2-59所示。

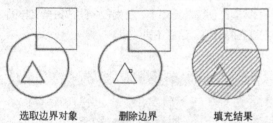

选取边界对象　　　删除边界　　　　填充结果

图2-59　删除"岛"后的边界

（4）重新创建边界。围绕选定的图案填充或填充对象创建多段线或面域，并使其与图案填充对象相关联（可选）。

（5）显示边界对象。选择构成选定关联图案填充对象的边界的对象，使用显示的夹点可修改图案填充边界。

（6）保留边界对象。指定如何处理图案填充边界对象。选项包括以下几项。

① 不保留边界（仅在图案填充创建期间可用）。不创建独立的图案填充边界对象。

② 保留边界—多段线（仅在图案填充创建期间可用）。创建封闭图案填充对象的多段线。

③ 保留边界—面域（仅在图案填充创建期间可用）。创建封闭图案填充对象的面域对象。

④ 选择新边界集。指定对象的有限集（称为边界集），以便通过创建图案填充时的拾取点进行计算。

2. "图案"面板

显示所有预定义和自定义图案的预览图像。

3. "特性"面板

（1）图案填充类型。指定是使用纯色、渐变色、图案还是用户定义的填充。

（2）图案填充颜色。替代实体填充和填充图案的当前颜色。

（3）背景色。指定填充图案背景的颜色。

（4）图案填充透明度。设定新图案填充或填充的透明度，替代当前对象的透明度。

（5）图案填充角度。指定图案填充或填充的角度。

（6）填充图案比例。放大或缩小预定义或自定义填充图案。

（7）相对图纸空间。（仅在布局中可用）相对于图纸空间单位缩放填充图案。使用此选项，可以很容易地做到以适合于布局的比例显示填充图案。

（8）双向。（仅当"图案填充类型"设定为"用户定义"时可用）将绘制第二组直线，与原始直线成90°角，从而构成交叉线。

ISO笔宽：（仅对于预定义的ISO图案可用）基于选定的笔宽缩放ISO图案。

4. "原点"面板

（1）设定原点。直接指定新的图案填充原点。

（2）左下。将图案填充原点设定在图案填充边界矩形范围的左下角。

（3）右下。将图案填充原点设定在图案填充边界矩形范围的右下角。

（4）左上。将图案填充原点设定在图案填充边界矩形范围的左上角。

（5）右上。将图案填充原点设定在图案填充边界矩形范围的右上角。

（6）中心。将图案填充原点设定在图案填充边界矩形范围的中心。

（7）使用当前原点。将图案填充原点设定在HPORIGIN系统变量中存储的默认位置。

（8）存储为默认原点。将新图案填充原点的值存储在 HPORIGIN 系统变量中。

5. "选项"面板

（1）关联。指定图案填充或填充为关联图案填充。关联的图案填充或填充在用户修改其边界对象时将会更新。

（2）注释性。指定图案填充为注释性。此特性会自动完成缩放注释过程，从而使注释能够以正确的大小在图纸上打印或显示。

（3）特性匹配。包括以下两个选项。

① 使用当前原点。使用选定图案填充对象（除图案填充原点外）设定图案填充的特性。

② 使用源图案填充的原点。使用选定图案填充对象（包括图案填充原点）设定图案填充的特性。

（4）允许的间隙。设定将对象用作图案填充边界时可以忽略的最大间隙，默认值为0。此值指定对象必须封闭区域而没有间隙。

（5）创建独立的图案填充。控制当指定了几个单独的闭合边界时，是创建单个图案填充对象，还是创建多个图案填充对象。

（6）孤岛检测。包括以下3个选项。

① 普通孤岛检测。从外部边界向内填充。如果遇到内部孤岛，填充将关闭，直到遇到孤岛中的另一个孤岛。

② 外部孤岛检测。从外部边界向内填充。此选项仅填充指定的区域，不会影响内部孤岛。

③ 忽略孤岛检测。忽略所有内部的对象，填充图案时将通过这些对象。

（7）绘图次序。为图案填充或填充指定绘图次序。选项包括不更改、后置、前置、置于边界之后和置于边界之前。

6. "关闭"面板

关闭图案填充创建：退出HATCH并关闭上下文选项卡。也可以按Enter键或Esc键退出HATCH。

2.8.3 渐变色的操作

执行方式

命令行：GRADIENT

菜单：绘图→渐变色

工具栏：绘图→渐变色

功能区：单击"默认"选项卡"绘图"面板中的"渐变色"按钮

操作步骤

执行上述操作后，系统打开如图2-60所示的"图案填充创建"选项卡，各面板中的按钮含义与图案填充的类似，这里不再赘述。

图2-60 "图案填充创建"选项卡

2.8.4 编辑填充的图案

利用HATCHEDIT命令，编辑已经填充的图案。

执行方式

命令行：HATCHEDIT

菜单：修改→对象→图案填充

工具栏：修改II→编辑图案填充

功能区：单击"默认"选项卡"修改"面板中的"编辑图案填充"按钮

选中填充的图案并右击，在弹出的快捷菜单中选择"图案填充编辑"命令，如图2-61所示。

直接选择填充的图案，打开"图案填充编辑器"选项卡，如图2-62所示。

图 2-61 快捷菜单　　　　　　　图 2-62 "图案填充编辑器"选项卡

2.8.5 实例——绘制剪力墙

绘制如图 2-63 所示的剪力墙，具体操作步骤如下。

扫一扫

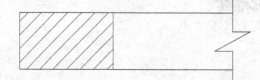

图 2-63 剪力墙

STEP 绘制步骤

❶ 单击"默认"选项卡"绘图"面板中的"直线"按钮 ，绘制连续线段，如图 2-64 所示。

图 2-64 绘制连续线段

❷ 单击"默认"选项卡"绘图"面板中的"直线"按钮 ，绘制折断线，如图 2-65 所示。

❸ 同理，在内侧绘制竖向直线，完成剪力墙轮廓线的绘制，如图 2-66 所示。

图 2-65 绘制折断线

图 2-66 绘制剪力墙轮廓线

❹ 单击"默认"选项卡"绘图"面板中的"图案填充"按钮 。打开"图案填充创建"选项卡，将类型设置为"预定义"，图案设置成"ANSI31"，如图 2-67 所示，用鼠标指定将要填充的区域，单击回车键，生成如图 2-63 所示的图形。

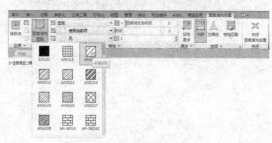

图 2-67 "图案填充创建"选项卡

第 3 章

二维编辑命令

二维图形的编辑操作配合绘图命令的使用可以进一步完成复杂图形对象的绘制工作，并可使用户合理安排和组织图形，保证绘图准确、减少重复。因此，对编辑命令的熟练掌握和使用有助于提高设计和绘图的效率。本章主要内容包括选择对象、删除及恢复类命令、复制类命令、改变位置类命令、改变几何特性类命令和对象编辑等。

知识点

- 选择对象
- 删除及恢复类命令
- 复制类命令
- 改变位置类命令
- 改变几何特征类命令
- 对象编辑

3.1 选择对象

AutoCAD 2018提供两种编辑图形的方式。

（1）执行编辑命令，然后选择要编辑的对象。

（2）选择要编辑的对象，然后执行编辑命令。

这两种方式的执行效果是相同的，但选择对象是进行编辑的前提。AutoCAD 2018提供了多种对象选择方法，如点取方法、用选择窗口选择对象、用选择线选择对象、用对话框选择对象等。AutoCAD可以把选择的多个对象组成整体（如选择集和对象组），进行整体编辑与修改。

3.1.1 构造选择集

选择集可以仅由一个图形对象构成，也可以是一个复杂的对象组，如位于某一特定层上的具有某种特定颜色的一组对象。选择集的构造可以在调用编辑命令之前或之后进行。

AutoCAD提供以下几种方法来构造选择集。

（1）选择一个编辑命令，然后选择对象，按Enter键，结束操作。

（2）使用SELECT命令。在命令提示行输入SELECT，然后根据选择的选项，出现选择对象提示，按Enter键，结束操作。

（3）用点取设备选择对象，然后调用编辑命令。

（4）定义对象组。

无论使用哪种方法，AutoCAD 2018都将提示用户选择对象，并且光标的形状由十字光标变为拾取框。

下面结合SELECT命令说明选择对象的方法。

SELECT命令可以单独使用，也可以在执行其他编辑命令时被自动调用。此时屏幕提示如下。

选择对象：

等待用户以某种方式选择对象作为回答。AutoCAD 2018提供多种选择方式，可以键入"？"查看这些选择方式。选择选项后，出现如下提示。

需要点或窗口（W）/上一个（L）/窗交（C）/框（BOX）/全部（ALL）/栏选（F）/圈围（WP）/圈

交（CP）/编组（G）/添加（A）/删除（R）/多个（M）/前一个（P）/放弃（U）/自动（AU）/单个（SI）/子对象（SU）/对象（O）。

选择对象：

上面各选项的含义如下。

（1）点。该选项表示直接通过点取的方式选择对象。用鼠标或键盘移动拾取框，使其框住要选取的对象，然后单击，就会选中该对象并以高亮度显示。

（2）窗口（W）。用由两个对角顶点确定的矩形窗口选取位于其范围内部的所有图形，与边界相交的对象不会被选中。在指定对角顶点时，应该按照从左向右的顺序，如图3-1所示。

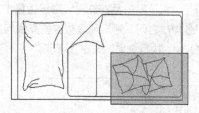

(a) 图中深色覆盖部分为选择窗口

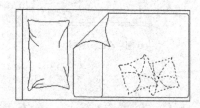

(b) 选择后的图形

图 3-1 "窗口"对象选择方式

（3）上一个（L）。在"选择对象："提示下键入L后，按Enter键，系统会自动选取最后绘出的一个对象。

（4）窗交（C）。该方式与上述"窗口"方式类似，区别在于：它不但选中矩形窗口内部的对象，也选中与矩形窗口边界相交的对象。选择的对象如图3-2所示。

（5）框（BOX）。使用时，系统根据用户在屏幕上给出的两个对角点的位置而自动引用"窗口"或"窗交"方式。若从左向右指定对角点，则为"窗口"方式；反之，则为"窗交"方式。

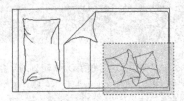

(a) 图中深色覆盖部分为选择窗口

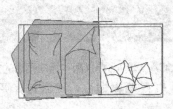

(a) 图中十字线所拉出深色多边形为选择窗口

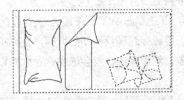

(b) 选择后的图形

图 3-2 "窗交"对象选择方式

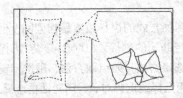

(b) 选择后的图形

图 3-4 "圈围"对象选择方式

（6）全部（ALL）。选取图面上的所有对象。

（7）栏选（F）。用户临时绘制一些直线，这些直线不必构成封闭图形，凡是与这些直线相交的对象均被选中。执行结果如图3-3所示。

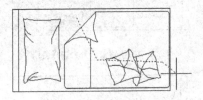

(a) 图中虚线为选择栏

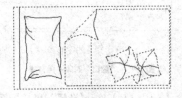

(b) 选择后的图形

图 3-3 "栏选"对象选择方式

（8）圈围（WP）。使用一个不规则的多边形作为选项框选择对象。根据提示，用户顺次输入构成多边形的所有顶点的坐标，最后，按Enter键结束操作，系统将自动连接从第一个顶点到最后一个顶点的所有顶点，形成封闭的多边形。凡是被多边形围住的对象均被选中（不包括边界）。执行结果如图3-4所示。

（9）圈交（CP）。类似于"圈围"方式，在"选择对象："提示后键入CP，后续操作与"圈围"方式相同。区别在于：与多边形边界相交的对象也被选中。

（10）编组（G）。使用预先定义的对象组作为选择集。事先将若干个对象组成对象组，用组名引用。

（11）添加（A）。添加下一个对象到选择集，也可用于从移走模式（Remove）到选择模式的切换。

（12）删除（R）。按住Shift键选择对象，可以从当前选择集中移走该对象。对象由高亮度显示状态变为正常显示状态。

（13）多个（M）。指定多个点，不高亮度显示对象。这种方法可以加快在复杂图形上的选择对象过程。若两个对象交叉，两次指定交叉点，则可以选中这两个对象。

（14）前一个（P）。用关键字P回应"选择对象："的提示，则将上次编辑命令中的最后一次构造的选择集或最后一次使用Select（DDSELECT）命令预置的选择集作为当前选择集。这种方法适用于对同一选择集进行多种编辑操作的情况。

（15）放弃（U）。用于取消加入选择集的对象。

> **说明** 若矩形框从左向右定义，即第一个选择的对角点为左侧的对角点，矩形框内部的对象被选中，框外部的及与矩形框边界相交的对象不会被选中。若矩形框从右向左定义，矩形框内部及与矩形框边界相交的对象都会被选中。

（16）自动（AU）。选择结果视用户在屏幕上的选择操作而定。如果选中单个对象，则该对象为自动选择的结果；如果选择点落在对象内部或外部的空白处，系统提示如下。

指定对角点：

此时，系统会采取一种窗口的选择方式。对象被选中后，变为虚线形式，并以高亮度显示。

（17）单个（SI）。选择指定的第一个对象或对象集，而不继续提示进行下一步的选择。

（18）子对象（SU）。用户可以逐个选择原始形状，这些形状是复合实体的一部分或三维实体上的顶点、边和面。可以选择这些子对象的其中之一，也可以创建多个子对象的选择集。选择集可以包含多种类型的子对象。

（19）对象（O）。结束选择子对象的功能。使用户可以使用对象选择方法。

3.1.2 快速选择

有时用户需要选择具有某些共同属性的对象来构造选择集，如选择具有相同颜色、线型或线宽的对象，用户当然可以使用前面介绍的方法来选择这些对象，但如果要选择的对象数量较多且分布在较复杂的图形中，则会导致很大的工作量。AutoCAD 2018提供了QSELECT命令来解决这个问题。调用QSELECT命令后，打开"快速选择"对话框，利用该对话框可以根据用户指定的过滤标准快速创建选择集。"快速选择"对话框如图3-5所示。

执行方式

命令行：QSELECT

菜单：工具→快速选择

快捷菜单：在绘图区右击，从打开的右键快捷菜单上单击"快速选择"命令（图3-6）或"特性"选项板→快速选择 (图3-7)

图3-5 "快速选择"对话框

图3-6 右键快捷菜单

图3-7 "特性"选项板中的快速选择

执行上述命令后，系统打开"快速选择"对话框。在该对话框中，可以选择符合条件的对象或对象组。

3.1.3 构造对象组

对象组与选择集并没有本质的区别，当我们把若干个对象定义为选择集并想让它们在以后的操作中始终作为一个整体时，为操作简捷，可以给这个选择集命名并保存起来。这个被命名了的对象选择集就是对象组，它的名字称为组名。

如果对象组可以被选择（位于锁定层上的对象组不能被选择），那么就可以通过它的组名引用该对象组，并且一旦组中任何一个对象被选中，那么组中的全部对象成员就都被选中。

执行方式

命令行：GROUP

操作步骤

执行上述命令后，系统打开"对象编组"对话框。利用该对话框可以查看或修改存在的对象组的属性，也可以创建新的对象组。

3.2 删除及恢复类命令

这一类命令主要用于删除图形的某部分或对已被删除的部分进行恢复，包括删除、恢复、清除等命令。

3.2.1 删除命令

如果所绘制的图形不符合要求或错绘了图形，则可以使用删除命令ERASE将它删除。

执行方式

命令行：ERASE
菜单：修改→删除
快捷菜单：选择要删除的对象，在绘图区右击，从打开的右键快捷菜单上选择"删除"命令
工具栏：修改→删除
功能区：单击"默认"选项卡"修改"面板中的"删除"按钮

操作步骤

用户可以先选择对象，再调用删除命令；也可以先调用删除命令，再选择对象。选择对象时，可以使用前面介绍的各种对象选择的方法。

当选择多个对象时，多个对象都被删除；若选择的对象属于某个对象组，则该对象组的所有对象都被删除。

3.2.2 恢复命令

若误删除了图形，则可以使用恢复命令OOPS恢复误删除的对象。

执行方式

命令行：OOPS或U
工具栏：单击快速访问工具栏中的"放弃"按钮
快捷键：Ctrl+Z

操作步骤

在命令行窗口的提示行上输入OOPS，按Enter键。

3.2.3 清除命令

此命令与删除命令的功能完全相同。

执行方式

菜单：编辑→删除
快捷键：Del

操作步骤

用菜单或快捷键输入上述命令后，系统提示如下。
选择对象：（选择要清除的对象，按Enter键执行清除命令）

3.3 复制类命令

本节详细介绍 AutoCAD 2018 的复制类命令。利用这些复制类命令，可以方便地编辑绘制图形。

3.3.1 复制命令

执行方式

命令行：COPY

菜单：修改→复制

工具栏：修改→复制 %

快捷菜单：选择要复制的对象，在绘图区右击，从打开的右键快捷菜单上选择"复制选择"命令

功能区：单击"默认"选项卡"修改"面板中的"复制"按钮 %

操作步骤

命令：COPY ✓
选择对象：✓（选择要复制的对象）
用前面介绍的对象选择方法选择一个或多个对象，按Enter键，结束选择操作。系统继续提示如下。

当前设置：　复制模式 = 多个
指定基点或 [位移（D）/ 模式（O）] <位移>：✓
指定第二个点或 [阵列（A）] <使用第一个点作为位移>：✓
指定第二个点或 [阵列（A）/ 退出（E）/ 放弃（U）] <退出>：✓

选项说明

1. 指定基点

指定一个坐标点后，AutoCAD 2018把该点作为复制对象的基点，并提示如下。

指定位移的第二点或 <用第一点作位移>：
指定第二个点后，系统将根据这两点确定的位移矢量把选择的对象复制到第二点处。如果此时直接按Enter键，即选择默认的"用第一点作位移"，则第一个点被当作相对于X、Y、Z的位移。例如，如果指定基点为（2，3）并在下一个提示下按Enter键，则该对象从它当前的位置开始，在X方向上移动2个单位，在Y方向上移动3个单位。复制完成后，系统会继续提示如下。

指定位移的第二点：
这时，可以不断指定新的第二点，从而实现多重复制。

2. 位移

直接输入位移值，表示以选择对象时的拾取点为基准，以拾取点坐标为移动方向，沿纵横比方向移动指定位移后所确定的点为基点。例如，选择对象时的拾取点坐标为（2，3），输入位移为5，则表示以（2，3）点为基准，沿纵横比为3：2的方向移动5个单位所确定的点为基点。

3. 模式

控制是否自动重复该命令。确定复制模式是单个还是多个。

3.3.2 实例——绘制办公桌

绘制如图3-8所示的办公桌，具体操作步骤如下。

图3-8 办公桌

STEP 绘制步骤

❶ 单击"默认"选项卡"绘图"面板中的"矩形"按钮 □，在合适位置绘制一系列矩形，具体方法参照 2.3.2 节，结果如图 3-9 所示。

图3-9 绘制一系列矩形

❷ 单击"默认"选项卡"修改"面板中的"复制"按钮 %，将办公桌左边的一系列矩形复制到右边，完成办公桌的绘制。命令行中的提示与操作如下。

命令：COPY ✓
选择对象：✓（选取左边的一系列矩形）
选择对象：✓✓
当前设置：　复制模式 = 多个

指定基点或 [位移（D）]＜位移＞：✓（选取左边的一系列矩形并任意指定一点）

指定第二个点或 [阵列（A）]＜使用第一个点作为位移＞：✓（打开状态栏上的"正交"开关，指定适当位置一点）

指定第二个点或 [阵列（A）/退出（E）/放弃（U）]＜退出＞：✓

结果如图3-8所示。

3.3.3 镜像命令

镜像对象是指把选择的对象以一条镜像线为对称轴进行镜像复制。镜像操作完成后，可以保留原对象，也可以将其删除。

执行方式

命令行：MIRROR

菜单：修改→镜像

工具栏：修改→镜像 ⚠

功能区：单击"默认"选项卡"修改"面板中的"镜像"按钮 ⚠

操作步骤

命令：MIRROR ✓
选择对象：✓（选择要镜像的对象）
指定镜像线的第一点：✓（指定镜像线的第一个点）
指定镜像线的第二点：✓（指定镜像线的第二个点）
要删除源对象？[是（Y）/否（N）]＜否＞：✓（确定是否删除原对象）

这两点确定一条镜像线，被选择的对象以该线为对称轴进行镜像。包含该线的镜像平面与用户坐标系统的XY平面垂直，即镜像操作工作在与用户坐标系统的XY平面平行的平面上。

3.3.4 实例——绘制门平面图

绘制如图3-10所示的门平面图，具体操作步骤如下。

图3-10 门平面图

STEP 绘制步骤

❶ 绘制门扇。单击"默认"选项卡"绘图"面板中

的"矩形"按钮 ▭ ，输入相对坐标"@50,1000"，在绘图区域的适当位置绘制一个 50×1000 矩形作为门扇，如图 3-11 所示。

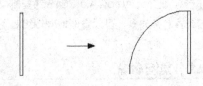

图 3-11 绘制单扇平面门

❷ 绘制开启弧线。单击"默认"选项卡"绘图"面板中的"圆弧"按钮 ⌒ ，按命令行提示进行操作。

命令：_arc 指定圆弧的起点或 [圆心（C）]：C ✓
指定圆弧的圆心：✓（鼠标捕捉矩形右下角点）
指定圆弧的起点：✓（鼠标捕捉矩形右上角点）
指定圆弧的端点或 [角度（A）/弦长（L）]：✓（鼠标向左在水平线上拾取一点，绘制完毕）

这样，单扇平开门的图形就绘好了。

❸ 绘制双扇门。通过"复制""镜像"对上述单扇门进行处理后即可得到。单击"默认"选项卡"修改"面板中的"复制"按钮 ⌨ ，将单扇门复制一个到其他位置（图3-12）；单击"默认"选项卡"修改"面板中的"镜像"按钮 ⚠ ，选中复制出的单扇门，点取图中弧线的端点为镜像线的第一点，然后在垂直方向上点取第二点，按鼠标右键确定退出，即可完成绘制。注意事先用"F8键"调整到正交绘图模式下。

命令行提示如下。

命令：_mirror ✓
选择对象：指定对角点：找到 2 个（框选单扇门）
选择对象：✓
指定镜像线的第一点：✓（捕捉A点）
指定镜像线的第二点：✓（捕捉B点）
要删除源对象吗？[是（Y）/否（N）]＜否＞：✓

采用类似的方法还可以绘出双扇弹簧门，如图 3-13 所示，请读者自己完成。

图 3-12 双扇门操作示意图

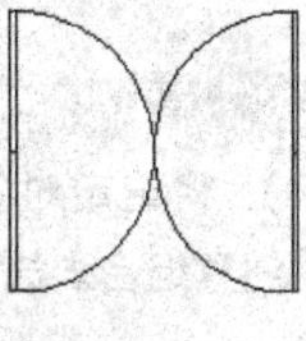

图 3-13 双扇弹簧门

3.3.5 偏移命令

偏移对象是指保持选择的对象的形状、在不同的位置以不同的尺寸大小新建的一个对象。

执行方式

命令行：OFFSET
菜单：修改→偏移
工具栏：修改→偏移 ⟁
功能区：单击"默认"选项卡"修改"面板中的"偏移"按钮 ⟁

操作步骤

命令：OFFSET↙
当前设置：删除源 = 否 图层 = 源 OFFSETGAPTYPE=0
指定偏移距离或 ［通过（T）/删除（E）/图层（L）］
<通过>：↙（指定距离值）
选择要偏移的对象，或 ［退出（E）/放弃（U）］ <退出>：↙（选择要偏移的对象。按 Enter 键，结束操作）
指定要偏移的那一侧上的点，或 ［退出（E）/多个（M）/放弃（U）］ <退出>：↙（指定偏移方向）

选项说明

（1）指定偏移距离：输入一个距离值，或按 Enter 键，使用当前的距离值，系统把该距离值作为偏移距离，如图 3-14 所示。

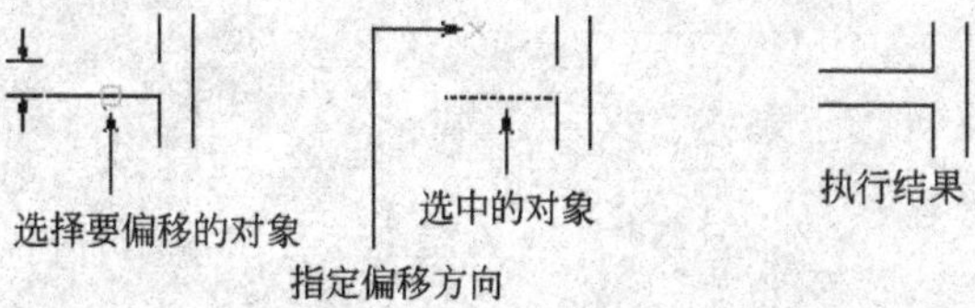

选择要偏移的对象　　选中的对象　　执行结果
指定偏移方向

图 3-14 指定偏移对象的距离

（2）通过（T）：指定偏移对象的通过点。选择该选项后出现如下提示。

选择要偏移的对象或 <退出>：（选择要偏移的对象，按 Enter 键，结束操作）
指定通过点：（指定偏移对象的一个通过点）

操作完毕后，系统根据指定的通过点绘出偏移对象，如图 3-15 所示。

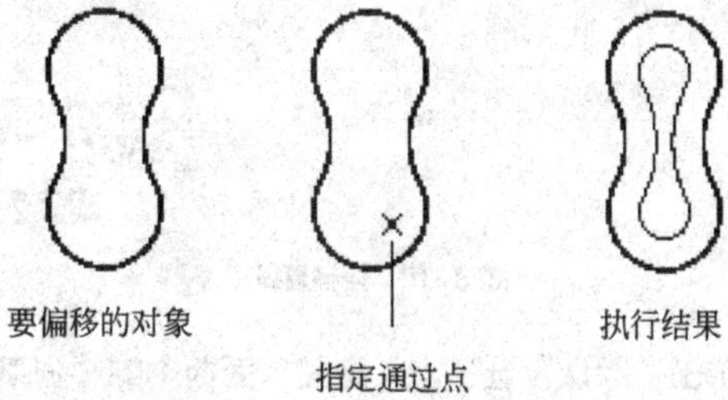

要偏移的对象　　　　　　　　　　执行结果
指定通过点

图 3-15 指定偏移对象的通过点

（3）删除（E）：偏移后，将源对象删除。选择该选项后出现如下提示。

要在偏移后删除源对象吗？ ［是（Y）/ 否（N）］ <否>：

（4）图层（L）：确定将偏移对象创建在当前图层上还是源对象所在的图层上。选择该选项后出现如下提示。

输入偏移对象的图层选项 ［当前（C）/源（S）］ <当前>：

3.3.6 实例——绘制会议桌

绘制如图 3-16 所示的会议桌，具体操作步骤如下。

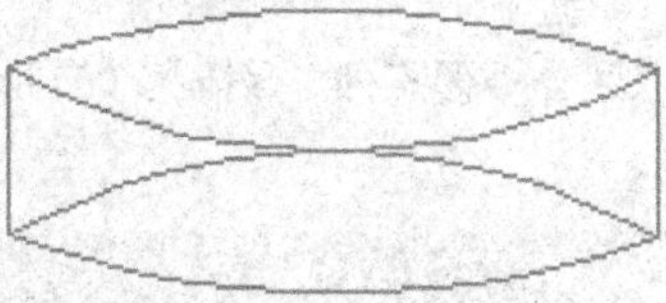

图 3-16 会议桌

STEP 绘制步骤

❶ 绘制出两条长度为 1500 的竖直直线 1、2，它们之间的距离为 6000，然后，绘制直线 3 连接它们的中点，如图 3-17 所示。

❷ 由直线 3 分别向上、向下偏移 1500 绘制出直线 4、5，然后单击"默认"选项卡"绘图"面板中的"圆弧"按钮 ⌒，依次捕捉 *ABC*、*DEF* 绘制出两条弧线，如图 3-18 所示。

图 3-17　绘制直线

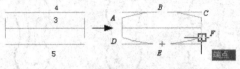

图 3-18　偏移直线

❸ 单击"默认"选项卡"绘图"面板中的"圆弧"
按钮 ⌒ ，绘制出内部的两条圆弧，最后将辅助
线删除，完成桌面的绘制，如图 3-19 所示。

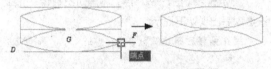

图 3-19　绘制圆弧

3.3.7　阵列命令

　　阵列是指多重复制选择对象并把这些副本按矩
形或环形排列。将副本按矩形排列称为建立矩形阵
列，按环形排列称为建立极阵列。建立极阵列时，
应该控制复制对象的次数并确定对象是否被旋转；
建立矩形阵列时，应该控制行和列的数量以及对象
副本之间的距离。

　　用该命令可以建立矩形阵列、极阵列（环形）
和旋转的矩形阵列。

执行方式

命令行：ARRAY

菜单：修改→阵列

工具栏：单击"修改"工具栏中的"矩形阵列"
按钮 ▦ 、"路径阵列"按钮 和"极轴阵列"按钮 ⁂

功能区：单击"默认"选项卡"修改"面板中
的"阵列"按钮 ▦ ⁂ ⁂

操作步骤

命令：ARRAY ↙
选择对象：↙（使用对象选择方法）
输入阵列类型 [矩形（R）/路径（PA）/极轴（PO）]<

矩形 >：↙

选项说明

　　（1）矩形（R）。将选定对象的副本分布到行
数、列数和层数的任意组合。选择该选项后出现提
示如下。

选择夹点以编辑阵列或 [关联（AS）/基点（B）/
计数（COU）/间距（S）/列数（COL）/行数（R）/
层数（L）/退出（X）] <退出 >：（通过夹点，调整
阵列间距，列数，行数和层数；也可以分别选择各选
项输入数值）

　　（2）路径（PA）。沿路径或部分路径均匀分布
选定对象的副本。选择该选项后出现提示如下。

选择路径曲线：（选择一条曲线作为阵列路径）
选择夹点以编辑阵列或 [关联（AS）/方法（M）/基
点（B）/切向（T）/项目（I）/行（R）/层（L）/
对齐项目（A）/Z 方向（Z）/退出（X）] <退出 >：
（通过夹点，调整阵行数和层数；也可以分别选择各
选项输入数值）

　　（3）极轴（PO）。在绕中心点或旋转轴的环形
阵列中均匀分布对象副本。选择该选项后出现提示
如下。

指定阵列的中心点或 [基点（B）/旋转轴（A）]：（选
择中心点、基点或旋转轴）
选择夹点以编辑阵列或 [关联（AS）/基点（B）/
项目（I）/项目间角度（A）/填充角度（F）/行
（ROW）/层（L）/旋转项目（ROT）/退出（X）] <
退出 >：（通过夹点，调整角度，填充角度；也可以分
别选择各选项输入数值）

3.3.8　实例——绘制窗棂

　　绘制如图 3-20 所示的窗棂，
具体操作步骤如下。

扫一扫

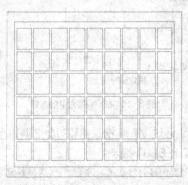

图 3-20　窗棂

STEP 绘制步骤

❶ 单击"默认"选项卡"绘图"面板中的"矩形"
按钮 □ ，命令行提示与操作如下。

> 命令：_rectang ✓
> 指定第一个角点或 [倒角（C）/标高（E）/圆角（F）
> /厚度（T）/宽度（W）]：0,0 ✓
> 指定另一个角点或 [面积（A）/尺寸（D）/旋转（R）]：
> @657,482 ✓

用同样的方法绘制另两个矩形，角点坐标分别
为{（30,30）、（@597,422）}，{（40,50）、
（@57,57）}，绘制结果如图 3-21 所示。

❷ 单击"默认"选项卡"修改"面板中的"矩形阵
列"按钮 ⧈ ，根据命令行提示选择第（1）步
中绘制矩形为阵列对象，设置行数为 6，列数为

9，行偏移和列偏移均为 65，绘制结果如图 3-20
所示。

图 3-21 绘制矩形

3.4 改变位置类命令

这一类编辑命令的功能是按照指定要求改变当
前图形或图形的某部分的位置，主要包括移动、旋
转和缩放等命令。

3.4.1 移动命令

执行方式

命令行：MOVE

菜单：修改→移动

快捷菜单：选择要复制的对象，在绘图区右击，
从打开的右键快捷菜单上选择"移动"命令

工具栏：修改→移动 ✛

功能区：单击"默认"选项卡"修改"面板中
的"移动"按钮 ✛

操作步骤

> 命令：MOVE ✓
> 选择对象：（选择对象）

用前面介绍的对象选择方法选择要移动的对象，
按 Enter 键，完成选择。系统继续提示如下。

> 指定基点或位移：（指定基点或移至点）
> 指定基点或 [位移（D）] <位移>：（指定基点或

位移）
> 指定第二个点或 <使用第一个点作为位移>：
> 命令的选项功能与"复制"命令类似。

3.4.2 旋转命令

执行方式

命令行：ROTATE

菜单：修改→旋转

快捷菜单：选择要旋转的对象，在绘图区右击，
从打开的右键快捷菜单上选择"旋转"命令

工具栏：修改→旋转 ⟳

功能区：单击"默认"选项卡"修改"面板中
的"旋转"按钮 ⟳

操作步骤

> 命令：ROTATE ✓
> UCS 当前的正角方向： ANGDIR= 逆时针 ANGBASE=0
> 选择对象：（选择要旋转的对象）
> 指定基点：（指定旋转的基点，在对象内部指定一个
> 坐标点）
> 指定旋转角度或 [复制（C）/参照（R）] <0>：（指
> 定旋转角度或其他选项）

（1）复制（C）：选择该项，旋转对象的同时，保留原对象，如图3-22所示。

(a) 旋转前　　　　(b) 旋转后

图3-22　复制旋转

（2）参照（R）：采用参照方式旋转对象时，系统提示如下。

> 指定参照角 <0>：（指定要参考的角度，默认值为0）
> 指定新角度：（输入旋转后的角度值）

操作完毕后，对象被旋转至指定的角度位置。

> 📖说明　用户可以用拖动鼠标的方法旋转对象。选择对象并指定基点后，从基点到当前光标位置会出现一条连线，鼠标选择的对象会动态地随着该连线与水平方向的夹角的变化而旋转，按Enter键，确认旋转操作，如图3-23所示。

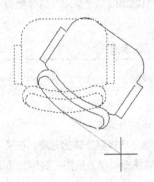

图3-23　拖动鼠标旋转对象

3.4.3 | 缩放命令

命令行：SCALE

菜单：修改→缩放

快捷菜单：选择要缩放的对象，在绘图区右击，从打开的右键快捷菜单上选择"缩放"命令

工具栏：修改→缩放 ▢

功能区：单击"默认"选项卡"修改"面板中的"缩放"按钮 ▢

> 命令：SCALE ↙
> 选择对象：↙（选择要缩放的对象）
> 指定基点：↙（指定缩放操作的基点）
> 指定比例因子或 [复制(C)/参照(R)] 1.0000>：↙

（1）参照（R）：采用参考方向缩放对象时，系统提示如下。

> 指定参照长度 <L>：（指定参考长度值）
> 指定新的长度或 [点（P）] <1.0000>：（指定新长度值）

若新长度值大于参考长度值，则放大对象；否则，缩小对象。操作完毕后，系统以指定的基点按指定的比例因子缩放对象。如果选择"点（P）"选项，则指定两点来定义新的长度。

（2）指定比例因子：选择对象并指定基点后，从基点到当前光标位置会出现一条线段，线段的长度即为比例尺寸。鼠标选择的对象会动态地随着该连线长度的变化而缩放，按Enter键，确认缩放操作。

（3）复制（C）：选择"复制（C）"选项时，可以复制缩放对象，即缩放对象时，保留原对象，如图3-24所示。

(a) 缩放前　　　　(b) 缩放后

图3-24　复制缩放

3.4.4 | 实例——绘制装饰盘

绘制如图3-25所示的装饰盘，具体操作步骤如下。

扫一扫

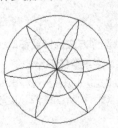

图3-25　装饰盘

STEP 绘制步骤

❶ 单击"默认"选项卡"绘图"面板中的"圆"按钮 ⊘，绘制装饰盘外轮廓线，如图3-26所示。命令行提示如下。

命令：_circle✓
指定圆的圆心或［三点（3P）／两点（2P）／切点、切点、半径（T）］：100,100✓
指定圆的半径或［直径（D）］<10.0000>：200✓

❷ 单击"默认"选项卡"绘图"面板中的"圆弧"按钮 ⌒，绘制花瓣，如图3-27所示。命令行提示如下：

命令：_arc✓
指定圆弧的起点或［圆心（C）］：✓（选取圆中心点）
指定圆弧的第二个点或［圆心（C）／端点（E）］：✓（圆内一点）
指定圆弧的端点：✓（圆边）

图3-26 绘制圆形

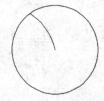

图3-27 绘制花瓣

❸ 单击"默认"选项卡"修改"面板中的"镜像"按钮 ⚟，镜像花瓣线，如图3-28所示。命令行提示如下：

命令：_mirror✓

选择对象：找到 1 个（选择图3-27中的圆弧线）
选择对象：✓
指定镜像线的第一点：✓（指定圆弧的一个端点）
指定镜像线的第二点：✓（指定圆弧的另一个端点）
要删除源对象吗？［是（Y）／否（N）］<否>：✓

❹ 调用阵列命令进行圆形阵列，选择花瓣为源对象，以圆心为阵列中心点阵列花瓣，如图3-29所示。

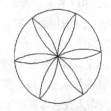

图3-28 镜像花瓣线 　　　图3-29 阵列花瓣

❺ 单击"默认"选项卡"修改"面板中的"缩放"按钮 ⬚，缩放一个圆作为装饰盘的内装饰圆。

命令：_scale✓
选择对象：✓（选择圆）
选择对象：✓
指定基点：✓（捕捉圆心）
指定比例因子或［复制（C）／参照（R）］<1.0000>：C✓✓
缩放一组选定对象：
指定比例因子或［复制（C）／参照（R）］<1.0000>：0.5✓

绘制结果如图3-25所示。

3.5 改变几何特性类命令

这一类编辑命令在对指定对象进行编辑后，使编辑对象的几何特性发生改变，包括倒角、圆角、打断、修剪、延伸、拉长、拉伸等命令。

3.5.1 修剪命令

执行方式

命令行：TRIM
菜单：修改→修剪
工具栏：修改→修剪 -/--

功能区：单击"默认"选项卡"修改"面板中的"修剪"按钮 -/--

操作步骤

命令：TRIM✓
当前设置：投影=UCS，边=无
选择剪切边 ...
选择对象或 <全部选择>：✓（选择用作修剪边界的对象）
按Enter键，结束对象选择，系统提示如下。
选择要修剪的对象，或按住 Shift 键选择要延伸的

对象，或 [栏选（F）/ 窗交（C）/ 投影（P）/ 边（E）/
删除（R）/ 放弃（U）]：

选项说明

1. 按住Shift键

在选择对象时，如果按住Shift键，系统就自动
将"修剪"命令转换成"延伸"命令，"延伸"命令
将在3.5.3节中介绍。

2. 边（E）

选择此选项时，可以选择对象的修剪方式：延
伸和不延伸。

（1）延伸（E）。延伸边界进行修剪。在此方式
下，如果剪切边没有与要修剪的对象相交，系统会
延伸剪切边直至与要修剪的对象相交，然后再修剪，
如图3-30所示。

(a) 选择剪切边　　(b) 选择要修剪的对象　(c) 修剪后的结果

图3-30　以延伸方式修剪对象

（2）不延伸（N）。不延伸边界修剪对象。只修
剪与剪切边相交的对象。

3. 栏选（F）

选择此选项时，系统以栏选的方式选择被修剪
对象，如图3-31所示。

(a) 选定剪切边　　(b) 使用栏选选定要修剪的对象

(c) 结果

图3-31　以栏选方式选择被修剪对象

4. 窗交（C）

选择此选项时，系统以窗交的方式选择被修剪
对象，如图3-32所示。

被选择的对象可以互为边界和被修剪对象，此
时系统会在选择的对象中自动判断边界，如图3-32
所示。

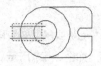

(a) 使用窗交选择选定的边　(b) 选定要修剪的对象

(c) 结果

图3-32　以窗交方式选择被修剪对象

3.5.2 实例——绘制落地灯

绘制如图3-33所示的落地灯，
具体操作步骤如下。

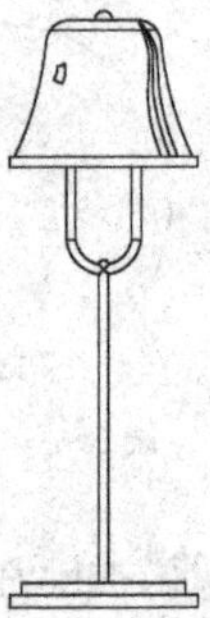

图3-33　落地灯

STEP 绘制步骤

❶ 单击"默认"选项卡"绘图"面板中的"矩形"
按钮▭，绘制轮廓线。单击"默认"选项卡"修改"
面板中的"镜像"按钮▲，使轮廓线左右对称，
如图3-34所示。

❷ 单击"默认"选项卡"绘图"面板中的"圆弧"
按钮╱和单击"默认"选项卡"修改"面板中的"偏
移"按钮◩，绘制两条圆弧，端点分别捕捉到
矩形的角点，其中绘制的下面的圆弧中间一点
捕捉到中间矩形上边的中点，如图3-35所示。

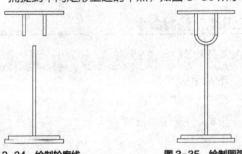

图3-34　绘制轮廓线　　　图3-35　绘制圆弧

❸ 单击"默认"选项卡"绘图"面板中的"直线"按钮 ✏、"圆弧"按钮 ⌒，绘制灯柱上的结合点，如图 3-35 所示。

❹ 单击"默认"选项卡"修改"面板中的"修剪"按钮 ⊱，修剪多余图线。命令行中的提示与操作如下。

> 命令：_trim✔✔
> 当前设置：投影 =UCS，边 = 延伸
> 选择修剪边 ...
> 选择对象或 < 全部选择 >：✔（选择修剪边界对象，如图 3-36 所示）
> 选择对象：✔（选择修剪边界对象）
> 选择对象：
> 选择要修剪的对象，或按住 Shift 键选择要延伸的对象，或 [投影（P）/ 边（E）/ 放弃（U）]：（选择修剪对象，如图 3-36 所示）✔
> 修剪结果如图 3-37 所示。

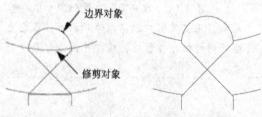

图 3-36　选择修剪对象　　　　图 3-37　修剪图形

❺ 单击"默认"选项卡"绘图"面板中的"样条曲线拟合"按钮 ∿ 和单击"默认"选项卡"修改"面板中的"镜像"按钮 ⚊，绘制灯罩的轮廓线，如图 3-38 所示。

❻ 单击"默认"选项卡"绘图"面板中的"直线"按钮 ✏，补齐灯罩的轮廓线，直线端点捕捉对应样条曲线端点，如图 3-39 所示。

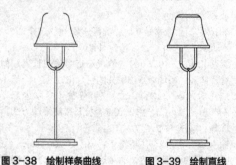

图 3-38　绘制样条曲线　　　　图 3-39　绘制直线

❼ 单击"默认"选项卡"绘图"面板中的"圆弧"按钮 ⌒，绘制灯罩顶端的突起，如图 3-40 所示。

❽ 单击"默认"选项卡"绘图"面板中的"样条曲线拟合"按钮 ∿，绘制灯罩上的装饰线，最终结果如图 3-41 所示。

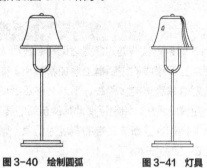

图 3-40　绘制圆弧　　　　　　图 3-41　灯具

3.5.3 | 延伸命令

延伸对象是指延伸要延伸的对象直至另一个对象的边界线，如图 3-42 所示。

(a) 选择边界　　　(b) 选择要延伸的对象　　(c) 执行结果

图 3-42　延伸对象（一）

执行方式

命令行：EXTEND
菜单：修改→延伸
工具栏：修改→延伸 ⊰
功能区：单击"默认"选项卡"修改"面板中的"延伸"按钮 ⊰

操作步骤

> 命令：EXTEND✔
> 当前设置：投影 =UCS，边 = 无
> 选择边界的边 ...
> 选择对象或 < 全部选择 >：✔（选择边界对象）

此时可以通过选择对象来定义边界。若直接按 Enter 键，则选择所有对象作为可能的边界对象。

系统规定可以用作边界对象的有：直线段、射线、双向无限长线、圆弧、圆、椭圆、二维和三维多段线、样条曲线、文本、浮动的视口、区域。如果选择二维多段线作为边界对象，系统会忽略其宽度而把对象延伸至多段线的中心线上。

选择边界对象后，命令行提示如下。

选择要延伸的对象，或按住 Shift 键选择要修剪的对象，或 [栏选（F）/窗交（C）/投影（P）/边（E）/放弃（U）]：

选项说明

（1）如果要延伸的对象是适配样条多段线，则延伸后会在多段线的控制框上增加新节点。如果要延伸的对象是锥形的多段线，系统会修正延伸端的宽度，使多段线从起始端平滑地延伸至新的终止端。如果延伸操作导致新终止端的宽度为负值，则取宽度值为0，如图3-43所示。

(a) 选择边界对象　(b) 选择要延伸的多段线　(c) 延伸后的结果

图3-43　延伸对象（二）

（2）选择对象时，如果按住Shift键，系统就自动将"延伸"命令转换成"修剪"命令。

3.5.4 | 拉伸命令

拉伸对象是指拖拉选择的对象，使其形状发生改变。拉伸对象时，应指定拉伸的基点和移置点。利用一些辅助工具如捕捉、钳夹功能及相对坐标等可以提高拉伸的精度，如图3-44所示。

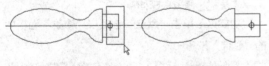

(a) 选取对象　　　　　(b) 拉伸后

图3-44　拉伸对象

执行方式

命令行：STRETCH

菜单：修改→拉伸

工具栏：修改→拉伸 ▣

功能区：单击"默认"选项卡"修改"面板中的"拉伸"按钮▣

操作步骤

命令：STRETCH↙

以交叉窗口或交叉多边形选择要拉伸的对象 . . .

选择对象：C↙

指定第一个角点：

指定对角点：找到 2 个（采用交叉窗口的方式选择要拉伸的对象）

指定基点或 [位移（D）] <位移>：↙（指定拉伸的基点）

指定第二个点或 <使用第一个点作为位移>：↙（指定拉伸的移至点）

此时，若指定第二个点，系统将根据这两点决定的矢量将对象拉伸。若直接按Enter键，系统会把第一个点作为X轴和Y轴的分量值。

STRETCH仅移动位于交叉选择内的顶点和端点，不更改那些位于交叉选择外的顶点和端点。部分包含在交叉选择窗口内的对象将被拉伸。

> 📖 说明　执行STRETCH命令时，必须采用交叉窗口（C）或交叉多边形（CP）方式选择对象。用交叉窗口选择拉伸对象时，落在交叉窗口内的端点被拉伸，落在外部的端点保持不动。

3.5.5 | 拉长命令

执行方式

命令行：LENGTHEN

菜单：修改→拉长

功能区：单击"默认"选项卡"修改"面板中的"拉长"按钮╱

操作步骤

命令：LENGTHEN↙

选择对象或 [增量（DE）/百分数（P）/全部（T）/动态（DY）]：↙（选定对象）

当前长度：30.5001（给出选定对象的长度，如果选择圆弧，则还将给出圆弧的包含角）

选择对象或 [增量（DE）/百分数（P）/全部（T）/动态（DY）]：DE↙（选择拉长或缩短的方式，如选择"增量（DE）"方式）

输入长度增量或 [角度（A）] <0.0000>：10↙（输入长度增量数值。如果选择圆弧段，则可输入选项"A"给定角度增量）

选择要修改的对象或 [放弃（U）]：↙（选定要修改的对象，进行拉长操作）

选择要修改的对象或 [放弃（U）]：↙（继续选择，按 Enter 键，结束命令）

选项说明

（1）增量（DE）：用指定增加量的方法来改变对象的长度或角度。

（2）百分数（P）：用指定要修改对象的长度占总长度的百分比的方法来改变圆弧或直线段的长度。

（3）全部（T）：用指定新的总长度或总角度值的方法来改变对象的长度或角度。

（4）动态（DY）：在这种模式下，可以使用拖拉鼠标的方法来动态地改变操作对象的长度或角度。

3.5.6 实例——绘制箍筋

绘制如图3-45所示的箍筋，具体操作步骤如下。

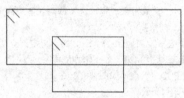

图 3-45 箍筋

STEP 绘制步骤

❶ 绘制矩形。单击"默认"选项卡"绘图"面板中的"矩形"按钮 ▢，绘制一个矩形，如图 3-46 所示。

❷ 在状态栏的"对象捕捉"按钮 □ 上单击鼠标右键，打开右键快捷菜单，如图 3-47 所示，选择其中的"对象捕捉设置"命令，打开"草图设置"对话框，如图 3-48 所示，选中"启用对象捕捉"复选框，单击"全部选择"按钮，选择所有的

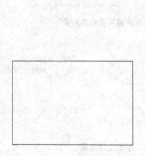

图 3-46 绘制矩形　图 3-47 右键快捷菜单

对象捕捉模式。再单击"极轴追踪"选项卡，如图 3-49 所示，选中"启用极轴追踪"复选框，将下面的增量角设置成默认的 45°。

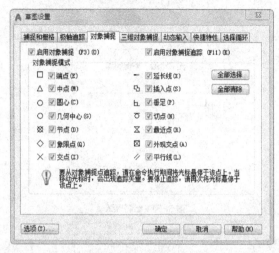

图 3-48 "草图设置"对话框

图 3-49 "极轴追踪"选项卡

❸ 单击"默认"选项卡"绘图"面板中的"直线"按钮 ⁄，捕捉矩形左上角一点为线段起点，如图 3-50 所示。利用极轴追踪功能，在 315°极轴追踪线上适当指定一点为线段终点，如图 3-51 所示。完成线段绘制，结果如图 3-52 所示。

❹ 单击"默认"选项卡"修改"面板中的"镜像"按钮 ⚋，选择刚绘制的线段为对象，捕捉矩形左上角为对称线起点，在 315°极轴追踪线上适当指定一点为对称线终点，如图 3-53 所示。完成线段的镜像绘制，如图 3-54 所示。

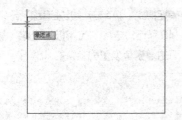

图 3-50　捕捉起点

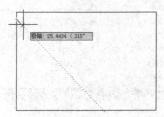

图 3-51　绘制直线

图 3-52　绘制线段

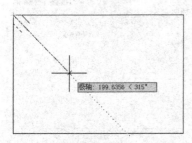

图 3-53　指定对称线终点

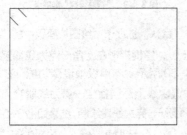

图 3-54　镜像绘制

❺ 单击"默认"选项卡"修改"面板中的"复制"
按钮 °₃，将刚绘制的图形向右下方适当位置复
制，结果如图 3-55 所示。

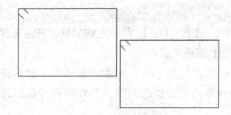

图 3-55　复制图形

❻ 单击"默认"选项卡"修改"面板中的"拉伸"
按钮 ，命令行提示和操作如下。

命令：_stretch ✓
以交叉窗口或交叉多边形选择要拉伸的对象 ...
选择对象：c✓✓
指定第一个角点：✓（在第一个矩形左上方适当位
置指定一点）
指定对角点：✓（往右下方适当位置指定一点，注
意不要包含第二个矩形任何图线，如图 3-56 所示）
选择对象：✓（完成对象选择，选中的对象高亮度
显示，如图 3-57 所示）
指定基点或 [位移(D)] <位移>：✓（适当指定一点）
指定第二个点或 <使用第一个点作为位移>：✓（水
平向右适当位置指定一点，如图 3-58 所示）
结果如图3-45所示。

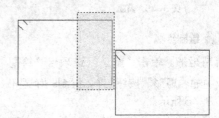

图 3-56　选择对象

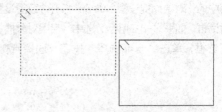

图 3-57　高亮度显示被选中对象

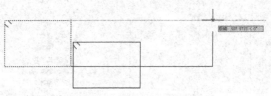

图 3-58　指定拉伸距离

3.5.7 圆角命令

圆角是指用指定半径的圆弧光滑地连接两个对象。系统规定可以圆角连接一对直线段、非圆弧的多段线段、样条曲线、双向无限长线、射线、圆、圆弧和椭圆。可以在任何时刻圆角连接非圆弧多段线的每个节点。

执行方式

命令行：FILLET

菜单：修改→圆角

工具栏：修改→圆角◻

功能区：单击"默认"选项卡"修改"面板中的"圆角"按钮◻

操作步骤

命令：FILLET✓
当前设置：模式 = 修剪，半径 = 0.0000
选择第一个对象或 [放弃（U）/多段线（P）/半径（R）/修剪（T）/多个（M）]：✓（选择第一个对象或别的选项）
选择第二个对象，或按住 Shift 键选择对象以应用角点或 [半径（R）]：

选项说明

（1）多段线（P）：在一条二维多段线的两段直线段的节点处插入圆滑的弧。选择多段线后，系统会根据指定的圆弧的半径把多段线各顶点用圆滑的弧连接起来。

（2）修剪（T）：决定在用圆角连接两条边时，是否修剪这两条边，如图3-59所示。

(a) 修剪方式　　　　(b) 不修剪方式

图 3-59　圆角连接

（3）多个（M）：可以同时对多个对象进行圆角编辑，而不必重新启用命令。

（4）快速创建零距离倒角或零半径圆角：按住Shift 键并选择两条直线，可以快速创建零距离倒角或零半径圆角。

3.5.8 实例——绘制坐便器

绘制如图3-60所示的坐便器，具体操作步骤如下。

扫一扫

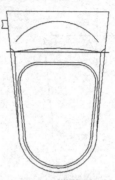

图 3-60　坐便器

STEP 绘制步骤

❶ 单击"默认"选项卡"绘图"面板中的"直线"按钮／，在图中绘制一条长度为50的水平直线，重复执行"直线"命令，单击状态栏上的"对象捕捉"按钮▯，寻找水平直线的中点，此时水平直线的中点会出现一个绿色的小三角，提示此点即为中点。绘制一条垂直的直线，并移动到合适的位置，作为绘图的辅助线，如图3-61所示。

❷ 单击"默认"选项卡"绘图"面板中的"直线"按钮／，单击水平直线的左端点，输入坐标点（@6，-60）绘制直线，如图3-62所示。

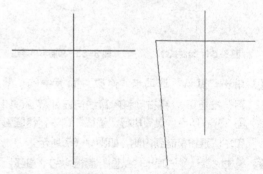

图 3-61　绘制辅助线　　图 3-62　绘制直线

❸ 单击"默认"选项卡"修改"面板中的"镜像"按钮⚐，以垂直直线的两个端点为镜像点，将刚刚绘制的斜向直线镜像到另外一侧，如图3-63所示。

❹ 单击"默认"选项卡"绘图"面板中的"圆弧"

按钮 ╱，以斜线下端的端点为起点，以垂直辅助线上的一点为第二点，以右侧斜线的端点为终点，绘制弧线，如图 3-64 所示。

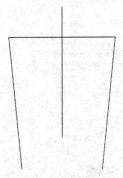

图 3-63　镜像图形

❺ 在图中选择水平直线，然后单击"默认"选项卡"修改"面板中的"复制"按钮 ⅗，选择其与垂直直线的交点为基点，然后输入坐标点（@0，-20），再次复制水平直线，输入坐标点（@0，-25），如图 3-65 所示。

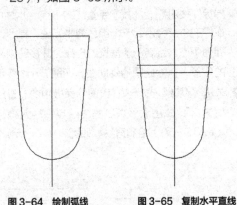

图 3-64　绘制弧线　　　图 3-65　复制水平直线

❻ 单击"默认"选项卡"修改"面板中的"偏移"按钮 ⚏，将右侧斜向直线向左偏移 2，如图 3-66 所示。重复执行"偏移"命令，将圆弧和左侧直线复制到内侧，如图 3-67 所示。

❼ 单击"默认"选项卡"绘图"面板中的"直线"按钮 ╱，将中间的水平线与内侧斜线的交点和外侧斜线的下端点连接起来，如图 3-68 所示。

❽ 单击"默认"选项卡"修改"面板中的"圆角"按钮 ◸，指定倒角半径为 10，依次选择最下面的水平线和左半部分内侧的斜向直线，将其交点设置为倒圆角，如图 3-69 所示。依照此方法，将右侧的交点也设置为倒圆角，直径也是 10，

如图 3-70 所示。

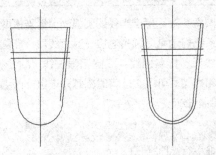

图 3-66　偏移直线　　　图 3-67　偏移其他图形

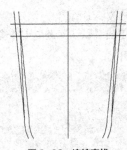

图 3-68　连接直线

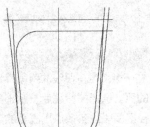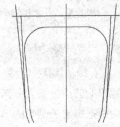

图 3-69　设置倒圆角　　图 3-70　设置另外一侧倒圆角

❾ 单击"默认"选项卡"修改"面板中的"偏移"按钮 ⚏，将椭圆部分向内侧偏移 1，如图 3-71 所示。

❿ 在上侧添加弧线和斜向直线，如图 3-71 所示。再在左侧添加冲水按钮，即完成坐便器的绘制，结果如图 3-60 所示。

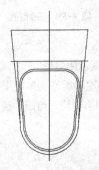

图 3-71　偏移内侧椭圆

3.5.9 倒角命令

倒角是指用斜线连接两个不平行的线型对象，可以用斜线连接直线段、双向无限长线、射线和多段线。

执行方式

命令行：CHAMFER

菜单：修改→倒角

工具栏：修改→倒角⌐

功能区：单击"默认"选项卡"修改"面板中的"倒角"按钮⌐

操作步骤

命令：CHAMFER✓
（"不修剪"模式）当前倒角距离 1 = 0.0000，距离 2 = 0.0000
选择第一条直线或 ［放弃（U）/多段线（P）/距离（D）/角度（A）/修剪（T）/方式（E）/多个（M）］：（选择第一条直线或别的选项）
选择第二条直线，或按住 Shift 键选择直线以应用角点或 ［距离（D）/角度（A）/方法（M）］：（选择第二条直线）

选项说明

（1）距离（D）：选择倒角的两个斜线距离。斜线距离是指从被连接的对象与斜线的交点到被连接的两对象的可能的交点之间的距离，如图3-72所示。这两个斜线距离可以相同也可以不相同，若二者均为0，则系统不绘制连接的斜线，而是把两个对象延伸至相交，并修剪超出的部分。

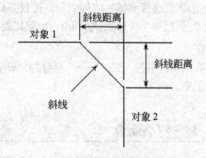

图3-72 斜线距离

（2）角度（A）：选择第一条直线的斜线距离和角度。采用这种方法连接对象时，需要输入两个参

数：斜线与一个对象的斜线距离和斜线与该对象的夹角，如图3-73所示。

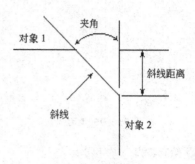

图3-73 斜线距离与夹角

（3）多段线（P）：对多段线的各个交叉点进行倒角编辑。为了得到最好的连接效果，一般设置斜线是相等的值。系统根据指定的斜线距离把多段线的每个交叉点都作斜线连接，连接的斜线成为多段线新添加的构成部分，如图3-74所示。

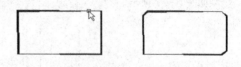

(a) 选择多段线　　　(b) 倒角结果

图3-74 斜线连接多段线

（4）修剪（T）：与圆角连接命令FILLET相同，该选项决定连接对象后，是否剪切原对象。

（5）方式（E）：控制 CHAMFER 使用两个距离还是一个距离和一个角度来创建倒角。

（6）多个（M）：为多组对象的边倒角。

> 说明　有时用户在执行圆角和倒角命令时，发现命令不执行或执行后没什么变化，那是因为系统默认圆角半径和斜线距离均为0，如果不事先设定圆角半径或斜线距离，系统就以默认值执行命令，所以看起来好像没有执行命令。

3.5.10 实例——绘制吧台

绘制如图3-75所示的吧台，具体操作步骤如下。

扫一扫

图 3-75　吧台

STEP 绘制步骤

❶ 选择菜单栏中的"格式"→"图形界限"命令，设置图幅为 297mm×210mm。

❷ 单击"默认"选项卡"绘图"面板中的"直线"按钮 ，绘制一条水平直线和一条竖直直线，结果如图 3-76 所示。单击"默认"选项卡"修改"面板中的"偏移"按钮 ，将竖直直线分别向右偏移 8、4、6，将水平直线向上偏移 6，结果如图 3-77 所示。

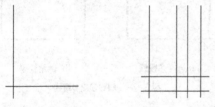

图 3-76　绘制直线　　　　图 3-77　偏移处理

❸ 单击"默认"选项卡"修改"面板中的"倒角"按钮 ，将图形进行倒角处理，命令行中的提示与操作如下。

```
命令：Chamfer↙
（"修剪"模式）当前倒角距离 1 = 0.0000，距离 2 = 0.0000
选择第一条直线或 [放弃（U）/多段线（P）/距离（D）/角度（A）/修剪（T）/方式（E）/多个（M）]:D↙
指定第一个倒角距离 <0.0000>: 6↙
指定第二个倒角距离 <6.0000>: ↙
选择第一条直线或 [放弃（U）/多段线（P）/距离（D）/角度（A）/修剪（T）/方式（E）/多个（M）]：（选择最右侧的线）
选择第二条直线，或按住 Shift 键选择直线以应用角点或 [距离（D）/角度（A）/方法（M）]: ↙（选择最下侧的水平线）
```

重复执行"倒角"命令，将其他交线进行倒角处理，结果如图 3-78 所示。

❹ 单击"默认"选项卡"修改"面板中的"镜

像"按钮 ，将图形进行镜像处理，结果如图 3-79 所示。

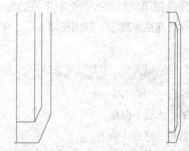

图 3-78　倒角处理　　　　图 3-79　镜像处理

❺ 单击"默认"选项卡"绘图"面板中的"直线"按钮 ，绘制吧台门，结果如图 3-80 所示。

❻ 单击"默认"选项卡"绘图"面板中的"圆"按钮 、"圆弧"按钮 和"多段线"按钮 ，绘制座椅，结果如图 3-81 所示。

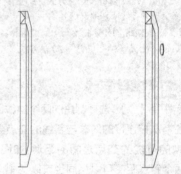

图 3-80　绘制吧台门　　　　图 3-81　绘制吧台的座椅

❼ 单击"默认"选项卡"修改"面板中的"矩形阵列"按钮 ，选择座椅为阵列对象，设置阵列行数为 6，列数为 1，行间距为 -360，结果如图 3-75 所示。

❽ 选择菜单栏中的"文件"→"另存为"命令，保存图形。

3.5.11 打断命令

执行方式

命令行：BREAK

菜单：修改→打断

工具栏：修改→打断

功能区：单击"默认"选项卡"修改"面板中的"打断"按钮

操作步骤

命令：BREAK ↙
选择对象：↙（选择要打断的对象）
指定第二个打断点或 [第一点（F）]：↙（指定第二个断开点或键入 F）

选项说明

如果选择"第一点（F）"选项，系统将丢弃前面的第一个选择点，重新提示用户指定两个打断点。

3.5.12 打断于点命令

打断于点是指在对象上指定一点，从而把对象在此点拆分成两部分。此命令与打断命令类似。

执行方式

工具栏：修改→打断于点 ☐
功能区：单击"默认"选项卡"修改"面板中的"打断于点"按钮 ☐

操作步骤

输入此命令后，命令行提示如下。

选择对象：（选择要打断的对象）
指定第二个打断点或 [第一点（F）]：_f↙（系统自动执行"第一点（F）"选项）
指定第一个打断点：（选择打断点）
指定第二个打断点：@（系统自动忽略此提示）

3.5.13 分解命令

执行方式

命令行：EXPLODE
菜单：修改→分解
工具栏：修改→分解 ☐
功能区：单击"默认"选项卡"修改"面板中的"分解"按钮 ☐

操作步骤

命令：EXPLODE ↙
选择对象：（选择要分解的对象）
选择一个对象后，该对象会被分解。系统继续提示该行信息，允许分解多个对象。

3.5.14 合并命令

用户可以将直线、圆弧、椭圆弧和样条曲线等独立的对象合并为一个对象，如图3-82所示。

执行方式

命令行：JOIN
菜单：修改→合并
工具栏：修改→合并 ↦
功能区：单击"默认"选项卡"修改"面板中的"合并"按钮 ↦

操作步骤

命令：JOIN ↙
选择源对象或要一次合并的多个对象：（选择一个对象）
找到 1 个
选择要合并的对象：（选择另一个对象）
找到 1 个，总计 2 个
选择要合并的对象：↙
2 条直线已合并为 1 条直线

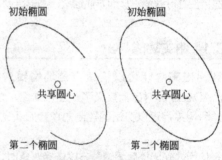

图 3-82 合并对象

3.5.15 实例——绘制花篮螺丝钢筋接头

绘制如图3-83所示的花篮螺丝钢筋接头，具体操作步骤如下。

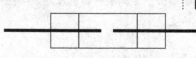

图 3-83 花篮螺丝钢筋接头

STEP 绘制步骤

❶ 单击"默认"选项卡"绘图"面板中的"矩形"按钮 ☐，绘制一个矩形，如图3-84所示。

图 3-84　绘制矩形

❷ 单击"默认"选项卡"绘图"面板中的"直线"按钮 ／，在矩形内绘制两条竖向直线，如图 3-85 所示。

图 3-85　绘制竖向直线

❸ 单击"默认"选项卡"绘图"面板中的"多段线"按钮 ⌐⊃，绘制钢筋，如图 3-86 所示。

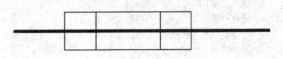

图 3-86　绘制钢筋

❹ 单击"默认"选项卡"修改"面板中的"打断"按钮 ⊏⊐，将多段线打断，结果如图 3-83 所示，命令行提示与操作如下。

```
命令：_break ✓
选择对象：✓
指定第二个打断点 或 [第一点（F）]：✓
```

3.6 对象编辑

在对图形进行编辑时，还可以对图形对象本身的某些特性进行编辑，从而方便地进行图形绘制。

3.6.1 钳夹功能

利用钳夹功能可以快速方便地编辑对象。AutoCAD 在图形对象上定义了一些特殊点，称为夹点，利用夹点可以灵活地控制对象，如图 3-87 所示。

在使用"先选择后编辑"方式选择对象时，可点取欲编辑的对象，或按住鼠标左键拖出一个矩形框，框选欲编辑的对象。松开鼠标后，所选择的对象上就出现若干个小正方形，同时对象高亮显示。这些小正方形称为夹点，夹点表示对象的控制位置。夹点的大小及颜色可以在"选项"对话框中调整。若要移去夹点，可按Esc键。要从夹点选择集中移去指定对象，在选择对象时按住Shift键。

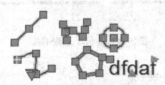

图 3-87　夹点

使用夹点功能编辑对象需要选择一个夹点作为基点，方法是将十字光标的中心对准夹点单击，此时夹点即成为基点，并且显示为红色小方块。利用夹点进行编辑的模式有"拉伸""移动""旋转""缩放"和"镜像"，可以用Space键、Enter键或快捷菜单（右击弹出的快捷菜单）循环切换这些模式。

3.6.2 修改对象属性

执行方式

命令行：DDMODIFY或PROPERTIES
菜单：修改→特性
工具栏：标准→特性 ▣
功能区：单击"默认"选项卡"特性"选项板中的"对话框启动器"按钮 ◢

操作步骤

命令：DDMODIFY ✓

打开"特性"工具板，如图3-88所示。利用它可以方便地设置或修改对象的各种属性。

不同的对象属性种类和值不同，修改属性值，对象改变为新的属性。

图 3-88 "特性"工具板

3.6.3 特性匹配

利用特性匹配功能可以将目标对象的属性与源对象的属性进行匹配，使目标对象的属性与源对象

属性相同。利用特性匹配功能可以方便快捷地修改对象属性，并保持不同对象的属性相同。

执行方式

命令行：MATCHPROP

菜单：修改→特性匹配

功能区：单击"默认"选项卡"特性"选项板中的"特性匹配"按钮 🖳。

操作步骤

命令：MATCHPROP ✓
选择源对象：✓（选择源对象）
选择目标对象或 [设置（S）]：✓（选择目标对象）

图3-89（a）所示为两个属性不同的对象，以左边的圆为源对象，对右边的矩形进行特性匹配，结果如图3-89（b）所示。

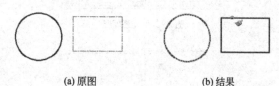

(a) 原图   (b) 结果

图 3-89 特性匹配

3.7 综合实例——绘制单人床

绘制如图3-90所示的单人床，具体操作步骤如下。

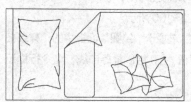

图 3-90 单人床

STEP 绘制步骤

❶ 绘制床的外轮廓

① 单击"默认"选项卡"绘图"面板中的"矩形"按钮 🔲，绘制长边为300、短边为150的矩形，作为床的外轮廓，如图3-91所示。

② 单击"默认"选项卡"绘图"面板中的"直线"按钮 ╱，在床左侧绘制一条垂直的直线作为床头，如图3-92所示。

③ 单击"默认"选项卡"绘图"面板中的"矩形"按钮 🔲，绘制一个长为200、宽为140的矩形。然后，单击"默认"选项卡"修改"面板中的"移动"按钮 ✛，将其移动到床的右侧（注意两边的间距要尽量相等，右侧距床轮廓的边缘稍稍近一些），作为被子的轮廓，如图3-93所示。

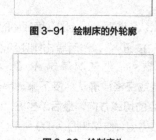

图 3-91 绘制床的外轮廓

图 3-92 绘制床头

图 3-93 绘制被子的轮廓

④ 单击"默认"选项卡"绘图"面板中的"矩形"
按钮 ▭，在被子左顶端绘制一水平方向为 30、
垂直方向为 140 的矩形，如图 3-94 所示。然
后，单击"倒圆角"按钮，修改矩形的角部，如
图 3-95 所示。

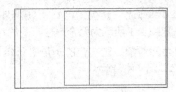

图 3-94 绘制矩形

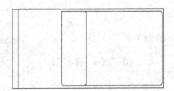

图 3-95 对矩形角部进行倒圆角处理

❷ 在被子轮廓的左上角，绘制一条 45°的斜线。
绘制方法为：单击"默认"选项卡"绘图"面
板中的"直线"按钮 ∕，绘制一条水平直线；
然后单击"默认"选项卡"修改"面板中的"旋
转"按钮 ○，选择线段一端为旋转基点，在角
度提示行后面输入"45"，按 Enter 键，旋转
直线，如图 3-96 所示；再将其移动到适当的位
置，单击"默认"选项卡"修改"面板中的"修
剪"按钮 ∕─，将多余线段删除，如图 3-97 所示。

❸ 单击"默认"选项卡"修改"面板中的"删除"
按钮 ⌫，删除直线左上侧的多余线段，如图 3-98
所示。

❹ 单击"默认"选项卡"绘图"面板中的"样条曲
线拟合"按钮 ∿，然后单击刚刚绘制的 45°
斜线的端点，再依次单击 A、B、C 点，按
Enter 键或空格键确认；接下来，单击 D 点，
设置起点的切线方向；最后单击 E 点，设置端
点的切线方向，结果如图 3-99 所示。

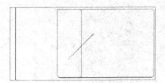

图 3-96 绘制 45°的斜线

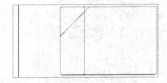

图 3-97 移动并修剪多余线段

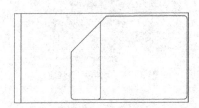

图 3-98 删除多余线段

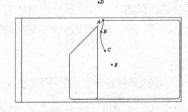

图 3-99 绘制样条曲线 1

❺ 同理，依次单击 A、B、C 点，然后按 Enter 键，
以 E 点为终点切线方向，绘制另外一侧的样条
曲线，如图 3-100 所示。

❻ 单击"默认"选项卡"绘图"面板中的"样条曲
线拟合"按钮 ∿，绘制样条曲线，命令行提示
与操作如下。

```
命令：_spline ↙
当前设置：方式 = 拟合   节点 = 弦
指定第一个点或 [方式（M）/节点（K）/对象
（O）]：↙ <对象捕捉追踪 开> <对象捕捉 开
> <对象捕捉追踪 关>（选择 A 点）
输入下一个点或 [起点切向（T）/公差（L）]：↙（选
择 B 点）
输入下一个点或 [端点相切（T）/公差（L）/放弃
（U）]：↙（选择 C 点）
输入下一个点或 [端点相切（T）/公差（L）/放弃
（U）/闭合（C）]：T ↙
指定端点切向：（选择 E 点）
```

此为被子的掀开角。绘制完成后删除角内的多
余直线，如图 3-101 所示。

❼ 单击"默认"选项卡"绘图"面板中的"样条曲
线拟合"按钮 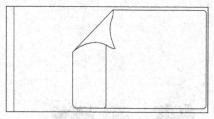，绘制枕头和垫子的图形，如
图 3-90 所示。绘制完成后保存为单人床模块。

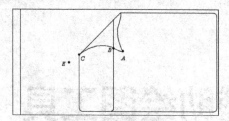

图 3-100　绘制样条曲线 2

图 3-101　绘制被子的掀开角

第 4 章

辅助绘图工具

　　文字注释是图形中很重要的一部分内容，进行各种设计时，通常不仅要绘制出图形，还要在图形中标注一些文字，如技术要求、注释说明等，对图形对象加以解释。AutoCAD提供了多种写入文字的方法，本章将介绍文本的注释和编辑功能。图表在 AutoCAD 图形中也有大量的应用，如明细表、参数表和标题栏等。AutoCAD 新增的图表功能使绘制图表变得方便快捷。尺寸标注是绘图设计过程当中相当重要的一个环节。AutoCAD 2018 提供了方便、准确的标注尺寸功能。图块、设计中心和工具选项板等则为快速绘图带来了方便，本章将简要介绍这些知识。

知识点

- 标注文本
- 表格
- 尺寸标注
- 图块及其属性
- 设计中心与工具选项板

4.1 标注文本

文本是建筑图形的基本组成部分，在图签、说明、图纸目录等地方都要用到文本。本节讲述文本标注的基本方法。

4.1.1 设置文本样式

执行方式

命令行：STYLE 或 DDSTYLE

菜单：格式→文字样式

工具栏：文字→文字样式 **A**

功能区：单击"默认"选项卡"注释"面板中的"文字样式"按钮 **A** 或"注释"选项卡"文字"面板中的"对话框启动器"按钮 ◢

操作步骤

执行上述命令，系统打开"文字样式"对话框，如图 4-1 所示。

图 4-1 "文字样式"对话框

利用该对话框可以新建文字样式或修改当前文字样式。图 4-2、图 4-3 为各种文字样式。

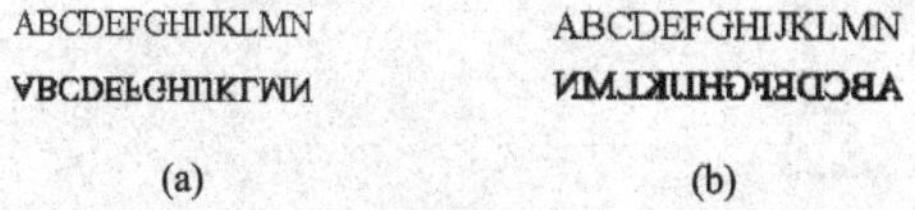

ABCDEFGHIJKLMN   ABCDEFGHIJKLMN
 VBCDEFGHIIKTWN   ИМ ТКІ IH Ә ЧƎ ДЭ ВА

　　(a)　　　　　　　　　　(b)

图 4-2 文字倒置标注与反向标注

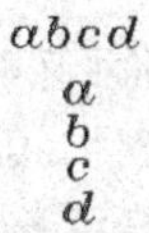

$abcd$
a
b
c
d

图 4-3 垂直标注文字

4.1.2 标注单行文本

执行方式

命令行：TEXT 或 DTEXT

菜单：绘图→文字→单行文字

工具栏：文字→单行文字 **AI**

功能区：单击"默认"选项卡"注释"面板中的"单行文字"按钮 **AI** 或"注释"选项卡"文字"面板中的"单行文字"按钮 **AI**

操作步骤

命令：TEXT ↙
当前文字样式：Standard　当前文字高度：0.2000　注释性：否　对正：左
指定文字的起点或 [对正（J）/ 样式（S）]：↙

选项说明

1. 指定文字的起点

在此提示下直接在作图屏幕上点取一点作为文本的起始点，AutoCAD 提示如下。

指定高度 <0.2000>：（确定字符的高度）
指定文字的旋转角度 <0>：（确定文本行的倾斜角度）
输入文字：（输入文本）
输入文字：（输入文本或回车）

2. 对正（J）

在上面的提示下键入 J，用来确定文本的对齐方式，对齐方式决定文本的哪一部分与所选的插入点对齐。执行此选项，AutoCAD 提示如下。

输入选项 [左（L）/ 居中（C）/ 右（R）/ 对齐（A）/ 中间（M）/ 布满（F）/ 左上（TL）/ 中上（TC）/ 右上（TR）/ 左中（ML）/ 正中（MC）/ 右中（MR）/ 左下（BL）/ 中下（BC）/ 右下（BR）]：

在此提示下选择一个选项作为文本的对齐方式。当文本串水平排列时，AutoCAD 为标注文本串定义了如图 4-4 所示的底线、基线、中线和顶线，各种对齐方式如图 4-5 所示，图中大写字母对应上述提示中各命令。

底线　　基线　　　　中线　顶线

图 4-4 文本行的底线、基线、中线和顶线

图 4-5 文本的对齐方式

实际绘图时，有时需要标注一些特殊字符，例如直径符号、上划线或下划线、温度符号等，由于这些符号不能直接从键盘上输入，AutoCAD 提供了一些控制码，用来实现这些命令。控制码由两个百分号（%%）加一个字符构成，常用的控制码如表 4-1 所示。

表 4-1　AutoCAD 常用控制码

符号	功能
%%O	上划线
%%U	下划线
%%D	"度"符号
%%P	正负符号
%%C	直径符号
%%%	百分号%
\u+2248	几乎相等
\u+2220	角度
\u+E100	边界线
\u+2104	中心线
\u+0394	差值
\u+0278	电相位
\u+E101	流线
\u+2261	标识
\u+E102	界碑线
\u+2260	不相等

续表

符号	功能
\u+2126	欧姆
\u+03A9	欧米加
\u+214A	低界线
\u+2082	下标2
\u+00B2	上标2

4.1.3 标注多行文本

执行方式

命令行：MTEXT

菜单：绘图→文字→多行文字

工具栏：绘图→多行文字 **A** 或 文字→多行文字 **A**

功能区：单击"默认"选项卡"注释"面板中的"多行文字"按钮 **A** 或"注释"选项卡"文字"面板中的"多行文字"按钮 **A**

操作步骤

```
命令：MTEXT ✓
当前文字样式："Standard" 当前文字高度：1.9122 注释性：否
指定第一角点：✓（指定矩形框的第一个角点）
指定对角点或［高度（H）/对正（J）/行距（L）/旋转（R）/样式（S）/宽度（W）/栏（C）］：✓
```

选项说明

1. 指定对角点

指定对角点后，系统打开图 4-6 所示的多行文字编辑器，可利用"文字格式"对话框与多行文字编辑器输入多行文本并对其格式进行设置。该对话框与 Word 软件界面类似，不再赘述。

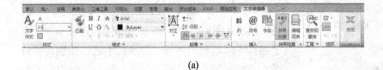

(a)

(b)

图 4-6　"文字格式"对话框和多行文字编辑器

2. 其他选项

（1）对正（J）。确定所标注文本的对齐方式。

（2）行距（L）。确定多行文本的行间距，这里所说的行间距是指相邻两文本行的基线之间的垂直距离。

（3）旋转（R）。确定文本行的倾斜角度。

（4）样式（S）。确定当前的文本样式。

（5）宽度（W）。指定多行文本的宽度。

（6）在多行文字绘制区域，单击鼠标右键，系统打开右键快捷菜单，如图 4-7 所示。该快捷菜单提供标准编辑选项和多行文字特有的选项。在多行文字编辑器中单击右键以显示快捷菜单。菜单顶层的选项是基本编辑选项，包括剪切、复制和粘贴。后面的选项是多行文字编辑器特有的选项。

❶ 插入字段。"字段"对话框如图4-8所示，从中可以选择要插入到文字中的字段。关闭该对话框后，字段的当前值将显示在文字中。

图4-7 右键快捷菜单

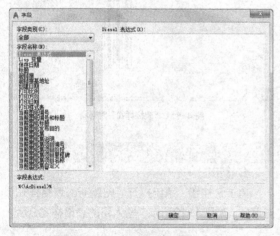

图4-8 "字段"对话框

❷ 符号。在光标位置插入符号或不间断空格。也可以手动插入符号。

❸ 输入文字。显示"选择文件"对话框（标准文件选择对话框）。选择任意 ASCII 或 RTF 格式

的文件。

❹ 段落对齐。设置多行文字对象的对正和对齐方式。"左上"选项是默认设置。在一行的末尾输入的空格也是文字的一部分，并会影响该行文字的对正。文字根据其左右边界进行置中对正、左对正或右对正。文字根据其上下边界进行中央对齐、顶对齐或底对齐。各种对齐方式与前面所述类似，不再赘述。

❺ 段落。为段落和段落的第一行设置缩进。指定制表位和缩进，控制段落对齐方式、段落间距和段落行距，如图4-9所示。

图4-9 "段落"对话框

❻ 项目符号和列表。显示用于编号列表的选项。

❼ 分栏。为当前多行文字对象指定"不分栏"。

❽ 改变大小写。改变选定文字的大小写。可以选择"大写"或"小写"。

❾ 全部大写。将所有新输入的文字转换成大写。自动大写不影响已有的文字。要改变已有文字的大小写，请选择文字，单击右键，然后在快捷菜单上单击"改变大小写"。

❿ 字符集。显示代码页菜单。选择一个代码页并将其应用到选定的文字。

⓫ 合并段落。将选定的段落合并为一段并用空格替换每段的回车。

⓬ 删除格式。清除选定文字的粗体、斜体或下划线格式。

⓭ 背景遮罩。用设定的背景对标注的文字进行遮罩。单击该命令，系统打开"背景遮罩"对话框，如图4-10所示。

图4-10 "背景遮罩"对话框

⑭ 编辑器设置。显示"文字格式"工具栏中的选项列表。有关详细信息，请参见编辑器设置。

4.1.4 编辑多行文本

命令行：DDEDIT

菜单：修改→对象→文字→编辑

工具栏：文字→编辑 A

快捷菜单：在快捷菜单中选择"修改多行文字"或"编辑文字"命令

命令：DDEDIT ✓

选择注释对象或 [放弃 (U)]：✓

要求选择想要修改的文本，同时光标变为拾取框。用拾取框单击对象，如果选取的文本是用TEXT命令创建的单行文本，可对其直接进行修改。如果选取的文本是用MTEXT命令创建的多行文本，选取后则打开多行文字编辑器（图4-6），可根据前面的介绍对各项设置或内容进行修改。

4.2 表格

在以前的版本中，要绘制表格必须采用绘制图线或者图线结合偏移或复制等编辑命令来完成，这样的操作过程烦琐而复杂，绘图效率低下。从AutoCAD 2005开始，新增加了"表格"绘图功能，有了该功能，创建表格就变得非常容易，用户可以直接插入已设置好样式的表格，而不用绘制由单独的图线组成的栅格。

4.2.1 设置表格样式

命令行：TABLESTYLE

菜单：格式→表格样式

工具栏：样式→表格样式管理器 ▤

功能区：单击"默认"选项卡"注释"面板中的"表格样式"按钮▤或"注释"选项卡"表格"面板中的"对话框启动器"按钮 »

执行上述命令，系统打开"表格样式"对话框，如图4-11所示。

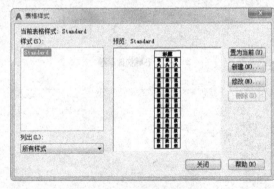

图4-11 "表格样式"对话框

1. 新建

单击该按钮，系统打开"创建新的表格样式"对话框，如图4-12所示。输入新的表格样式名后，

图4-12 "创建新的表格样式"对话框

单击"继续"按钮，系统打开"新建表格样式"对话框，如图4-13所示。从中可以定义新的表格样式。分别控制表格中数据、列标题和总标题的有关参数，如图4-14所示。

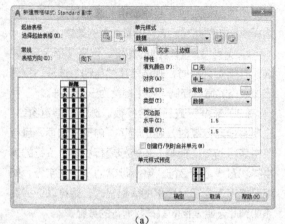

（a）

（b）

（c）

图4-13 "新建表格样式"对话框

图4-15中数据文字样式为"Standard"，文字高度为4.5，文字颜色为"红色"，填充颜色为"黄色"，对齐方式为"右下"；没有列标题行，标题文字样式为"Standard"，文字高度为6，文字颜色为"蓝色"，填充颜色为"无"，对齐方式为"正中"；表格方向为"上"，水平单元边距和垂直单元边距都为1.5。

标题		
页眉	页眉	页眉
数据	数据	数据
数据	数据	数据
数据	数据	数据
数据	数据	数据
数据	数据	数据
数据	数据	数据
数据	数据	数据
数据	数据	数据

图4-14 表格样式

数据	数据	数据
数据	数据	数据
数据	数据	数据
数据	数据	数据
数据	数据	数据
数据	数据	数据
数据	数据	数据
数据	数据	数据
标题		

图4-15 表格示例

2. 修改

对当前表格样式进行修改，方式与新建表格样式相同。

4.2.2 创建表格

执行方式

命令行：TABLE

菜单：绘图→表格

工具栏：绘图→表格 ▦

功能区：单击"默认"选项卡"注释"面板中的"表格"按钮▦或"注释"选项卡"表格"面板中的"表格"按钮▦

操作步骤

执行上述命令，系统打开"插入表格"对话框，如图4-16所示。

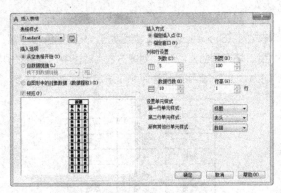

图 4-16 "插入表格"对话框

1. 表格样式

在要从中创建表格的当前图形中选择表格样式。通过单击下拉列表旁边的按钮，用户可以创建新的表格样式。

2. 插入选项：指定表格位置

（1）从空表格开始。创建可以手动填充数据的空表格。

（2）自数据链接。从外部电子表格中的数据创建表格。

（3）自图形中的对象数据（数据提取）。启动"数据提取"向导。

（4）预览。显示当前表格样式的样例。

3. 插入方式：指定插入表格的方式

（1）指定插入点。指定表格左上角的位置。可以使用定点设备，也可以在命令提示下输入坐标值。如果表格样式将表格的方向设置为由下而上读取，则插入点位于表格的左下角。

（2）指定窗口。指定表格的大小和位置。可以使用定点设备，也可以在命令提示下输入坐标值。选定此选项时，行数、列数、列宽和行高取决于窗口的大小以及列和行设置。

4. 列和行设置

设置列和行的数目和大小。

（1）列数。选定"指定窗口"选项并指定列宽时，"自动"选项将被选定，且列数由表格的宽度控制。如果已指定包含起始表格的表格样式，则可以选择要添加到此起始表格的其他列的数量。

（2）列宽。指定列的宽度。选定"指定窗口"选项并指定列数时，则选定了"自动"选项，且列宽由表格的宽度控制。最小列宽为一个字符。

（3）数据行数。指定行数。选定"指定窗口"选项并指定行高时，则选定了"自动"选项，且行数由表格的高度控制。带有标题行和表格头行的表格样式最少应有3行。最小行高为一个文字行。如果已指定包含起始表格的表格样式，则可以选择要添加到此起始表格的其他数据行的数量。

（4）行高。按照行数指定行高。文字行高基于文字高度和单元边距，这两项均在表格样式中设置。选定"指定窗口"选项并指定行数时，则选定了"自动"选项，且行高由表格的高度控制。

5. 设置单元样式

对于那些不包含起始表格的表格样式，请指定新表格中行的单元格式。

（1）第一行单元样式。指定表格中第一行的单元样式。默认情况下，使用标题单元样式。

（2）第二行单元样式。指定表格中第二行的单元样式。默认情况下，使用表头单元样式。

（3）所有其他行单元样式。指定表格中所有其他行的单元样式。默认情况下，使用数据单元样式。

在上面的"插入表格"对话框中进行相应设置后，单击"确定"按钮，系统在指定的插入点或窗口自动插入一个空表格，并显示多行文字编辑器，用户可以逐行逐列输入相应的文字或数据，如图4-17所示。

图 4-17 多行文字编辑器

4.2.3 | 编辑表格文字

命令行：TABLEDIT

菜单：表格内双击

工具栏：编辑单元文字

执行上述命令，系统打开图4-17所示的多行文字编辑器，用户可以对指定表格单元中的文字进行编辑。

4.3 尺寸标注

在本节中尺寸标注相关命令的菜单方式集中在"标注"菜单中，工具栏方式集中在"标注"工具栏中，如图4-18和图4-19所示。

图4-18 "标注"菜单   图4-19 "标注"工具栏

4.3.1 | 设置尺寸样式

命令行：DIMSTYLE

菜单：格式→标注样式 或 标注→标注样式

工具栏：标注→标注样式

功能区：单击"默认"选项卡"注释"面板中的"标注样式"按钮或"注释"选项卡"标注"面板中的"对话框启动器"按钮

执行上述命令，系统打开"标注样式管理器"对话框，如图4-20所示。利用此对话框可方便直观地定制和浏览尺寸标注样式，包括产生新的标注样式、修改已存在的样式、设置当前尺寸标注样式、样式重命名以及删除一个已有样式等。

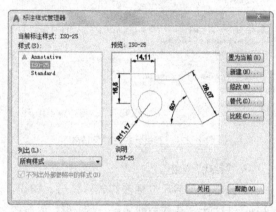

图 4-20 "标注样式管理器"对话框

1."置为当前"按钮

单击此按钮，把在"样式"列表框中选中的样式设置为当前样式。

2."新建"按钮

定义一个新的尺寸标注样式。单击此按钮，AutoCAD打开"创建新标注样式"对话框，如图4-21所示，利用此对话框可创建一个新的尺寸标注样式。单击"继续"按钮，系统打开"新建标注样式"对话框，如图4-22所示，利用此对话框可对新样式的各项特性进行设置。该对话框中各部分的含义和功能将在后面介绍。

3."修改"按钮

修改一个已存在的尺寸标注样式。单击此按钮，AutoCAD弹出"修改标注样式"对话框，该对话框中的各选项与"新建标注样式"对话框中完全相同,可以对已有标注样式进行修改。

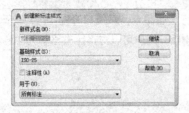

图 4-21 "创建新标注样式"对话框

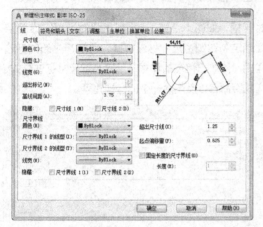

图 4-22 "新建标注样式"对话框

4. "替代"按钮

设置临时覆盖尺寸标注样式。单击此按钮,AutoCAD打开"替代当前样式"对话框,该对话框中各选项与"新建标注样式"对话框完全相同,用户可改变选项的设置覆盖原来的设置,但这种修改只对指定的尺寸标注起作用,而不影响当前尺寸变量的设置。

5. "比较"按钮

比较两个尺寸标注样式在参数上的区别或浏览一个尺寸标注样式的参数设置。单击此按钮,AutoCAD打开"比较标注样式"对话框,如图4-23所示。可以把比较结果复制到剪贴板上,然后再粘贴到其他的Windows应用软件上。

在图4-22所示的"新建标注样式"对话框中,有7个选项卡,分别说明如下。

(1)线。在"新建标注样式"对话框中,第一个选项卡就是"线"选项卡,如图4-22所示。该选项卡用于设置尺寸线、尺寸界线的形式和特性。

(2)符号和箭头。该选项卡对箭头、圆心标记、弧长符号和半径标注折弯的各个参数进行设

置,如图4-24所示。包括箭头的大小、引线、形状等参数,圆心标记的类型大小等参数,弧长符号位置,半径折弯标注的折弯角度、线性折弯标注的折弯高度因子以及折断标注的折断大小等参数。

图 4-23 "比较标注样式"对话框

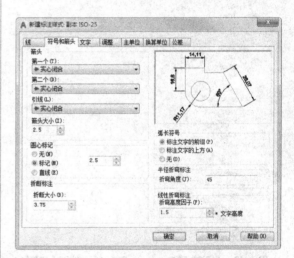

图 4-24 "新建标注样式"对话框的"符号和箭头"选项卡

(3)文字。该选项卡对文字的外观、位置、对齐方式等各个参数进行设置,如图4-25所示,包括文字外观的文字样式、文字颜色、填充颜色、文字高度、分数高度比例、是否绘制文字边框,文字位置的垂直、水平和从尺寸线偏移等参数。对齐方式有水平、与尺寸线对齐以及ISO标准等3种方式。图4-26为尺寸文本在垂直方向放置的4种不同情形,图4-27为尺寸文本在水平方向放置的5种不同情形。

(4)调整。该选项卡对调整选项、文字位置、标注特征比例、优化等各个参数进行设置,如图4-28所示,包括调整选项选择、文字不在默认位置时的放置位置、标注特征比例选择以及调整尺

寸要素位置等参数。图4-29为文字不在默认位置时放置的3种不同情形。

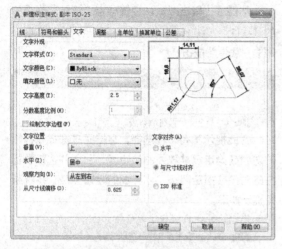

图4-25 "新建标注样式"对话框的"文字"选项卡

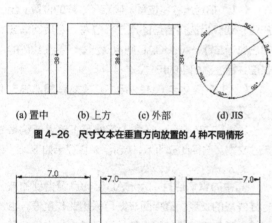

(a) 置中　(b) 上方　(c) 外部　(d) JIS

图4-26 尺寸文本在垂直方向放置的4种不同情形

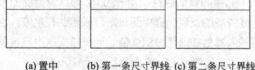

(a) 置中　(b) 第一条尺寸界线　(c) 第二条尺寸界线

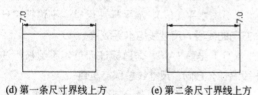

(d) 第一条尺寸界线上方　(e) 第二条尺寸界线上方

图4-27 尺寸文本在水平方向放置的5种不同情形

（5）主单位。该选项卡用来设置尺寸标注的主单位和精度，以及给尺寸文本添加固定的前缀或后缀。本选项卡含两个选项组，分别对长度型标注和角度型标注进行设置，如图4-30所示。

（6）换算单位。该选项卡用于对替换单位进行设置，如图4-31所示。

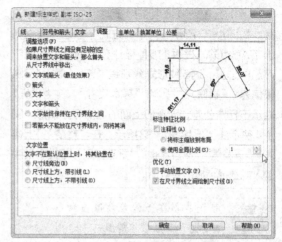

图4-28 "新建标注样式"对话框的"调整"选项卡

(a)　　　(b)　　　(c)

图4-29 尺寸文本的位置

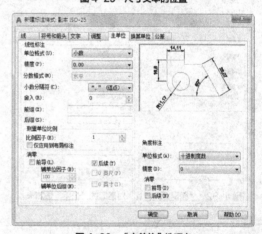

图4-30 "主单位"选项卡

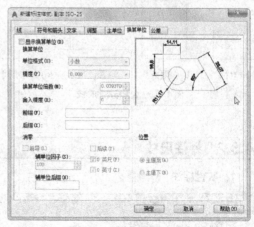

图4-31 "换算单位"选项卡

（7）公差。该选项卡用于对尺寸公差进行设置，如图4-32所示。其中"方式"下拉列表框列出了AutoCAD提供的5种标注公差的形式，用户可从中选择。这5种形式分别是"无""对称""极限偏差""极限尺寸"和"基本尺寸"，其中"无"表示不标注公差，即我们上面的通常标注情形。其余4种标注情况如图4-33所示。在"精度""上偏差""下偏差""高度比例""垂直位置"等文本框中输入或选择相应的参数值。

> **注意**
> 系统自动在上偏差数值前加一"+"号，在下偏差数值前加一"-"号。如果上偏差是负值或下偏差是正值，都需要在输入的偏差值前加负号。如下偏差是+0.005，则需要在"下偏差"微调框中输入-0.005。

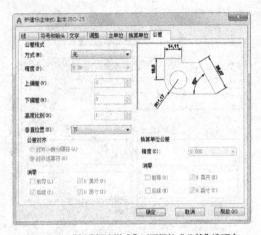

图4-32 "新建标注样式"对话框的"公差"选项卡

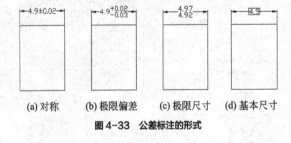

(a) 对称　　(b) 极限偏差　　(c) 极限尺寸　　(d) 基本尺寸

图4-33 公差标注的形式

4.3.2 | 标注尺寸

1. 线性标注

命令行：DIMLINEAR✓

菜单：标注→线性

工具栏：标注→线性 ⊢⊣

功能区：单击"默认"选项卡"注释"面板中的"线性"按钮⊢⊣或"注释"选项卡"标注"面板中的"线性"按钮⊢⊣

命令：DIMLINEAR✓
指定第一条尺寸界线原点或 <选择对象>：

在此提示下有两种选择，直接回车选择要标注的对象或确定尺寸界线的起始点，回车并选择要标注的对象或指定两条尺寸界线的起始点后，系统继续提示如下。

指定尺寸线位置或 [多行文字（M）/文字（T）/角度（A）/水平（H）/垂直（V）/旋转（R）]：

（1）指定尺寸线位置。确定尺寸线的位置。用户可移动鼠标选择合适的尺寸线位置，然后回车或单击鼠标左键，AutoCAD则自动测量所标注线段的长度并标注出相应的尺寸。

（2）多行文字（M）。用多行文本编辑器确定尺寸文本。

（3）文字（T）。在命令行提示下输入或编辑尺寸文本。选择此选项后，AutoCAD提示如下。

输入标注文字 <默认值>：

其中的默认值是AutoCAD自动测量得到的被标注线段的长度，直接回车既可采用此长度值，也可输入其他数值代替默认值。当尺寸文本中包含默认值时，可使用尖括号"<>"表示默认值。

（4）角度（A）。确定尺寸文本的倾斜角度。

（5）水平（H）。水平标注尺寸。不论标注什么方向的线段，尺寸线均水平放置。

（6）垂直（V）。垂直标注尺寸。不论被标注线段沿什么方向，尺寸线总保持垂直。

（7）旋转（R）。输入尺寸线旋转的角度值，旋转标注尺寸。

对齐标注的尺寸线与所标注的轮廓线平行；坐标尺寸用来标注点的纵坐标或横坐标；角度标注用来标注两个对象之间的角度；直径或半径标注用来标注圆或圆弧的直径或半径；圆心标记用来标注圆或圆弧的中心或中心线，具体由"新建（修改）标注样式"对话框"尺寸与箭头"选项卡中的"圆心标记"选项组决定。上面所述这几种尺寸标注与线性标注类似，不再赘述。

2. 基线标注

基线标注用于产生一系列基于同一条尺寸界线的尺寸标注，适用于长度尺寸标注、角度标注和坐标标注等。在使用基线标注方式之前，应该先标注出一个相关的尺寸，如图4-34所示。基线标注两平行尺寸线间距由"新建（修改）标注样式"对话框"符号和箭头"选项卡"尺寸线"选项组中"基线间距"文本框中的值决定。

命令行：DIMBASELINE

菜单：标注→基线

工具栏：标注→基线标注 ⊢

功能区：单击"注释"选项卡"标注"面板中的"基线"按钮 ⊢

命令：DIMBASELINE ✓
指定第二条尺寸界线原点或 [放弃（U）/选择（S）]
< 选择 >：

直接确定另一个尺寸的第二条尺寸界线的起点，AutoCAD以上次标注的尺寸为基准标注，标注出相应尺寸。

直接按回车键，系统提示如下。

选择基准标注：（选取作为基准的尺寸标注）

连续标注又叫尺寸链标注，用于产生一系列连续的尺寸标注，后一个尺寸标注均把前一个标注的第二条尺寸界线作为它的第一条尺寸界线。与基线标注一样，在使用连续标注方式之前，应该先标注出一个相关的尺寸。其标注过程与基线标注类似，如图4-35所示。

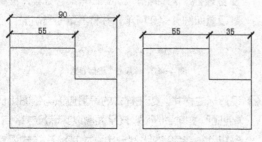

图4-34 基线标注   图4-35 连续标注

3. 快速标注

快速尺寸标注命令QDIM使用户可以交互、动态、自动化地进行尺寸标注。在QDIM命令中可以同时选择多个圆或圆弧标注直径或半径，也可同时选择多个对象进行基线标注和连续标注，选择一次即可完成多个标注，因此可节省时间，提高工作效率。

命令行：QDIM

菜单：标注→快速标注

工具栏：标注→快速标注 🖼

功能区：单击"注释"选项卡"标注"面板中的"快速标注"按钮 🖼

命令：QDIM ✓
关联标注优先级 = 端点
选择要标注的几何图形：✓（选择要标注尺寸的多个对象后回车）
指定尺寸线位置或 [连续（C）/并列（S）/基线（B）/坐标（O）/半径（R）/直径（D）/基准点（P）/编辑（E）/设置（T）] < 连续 >：✓

（1）指定尺寸线位置。直接确定尺寸线的位置，按默认尺寸标注类型标注出相应尺寸。

（2）连续（C）。产生一系列连续标注的尺寸。

（3）并列（S）。产生一系列交错的尺寸标注，如图4-36所示。

（4）基线（B）。产生一系列基线标注的尺寸。后面的"坐标（O）""半径（R）""直径（D）"含义与此类同。

（5）基准点（P）。为基线标注和连续标注指定一个新的基准点。

（6）编辑（E）。对多个尺寸标注进行编辑。系统允许对已存在的尺寸标注添加或移去尺寸点。选择此选项，AutoCAD提示如下。

指定要删除的标注点或 [添加（A）/退出（X）] <
退出 >：

在此提示下确定要移去的点之后按回车键，AutoCAD对尺寸标注进行更新。图4-37所示为删除中间4个标注点后的尺寸标注。

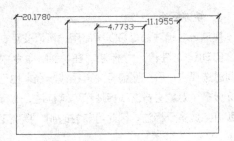

图 4-36 交错尺寸标注

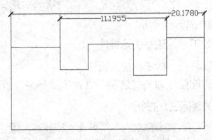

图 4-37 删除标注点

4. 引线标注

执行方式

命令行：QLEADER

操作步骤

命令：QLEADER ↙
指定第一个引线点或〔设置（S）〕<设置>：↙
指定下一点：↙（输入指引线的第二点）
指定下一点：↙（输入指引线的第三点）
指定文字宽度 <0.0000>：↙（输入多行文本的宽度）
输入注释文字的第一行 <多行文字（M）>：↙（输入单行文本或回车打开多行文字编辑器输入多行文本）
输入注释文字的下一行：↙（输入另一行文本）
输入注释文字的下一行：↙（输入另一行文本或回车）
用户也可以在上面操作过程中选择"设置（S）"项打开"引线设置"对话框进行相关参数设置，如图 4-38 所示。

图 4-38 "引线设置"对话框

另外还有一个名为 LEADER 的命令行命令也可以进行引线标注，与 QLEADER 命令类似，不再赘述。

4.3.3 实例——为户型平面图标注尺寸

绘制如图 4-39 所示的户型平面图并标注尺寸，具体操作步骤如下。

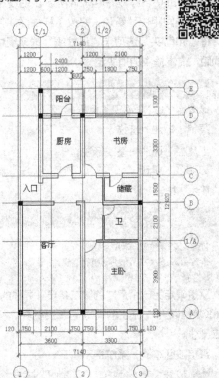

图 4-39 为户型平面图标注尺寸

STEP 绘制步骤

❶ 打开文件并新建图层。打开"源文件／第4章／户型平面图"文件，单击"默认"选项卡"图层"面板中的"图层特性"按钮，弹出"图层特性管理器"对话框，建立"尺寸"图层，其参数设置如图 4-40 所示，并将其置为当前层。

图 4-40 "尺寸"图层参数

❷ 设置标注样式。标注样式的设置应该与绘图比例相匹配。如前面所述，该平面图以实际尺寸绘制，并以 1：100 的比例输出，故其标注样式设置如下。

（1）选择菜单栏中的"格式"→"标注样式"命

令，在打开的"标注样式管理器"对话框中单击"新建"按钮，打开"创建新标注样式"对话框，如图 4-41 所示。在该对话框中，将新建标注样式命名为"建筑"，然后单击"继续"按钮。

图 4-41 "创建新标注样式：建筑"对话框参数设置

（2）打开"新建标注样式：建筑"对话框，按照图 4-42 所示逐项进行设置，然后单击"确定"按钮。返回"标注样式管理器"对话框后，在"样式"列表框中选择"建筑"，单击"置为当前"按钮，将其设为当前标注样式，如图 4-43 所示。

❸ 标注尺寸。在此以图 4-39 所示底部的尺寸标注为例进行介绍。该部分尺寸分为三道：第一道为墙体宽度及门窗宽度；第二道为轴线间距；第三道为总尺寸。

（1）第一道尺寸的绘制。

① 单击"默认"选项卡"注释"面板中的"线性标注"按钮 ├┤，命令行提示与操作如下。

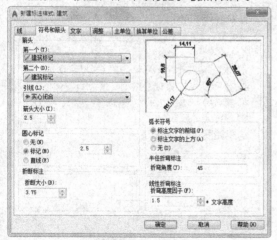

(a) "符号和箭头"选项卡

图 4-42 "新建标注样式：建筑"对话框参数设置

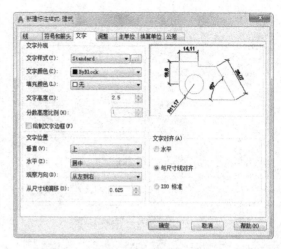

(b) "文字"选项卡

(c) "调整"选项卡

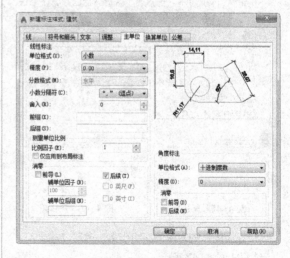

(d) "主单位"选项卡

图 4-42 "新建标注样式：建筑"对话框参数设置（续）

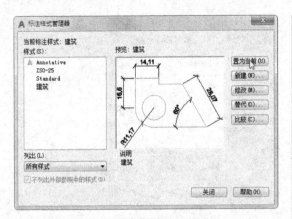

图4-43　将"建筑"样式置为当前

命令：_dimlinear ✓
指定第一条尺寸界线原点或 ＜选择对象＞：✓（打开
"对象捕捉"功能，单击图4-44中的A点）
指定第二条尺寸界线原点：✓（捕捉B点）
指定尺寸线位置或[多行文字（M）/文字（T）/
角度（A）/水平（H）/垂直（V）/旋转（R）]：
@0,-1200 ✓

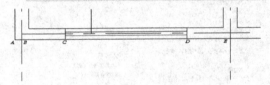

图4-44　捕捉点示意图

结果如图4-45所示。

② 重复执行"线性标注"命令，标注尺寸。命令行提示与操作如下。

命令：_dimlinear ✓
指定第一条尺寸界线原点或 ＜选择对象＞：✓（单击
图4-44中的B点）
指定第二条尺寸界线原点：✓（捕捉C点）
指定尺寸线位置或[多行文字（M）/文字（T）/
角度（A）/水平（H）/垂直（V）/旋转（R）]：
@0,-1200 ✓（按Enter键；也可以直接捕捉上一
道尺寸线位置）

结果如图4-46所示。

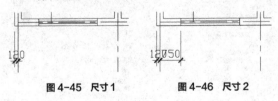

图4-45　尺寸1　　　　图4-46　尺寸2

③ 采用同样的方法依次绘出第一道尺寸的全部，结果如图4-47所示。

此时发现图4-46中的尺寸"120"跟"750"字样出现重叠，需要将其移开。单击"120"，则该尺寸处于选中状态；再用鼠标单击中间的蓝色方块标记，将"120"字样移至外侧适当位置后，单击"确定"按钮。采用同样的办法处理右侧的"120"字样，结果如图4-48所示。

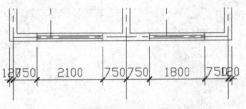

图4-47　尺寸3

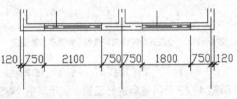

图4-48　第一道尺寸

> 说明　处理字样重叠的问题，也可以在标注样式中进行相关设置，这样计算机会自动处理，但处理效果有时不太理想。此外，还可以单击"标注"工具栏中的"编辑标注文字"按钮来调整文字位置，读者可以试一试。

（2）第二道尺寸的绘制。

单击"默认"选项卡"注释"面板中的"线性标注"按钮，命令行提示与操作如下。

命令：_dimlinear ✓
指定第一条尺寸界线原点或 ＜选择对象＞：✓（捕捉
图4-49中的A点）
指定第二条尺寸界线原点：✓（捕捉B点）
指定尺寸线位置或[多行文字（M）/文字（T）/
角度（A）/水平（H）/垂直（V）/旋转（R）]：
@0,-800 ✓

结果如图4-50所示。

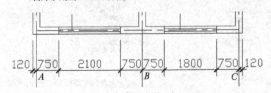

图4-49　捕捉点示意图

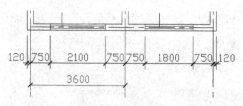

图 4-50 轴线尺寸 1

重复执行上述命令，分别捕捉 *B*、*C* 点，完成第二道尺寸的绘制，结果如图 4-51 所示。

（3）第三道尺寸的绘制。

单击"默认"选项卡"注释"面板中的"线性标注"按钮⊢⊣，命令行提示与操作如下。

```
命令：_dimlinear ✓
指定第一条尺寸界线原点或 <选择对象>：✓（捕捉左下角的外墙角点）
指定第二条尺寸界线原点：✓（捕捉右下角的外墙角点）
指定尺寸线位置或[多行文字（M）/文字（T）/角度（A）/水平（H）/垂直（V）/旋转（R）]：
@0,-2800 ✓
```

结果如图 4-52 所示。

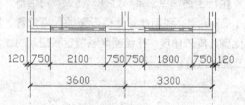

图 4-51 第二道尺寸

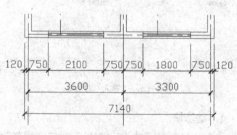

图 4-52 第三道尺寸

❹ 轴号标注

根据规范要求，横向轴号一般用阿拉伯数字 1、2、

3……标注，纵向轴号一般用字母 *A*、*B*、*C*……标注。

（1）在轴线端绘制一个直径为 800 的圆，在其中央标注一个数字"1"，字高为 300，如图 4-53 所示。将该轴号图例复制到其他轴线端，并修改圈内的数字。

（2）双击数字，打开多行文字编辑器（图 4-54），输入修改的数字，然后单击"确定"按钮。

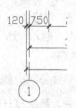

图 4-53 轴号 1

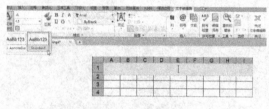

图 4-54 多行文字编辑器

（3）轴号标注结束后，下方尺寸标注结果如图 4-55 所示。

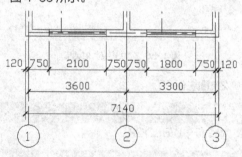

图 4-55 下方尺寸标注结果

（4）采用上述整套的尺寸标注方法，将其他方向的尺寸标注完成，结果如图 4-39 所示。

4.4 图块及其属性

把一组图形对象组合成图块加以保存，需要的时候可以把图块作为一个整体以任意比例和旋转角度插入到图中任意位置，这样不仅避免了大量的重复工作，提高绘图速度和工作效率，而且可大大节省磁盘空间。

4.4.1 | 图块操作

1. 图块定义

命令行：BLOCK

菜单：绘图→块→创建

工具栏：绘图→创建块 🔲

功能区：单击"插入"选项卡"块定义"面板中的"创建块"按钮 🔲

执行上述命令，系统打开图4-56所示的"块定义"对话框，利用该对话框指定定义对象和基点以及其他参数，可定义图块并命名。

图4-56　"块定义"对话框

2. 图块保存

命令行：WBLOCK

执行上述命令，系统打开如图4-57所示的"写块"对话框。利用此对话框可把图形对象保存为图块或把图块转换成图形文件。

以BLOCK命令定义的图块只能插入到当前图形。以WBLOCK保存的图块则既可以插入到当前图形，也可以插入到其他图形。

3. 图块插入

命令行：INSERT

菜单：插入→块

图4-57　"写块"对话框

工具栏：插入→插入块 🔲 或 绘图→插入块 🔲

功能区：单击"插入"选项卡"块"面板中的"插入块"按钮 🔲

执行上述命令，系统打开"插入"对话框，如图4-58所示。利用此对话框设置插入点位置、插入比例、旋转角度、在绘图区域指定要插入的图块以及插入位置。

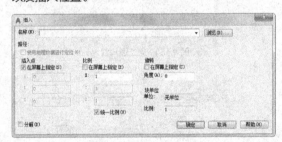

图4-58　"插入"对话框

4. 动态块

动态块具有灵活性和智能性。用户在操作时可以轻松地更改图形中的动态块参照，可以通过自定义夹点或自定义特性来操作动态块参照中的几何图形。这使得用户可以根据需要调整块的位置，而不用搜索另一个块插入或重定义现有的块。

用户可以使用块编辑器创建动态块。块编辑器是一个专门的编写区域，用于添加能够使块成为动态块的元素。用户可以从头创建块，可以向现有的块定义中添加动态行为，也可以像在绘图区域中一样创建几何图形。

执行方式

命令行：BEDIT

菜单：工具→块编辑器

工具栏：标准→块编辑器

功能区：单击"默认"选项卡"块"面板中的"块编辑器"按钮

操作步骤

系统打开"编辑块定义"对话框，如图4-59所示。在"要创建或编辑的块"文本框中输入块名或在列表框中选择已定义的块或当前图形。确认后系统打开块编写选项板和"块编辑器"工具栏，如图4-60所示。

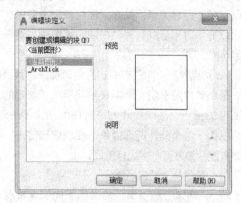

图4-59 "编辑块定义"对话框

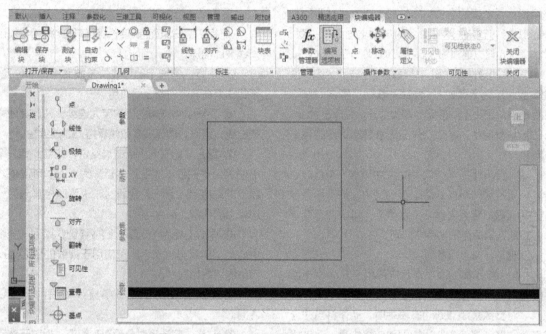

图4-60 块编辑状态绘图平面

选项说明

块编写选项板有4个选项卡。

（1）"参数"选项卡。提供用于向块编辑器中的动态块定义中添加参数的工具。参数用于指定几何图形在块参照中的位置、距离和角度。将参数添加到动态块定义中时，该参数将定义块的一个或多个自定义特性。此选项卡也可以通过命令BPARAMETER来打开。

① 点参数。将向动态块定义中添加一个点参数，并定义块参照的自定义X和Y特性。点参数定义图形中的X和Y位置。在块编辑器中，点参数类似于一个坐标标注。

② 可见性参数。向动态块定义中添加一个可见性参数，并定义块参照的自定义可见性特性。可见性参数允许用户创建可见性状态并控制对象在块中的可见性。可见性参数总是应用于整个块，并且无须与任何动作相关联。在图形中单击夹点可以显示块参照中所有可见性状态的列表。在块编辑器中，可见性参数显示为带有关联夹点的文字。

③ 查寻参数。向动态块定义中添加一个查寻参数，并定义块参照的自定义查寻特性。查寻参数用于定义自定义特性，用户可以指定或设置该特性，

97

以便从定义的列表或表格中计算出某个值。该参数可以与单个查寻夹点相关联。在块参照中单击该夹点可以显示可用值的列表。在块编辑器中，查寻参数显示为文字。

④ 基点参数。向动态块定义中添加一个基点参数。基点参数用于定义动态块参照相对于块中的几何图形的基点。基点参数无法与任何动作相关联，但可以属于某个动作的选择集。在块编辑器中，基点参数显示为带有十字光标的圆。

其他参数与上面各项类似，不再赘述。

（2）"动作"选项卡。提供用于向块编辑器中的动态块定义中添加动作的工具。动作定义了在图形中操作块参照的自定义特性时，动态块参照的几何图形将如何移动或变化。应将动作与参数相关联。此选项卡也可以通过命令BACTIONTOOL来打开。

① 移动动作。在用户将移动动作与点参数、线性参数、极轴参数或XY参数关联时，将该动作添加到动态块定义中。移动动作类似于 MOVE 命令。在动态块参照中，移动动作使对象移动指定的距离和角度。

② 查寻动作。向动态块定义中添加一个查寻动作。将查寻动作添加到动态块定义中并将其与查寻参数相关联。它将创建一个查寻表，可以使用查寻表指定动态块的自定义特性和值。

其他动作与上面各项类似。

（3）"参数集"选项卡。提供用于在块编辑器中向动态块定义中添加一个参数和至少一个动作的工具。将参数集添加到动态块中时，动作将自动与参数相关联。将参数集添加到动态块中后，双击黄色警示图标（或使用 BACTIONSET 命令），然后按照命令行上的提示将动作与几何图形选择集相关联。此选项卡也可以通过命令BPARAMETER来打开。

① 点移动。向动态块定义中添加一个点参数。系统会自动添加与该点参数相关联的移动动作。

② 线性移动。向动态块定义中添加一个线性参数。系统会自动添加与该线性参数的端点相关联的移动动作。

③ 可见性集。向动态块定义中添加一个可见性参数并允许定义可见性状态。无须添加与可见性参数相关联的动作。

④ 查寻集。向动态块定义中添加一个查寻参数。系统会自动添加与该查寻参数相关联的查寻动作。

其他参数集与上面各项类似。

（4）"约束"选项卡。几何约束可将几何对象关联在一起，或者指定固定的位置或角度。

例如，用户可以指定某条直线应始终与另一条垂直、某个圆弧应始终与某个圆保持同心，或者某条直线应始终与某个圆弧相切。

① 水平。使直线或点对位于与当前坐标系的X轴平行的位置。默认选择类型为对象。

② 垂直。约束两条直线或多段线线段，使其夹角始终保持为90°。

③ 竖直。选择两个约束点而非一个对象。

④ 相切。约束两条曲线，使其彼此相切或其延长线彼此相切。

⑤ 平行。使选定的直线位于彼此平行的位置。平行约束在两个对象之间应用。

⑥ 平滑。将样条曲线约束为连续，并与其他样条曲线、直线、圆弧或多段线保持 G2 连续性。

⑦ 重合。约束两个点使其重合，或者约束一个点使其位于曲线（或曲线的延长线）上。可以使对象上的约束点与某个对象重合，也可以使其与另一对象上的约束点重合。

⑧ 同心。将两个圆弧、圆或椭圆约束到同一个中心点。结果与将重合约束应用于曲线的中心点所产生的结果相同。

⑨ 共线。使两条或多条直线段沿同一直线方向。

⑩ 对称。使选定对象受对称约束，相对于选定直线对称。

⑪ 相等。约束两条直线或多段线线段使其具有相同长度，或约束圆弧和圆使其具有相同半径值。

⑫ 固定。约束一个点或一条曲线，使其固定在相对于世界坐标系的特定位置和方向上。

4.4.2 图块的属性

1. 属性定义

执行方式

命令行：ATTDEF

菜单：绘图→块→定义属性

功能区：单击"默认"选项卡"块"面板中的"定义属性"按钮

操作步骤

执行上述命令，系统打开"属性定义"对话框，如图 4-61 所示。

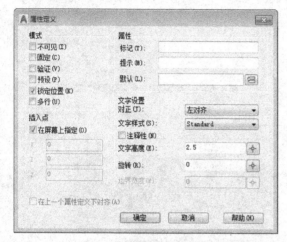

图 4-61 "属性定义"对话框

选项说明

（1）"模式"选项组。

①"不可见"复选框。选中此复选框，属性为不可见显示方式，即插入图块并输入属性值后，属性值在图中并不显示出来。

②"固定"复选框。选中此复选框，属性值为常量，即属性值在属性定义时给定，在插入图块时，AutoCAD 不再提示输入属性值。

③"验证"复选框。选中此复选框，当插入图块时，AutoCAD 重新显示属性值，让用户验证该值是否正确。

④"预设"复选框。选中此复选框，当插入图块时 AutoCAD 自动把事先设置好的默认值赋予属性，而不再提示输入属性值。

⑤"锁定位置"复选框。选中此复选框，当插入图块时，AutoCAD 锁定块参照中属性的位置。解锁后，属性可以相对于使用夹点编辑的块的其他部分移动，并且可以调整多行属性的大小。

⑥"多行"复选框。指定属性值可以包含多行文字。选中此复选框后，可以指定属性的边界宽度。

（2）"属性"选项组。

①"标记"文本框。输入属性标签。属性标签可由除空格和感叹号以外的所有字符组成。AutoCAD 自动把小写字母改为大写字母。

②"提示"文本框。输入属性提示。属性提示是插入图块时 AutoCAD 要求输入属性值的提示。如果不在此文本框内输入文本，则以属性标签作为提示。如果在"模式"选项组选中"固定"复选框，即设置属性为常量，则不需设置属性提示。

③"默认"文本框。设置默认的属性值。可把使用次数较多的属性值作为默认值，也可不设默认值。

其他各选项组比较简单，不再赘述。

2. 修改属性定义

执行方式

命令行：DDEDIT
菜单：修改→对象→文字→编辑

操作步骤

命令：DDEDIT ✓
选择注释对象或 [放弃（U）]：✓

在此提示下选择要修改的属性定义，AutoCAD 打开"编辑属性定义"对话框，如图 4-62 所示。可以在该对话框中修改属性定义。

图 4-62 "编辑属性定义"对话框

3. 编辑图块属性

执行方式

命令行：EATTEDIT
菜单：修改→对象→属性→单个
工具栏：修改 II →编辑属性

操作步骤

命令：EATTEDIT ✓
选择块：✓

选择块后，系统打开"增强属性编辑器"对话框，如图 4-63 所示。该对话框不仅可以编辑属性值，还可以编辑属性的文字选项和图层、线型、颜色等特性值。

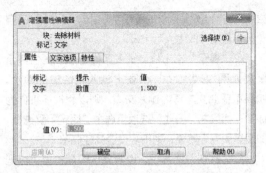

图4-63 "增强属性编辑器"对话框

4. 提取属性数据

提取属性信息可以方便地直接从图形数据中生成日程表或BOM表。新的向导使得此过程更加简单。

执行方式

命令行：EATTEXT

菜单：工具→数据提取

操作步骤

执行上述命令后，系统打开"数据提取—开始"对话框，如图4-64所示。单击"下一步"按钮，依次打开"数据提取—定义数据源"（图4-65）、"数据提取—选择对象"（图4-66）、"数据提取—选择特性"（图4-67）、"数据提取—优化数据"（图4-68）、"数据提取—选择输出"（图4-69）、"数据提取—表格样式"（图4-70）和"数据提取—完成"对话框（图4-71），依次在各对话框中对提取属性的各选项进行设置。其中在"数据提取—表格样式"（图4-70）对话框中可以设置或更改表格样式。设置完成后，系统生成包含提取数据的BOM表。

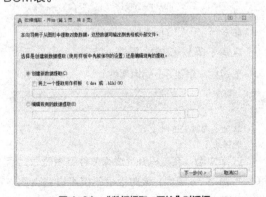

图4-64 "数据提取—开始"对话框

图4-65 "数据提取—定义数据源"对话框

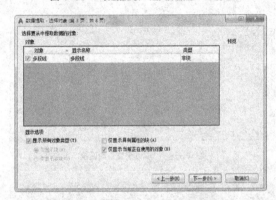

图4-66 "数据提取—选择对象"对话框

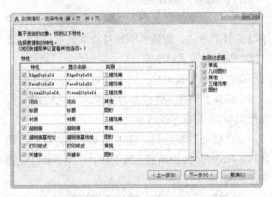

图4-67 "数据提取—选择特性"对话框

图4-68 "数据提取—优化数据"对话框

图 4-69 "数据提取—选择输出"对话框

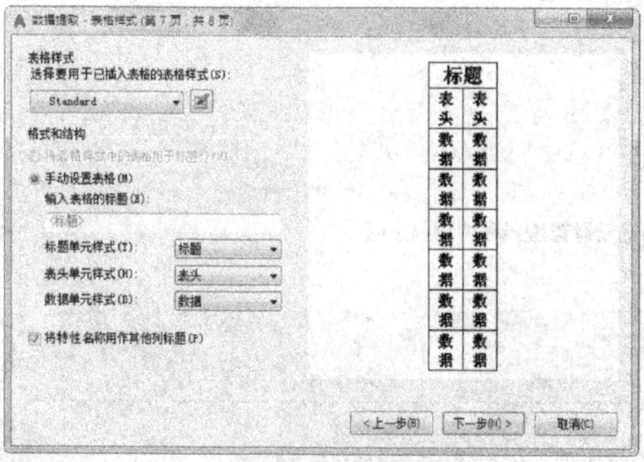

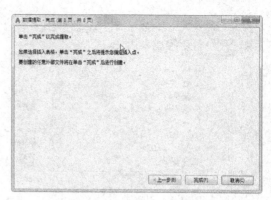

图 4-71 "数据提取—完成"对话框

图 4-70 "数据提取—表格样式"对话框

4.5 设计中心与工具选项板

使用 AutoCAD 设计中心可以很容易地组织设计内容,并把它们拖动到当前图形中。工具选项板是"工具选项板"窗口中选项卡形式的区域,是组织、共享和放置块及填充图案的有效方法。工具选项板还可以包含由第三方开发人员提供的自定义工具,也可以利用设计中的组织内容,并将其创建为工具选项板。设计中心与工具选项板的使用大大方便了绘图,提高了绘图的效率。

4.5.1 设计中心

1. 启动设计中心

命令行:ADCENTER

菜单:工具→选项板→设计中心

工具栏:标准→设计中心 🈯

快捷键:CTRL+2

功能区:单击"视图"选项卡"选项板"面板中的"设计中心"按钮 🈯

执行上述命令,系统打开设计中心。第一次启动设计中心时,它默认打开的选项卡为"文件夹"。内容显示区采用大图标显示,左边的资源管理器采用 tree view 显示方式显示系统的树形结构,浏览资源的同时,在内容显示区显示所浏览资源的有关细目或内容,如图 4-72 所示。用户也可以搜索资源,方法与 Windows 资源管理器类似。

2. 利用设计中心插入图形

设计中心一个最大的优点是,它可以将系统文件夹中的 DWG 图形当成图块插入到当前图形中去。具体方法如下。

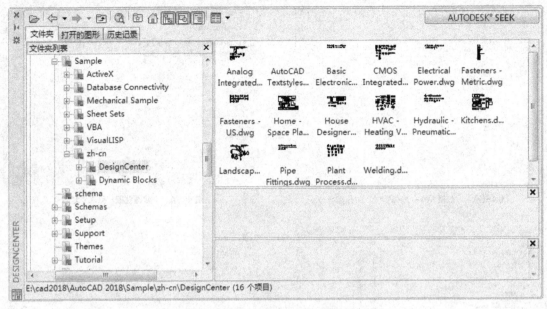

图 4-72　AutoCAD 2018 设计中心的资源管理器和内容显示区

（1）从文件夹列表或查找结果列表框中选择要插入的对象，拖动对象到打开的图形。

（2）在相应的命令行提示下输入比例和旋转角度等数值。

被选择的对象根据指定的参数插入到图形当中。

4.5.2 工具选项板

1. 打开工具选项板

操作格式

命令行：TOOLPALETTES

菜单：工具→选项板→工具选项板

工具栏：标准→工具选项板→工具选项板窗口

快捷键：CTRL+3

功能区：单击"视图"选项卡"选项板"面板中的"工具选项板"按钮

操作步骤

执行上述命令，系统自动打开工具选项板窗口，如图4-73所示。该工具选项板上有系统预置的3个选项卡。可以右击鼠标，在系统打开的快捷菜单中选择"新建选项板"命令，如图4-74所示。系统新建一个空白选项板，可以命名该选项板，如图4-75所示。

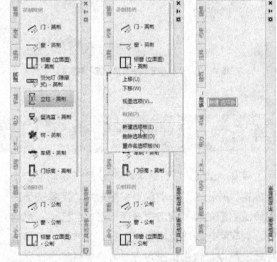

图 4-73　工具　　图 4-74　快捷菜单　　图 4-75　新建
选项板窗口　　　　　　　　　　　　　　　　选项板

2. 将设计中心内容添加到工具选项板

在DesignCenter文件夹上右击鼠标，系统打开右键快捷菜单，从中选择"创建块的工具选项板"命令，如图4-76所示。设计中心储存的图形单元就出现在工具选项板中新建的DesignCenter选项卡上，如图4-77所示。这样就可以将设计中心与工具选项板结合起来，建立一个快捷方便的工具选项板。

图 4-76 快捷菜单

图 4-77 创建工具选项板

3. 利用工具选项板绘图

只需要将工具选项板中的图形单元拖动到当前图形，该图形单元就以图块的形式插入到当前图形中。如图 4-78 所示，就是将工具选项板中"办公室样例"选项卡中的图形单元拖动到当前图形绘制的办公室布置图。

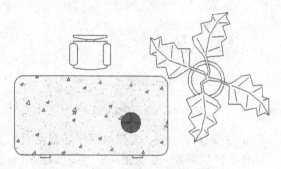

图 4-78 办公室布置图

4.6 综合实例——绘制 A2 图框

绘制如图 4-79 所示的 A2 图框，具体操作步骤如下。

扫一扫

图 4-79 绘制 A2 图框

STEP 绘制步骤

❶ 设置单位和图形边界。

① 打开 AutoCAD 程序，则系统自动建立新图形文件。

② 选择菜单栏中的"格式"→"单位"命令，系统打开"图形单位"对话框，如图 4-80 所示。设置"长度"的类型为"小数"，"精度"为 0；"角度"的类型为"十进制度数"，"精度"为 0，系统默认逆时针方向为正，单击"确定"按钮。

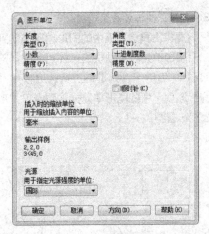

图4-80 "图形单位"对话框

③ 设置图形边界。国标对图纸的幅面大小作了严格规定，在这里，不妨按国标A3图纸幅面设置图形边界。A2图纸的幅面为594mm×420mm，选择菜单栏中的"格式"→"图层界限"命令，命令行中的提示与操作如下。

```
命令: LIMITS ✓
重新设置模型空间界限:
指定左下角点或 [开(ON)/关(OFF)] <0.0000,
0.0000>: ✓
指定右上角点 <12.0000,9.0000>: 594, 420 ✓
```

❷ 设置文本样式。选择菜单栏中的"格式"→"文字样式"命令，打开"文字样式"对话框，如图4-81所示。单击"新建"按钮，打开"新建文字样式"对话框，如图4-82所示，将字体和高度分别进行设置。

图4-81 "文字样式"对话框

图4-82 "新建文字样式"对话框

❸ 绘制图框。单击"默认"选项卡"绘图"面板中的"多段线"按钮 ⌒，将线宽设置为100，绘制长为56000、宽为40000的矩形，如图4-83所示。

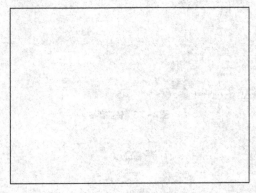

图4-83 绘制矩形

> 说明 国家标准规定A2图纸的幅面大小是594mm×420mm，这里留出了带装订边的图框到图纸边界的距离。

❹ 单击"默认"选项卡"修改"面板中的"偏移"按钮 ⌒，将右侧竖直直线向左偏移，偏移距离为6000，如图4-84所示。

❺ 单击"默认"选项卡"修改"面板中的"偏移"按钮 ⌒，将上侧水平直线向下偏移，偏移距离为9950、10050、800、800、800、800、800、800、800、800、800、800、800、2000、2000、4000、800、800、800和800。然后单击"默认"选项卡"绘图"面板中的"直线"按钮 ／和"修改"面板中的"分解"按钮 ⌒，绘制竖直直线，并将部分多段线分解，如图4-85所示。

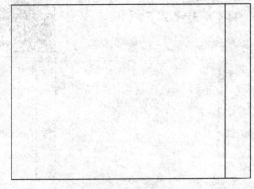

图4-84 偏移竖直直线

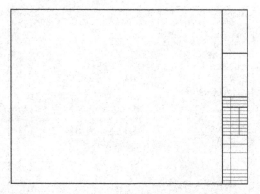

图 4-85 偏移直线

❻ 单击"默认"选项卡"注释"面板中的"多行文字"
按钮A，在合适的位置处绘制文字，如图 4-86
所示。

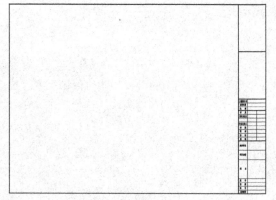

图 4-86 绘制文字

❼ 绘制会签栏。单击"默认"选项卡"绘图"面板
中的"多段线"按钮，绘制长为 7500、宽
为 2100 的矩形，如图 4-87 所示。

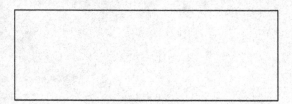

图 4-87 绘制多段线

❽ 单击"默认"选项卡"修改"面板中的"偏移"
按钮，将左侧竖直直线向右偏移 1875、
1875、1875 和 1875，将上侧水平直线向下偏
移，偏移距离为 700、700 和 700，单击"默认"
选项卡"修改"面板中的"分解"按钮，将
偏移的多段线分解，如图 4-88 所示。

❾ 单击"默认"选项卡"注释"面板中的"多行
文字"按钮A，在表内输入文字，如图 4-89
所示。

图 4-88 偏移直线

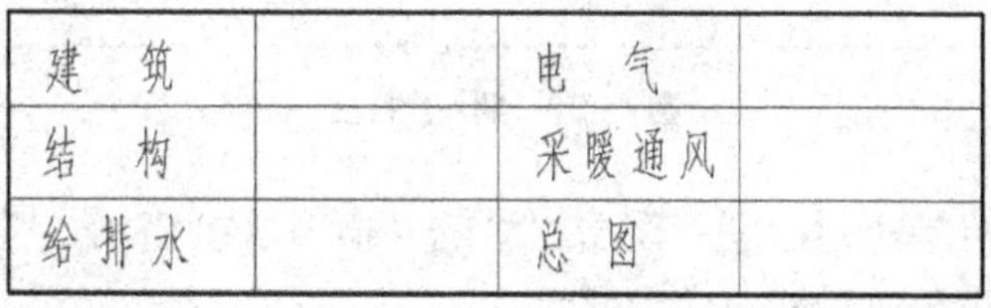

图 4-89 输入文字

❿ 单击"默认"选项卡"块"面板中的"创建块"
按钮，打开"块定义"对话框，将会签栏创
建为块，如图 4-90 所示。

图 4-90 创建块

⓫ 单击"默认"选项卡"块"面板中的"插入"按
钮，打开"插入"对话框，如图 4-91 所示，
将角度设置为 90°，并将其插入到图中合适的
位置，如图 4-92 所示。

图 4-91 "插入"对话框

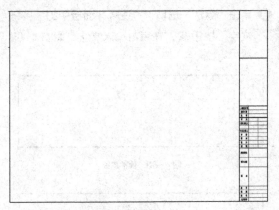

图 4-92　插入会签栏

图 4-93　保存块

⓬ 单击"绘图"工具栏中的"矩形"按钮 ▭，在外侧绘制一个矩形。

⓭ 在命令行中输入"WBLOCK"命令，打开"写块"对话框，将 A2 图框保存为块，以便以后调用，如图 4-93 所示。

第二篇　建筑施工图篇

本篇导读：

　　本篇主要结合某普通单元住宅实例讲解利用 AutoCAD 2018 进行各种建筑设计的操作步骤、方法技巧等，包括总平面图、平面图、立面图、剖面图和建筑详图设计等知识。本篇内容通过实例加深读者对 AutoCAD 功能的理解和掌握，熟悉各种类型建筑图样绘制的方法。

内容要点：

◆ 建筑设计基本知识
◆ 绘制建筑总平面图
◆ 绘制建筑平面图
◆ 绘制建筑立面图
◆ 绘制建筑剖面图
◆ 绘制建筑详图

第 5 章

建筑设计基本知识

在本章中，主要介绍了建筑设计的基本理论和建筑制图的基本概念、规范和特点，根据建筑制图常见的错误辨析，进一步加深对建筑知识的学习。

知识点

- 建筑设计基本理论
- 建筑设计基本方法
- 建筑制图基本知识
- 建筑制图常见错误辨析

5.1 建筑设计基本理论

本节将简要介绍有关建筑设计的基本概念、规范和特点。

5.1.1 建筑设计概述

建筑设计是为人类建立生活环境的综合艺术和科学，是一门涵盖极广的专业。建筑设计从总体上说由三大阶段构成，即方案设计、初步设计和施工图设计。方案设计主要是构思建筑的总体布局，包括各个功能空间的设计、高度、层高、外观造型等内容；初步设计是对方案设计的进一步细化，确定建筑的具体尺度和大小，包括建筑平面图、建筑剖面图和建筑立面图等；施工图设计则是将建筑构思变成图纸的重要阶段，是建造建筑的主要依据，除包括建筑平面图、建筑剖面图和建筑立面图等外，还包括各个建筑大样图、建筑构造节点图，以及其他专业设计图纸，如结构施工图、电气设备施工图、暖通空调设备施工图等。总的来说，建筑施工图越详细越好，要准确无误。

在建筑设计中，需按照国家规范及标准进行设计，确保建筑的安全、经济、适用等，需遵守以下国家建筑设计规范。

（1）《房屋建筑制图统一标准》（GB/T 50001—2010）。

（2）《建筑制图标准》（GB/T 50104—2010）。

（3）《建筑内部装修设计防火规范》（GB 50222—1995）。

（4）《建筑工程建筑面积计算规范》（GB/T 50353—2013）。

（5）《民用建筑设计通则》（GB 50352—2005）。

（6）《建筑设计防火规范》（GB 50016—2014）。

（7）《建筑采光设计标准》（GB/T 50033—2001）。

（8）《建筑照明设计标准》（GB 50034—2014）。

（9）《汽车库、修车库、停车场设计防火规范》（GB 50067—2014）。

（10）《自动喷水灭火系统设计规范》（GB 50084—2017）。

（11）《公共建筑节能设计标准》（GB 50189—2014）。

> 说明　建筑设计规范中GB是国家标准，此外还有行业规范、地方标准等。

建筑设计是为人们工作、生活与休闲提供环境空间的综合艺术和科学。建筑设计与人们日常生活息息相关，从住宅到商场大楼，从写字楼到酒店，从教学楼到体育馆，无处不与建筑设计紧密联系，图5-1和图5-2所示为两种不同风格的建筑。

图5-1　高层商业建筑

图5-2　别墅建筑

5.1.2 建筑设计特点

建筑设计是根据建筑物的使用性质、所处环境和相应标准，运用物质技术手段和建筑美学原理，创造功能合理、舒适优美、满足人们物质和精神生活需要的室内外空间环境。设计构思时，需要运用物质技术手段，如各类装饰材料和设施设备等，还需要遵循建筑美学原理，综合考虑使用功能、结构施工、材料设备、造价标准等多种因素。

从设计者的角度来分析建筑设计的方法，主要有以下几点。

（1）总体推敲与细部深入。总体推敲是建筑设计应考虑的几个基本观点之一，是指有一个设计的全局观念。细部深入是指具体进行设计时，必须根据建筑的使用性质，深入调查、收集信息，掌握必要的资料和数据，从最基本的人体尺度、人流动线、活动范围和特点、家具与设备的尺寸，以及使用它们必需的空间等着手。

（2）里外、局部与整体协调统一。建筑室内外空间环境需要与建筑整体的性质、标准、风格，以及室外环境相协调统一，它们之间有着相互依存的密切关系，设计时需要从里到外、从外到里多次反复协调，从而使设计更趋完善合理。

（3）立意与表达。设计的构思、立意至关重要。可以说，一项设计，没有立意就等于没有"灵魂"，设计的难度也往往在于要有一个好的构思。一个较为成熟的构思，往往需要足够的信息量，有商讨和思考的时间，在设计前期和出方案过程中使立意、构思逐步明确，形成一个好的构思。

> **注意**　对于建筑设计来说，正确、完整，又有表现力地表达出建筑室内外空间环境设计的构思和意图，使建设者和评审人员能够通过图纸、模型、说明等，全面地了解设计意图，也是非常重要的。

建筑设计根据设计的进程，通常可以分为4个阶段，即准备阶段、方案阶段、施工图阶段和实施阶段。

（1）准备阶段。设计准备阶段主要是接受委托任务书，签订合同，或者根据标书要求参加投标；明确设计任务和要求，如建筑设计任务的使用性质、功能特点、设计规模、等级标准、总造价，以及根据任务的使用性质所需创造的建筑室内外空间环境氛围、文化内涵或艺术风格等。

（2）方案阶段。方案设计阶段是在设计准备阶段的基础上，进一步收集、分析、运用与设计任务有关的资料与信息，构思立意，进行初步方案设计，进而深入设计，进行方案的分析与比较。确定初步设计方案，提供设计文件，如平面图、立面图、透视效果图等，图5-3所示为某个项目建筑设计方案效果图。

（3）施工图阶段。施工图设计阶段是提供有关平面、立面、构造节点大样，以及设备管线图等施工图纸，满足施工的需要，图5-4所示为某个项目建筑平面施工图。

图5-3　建筑设计方案效果图

图5-4　建筑平面施工图

（4）实施阶段。设计实施阶段也就是工程的施工阶段。建筑工程在施工前，设计人员应向施工单位进行设计意图说明及图纸的技术交底；工程施工期间需按图纸要求核对施工实况，有时还需根据现场实况提出对图纸的局部修改或补充；施工结束时，会同质检部门和建设单位进行工程验收，图5-5所示为正在施工中的建筑。

> **注意**　为了使设计取得预期效果，建筑设计人员必须抓好设计各阶段的环节，充分重视设计、施工、材料、设备等各个方面，协调好与建设单位和施工单位之间的相互关系，在设计意图和构思方面取得沟通与共识，以期取得理想的设计工程成果。

图 5-5 施工中的建筑

一套工业与民用建筑的建筑施工图通常包括的图纸主要有以下几大类。

（1）建筑平面图（简称平面图）。建筑平面是按一定比例绘制的建筑的水平剖切图。通俗地讲，就是将一幢建筑窗台以上部分切掉，再将切面以下部分用直线和各种图例、符号直接绘制在纸上，以直观地表示建筑在设计和使用上的基本要求和特点。建筑平面图一般比较详细，通常采用较大的比例，如1：200、1：100和1：50，并标出实际的详细尺寸，图5-6所示为某建筑标准层平面图。

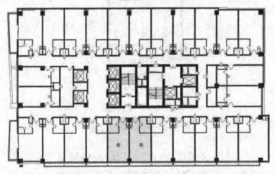

图 5-6 某建筑标准层平面图

（2）建筑立面图（简称立面图）。建筑立面图主要用来表达建筑物各个立面的形状和外墙面的装修等，是按照一定比例绘制建筑物的正面、背面和侧面的形状图，它表示的是建筑物的外部形式，说明建筑物长、宽、高的尺寸，表现楼地面标高、屋顶的形式、阳台位置和形式、门窗洞口的位置和形式、外墙装饰的设计形式、材料及施工方法等，图5-7所示为某建筑立面图。

（3）建筑剖面图（简称剖面图）。建筑剖面图是按一定比例绘制的建筑竖直方向剖切前视图，它表示建筑内部的空间高度、室内立面布置、结构和

构造等情况。在绘制剖面图时，应包括：各层楼面的标高、窗台、窗上口、室内净尺寸等；剖切楼梯应表明楼梯分段与分级数量；建筑主要承重构件的相互关系，画出房屋从屋面到地面的内部构造特征，如楼板构造、隔墙构造、内门高度、各层梁和板位置、屋顶的结构形式与用料等；注明装修方法，楼、地面做法，对所用材料加以说明，标明屋面做法及构造；各层的层高与标高，标明各部位高度尺寸等，图5-8所示为某建筑剖面图。

图 5-7 某建筑立面图

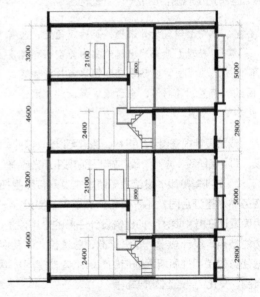

图 5-8 某建筑剖面图

（4）建筑大样图（简称详图）。建筑大样图主要用以表达建筑物的细部构造、节点连接形式，以及构件、配件的形状大小、材料、做法等。详图要用较大比例绘制（如1：20、1：5等），尺寸标注要准确齐全，文字说明要详细，图5-9所示为墙身（局部）详图。

（5）建筑透视效果图。除上述类型图形外，在

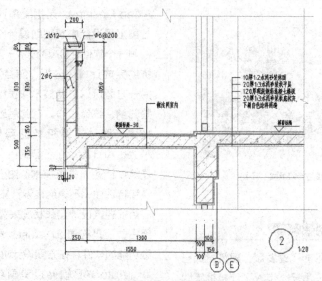

图 5-9　墙身（局部）详图

实际工程实践中，还需要经常绘制建筑透视图。尽管其不是施工图所要求的，但由于建筑透视图表示建筑物内部空间或外部形体与实际所能看到的建筑本身相类似的主体图像，它具有强烈的三度空间透视感，非常直观地表现了建筑的造型、空间布置、色彩和外部环境等多方面内容。可见，建筑透视图常在建筑设计和销售时作为辅助使用。从高处俯视的透视图又称作"鸟瞰图"或"俯视图"。建筑透视图一般要严格地按比例绘制，并进行绘制上的艺术加工，这种图通常被称为建筑表现图或建筑效果图。一幅绘制精美的建筑表现图就是一件艺术作品，具有很强的艺术感染力，图5-10所示为某建筑透视效果图。

> 说明　目前普遍采用计算机绘制效果图，其特点是透视效果逼真，可以复制多份。

图 5-10　建筑透视效果图

5.2　建筑设计基本方法

　　本节将介绍建筑设计的两种基本方法和其各自的特点。

5.2.1　手工绘制建筑图

　　建筑设计图纸对工程建设至关重要。如何把设计者的意图完整地表达出来，建筑设计图纸无疑是比较有效的方法。在计算机普及之前，建筑图的绘制最为常用的方式是手工绘制。手工绘制方法的最大优点是自然，随机性较大，容易体现个性和不同的设计风格，使人们领略到其所带来的真实性、实用性和趣味性的效果。其缺点是比较费时且不容易修改，

图5-11和图5-12所示为手工绘制的建筑效果图。

图 5-11　手工绘制的效果图（一）

图 5-12　手工绘制的效果图（二）

5.2.2 计算机绘制建筑图

随着计算机信息技术的飞速发展，建筑设计已逐步摆脱传统的图板和三角尺，步入了计算机辅助设计（CAD）时代。在国内，建筑效果图及施工图的设计，也几乎实现了使用计算机进行绘制和修改，图5-13和图5-14所示为计算机绘制的建筑效果图。

图 5-13　计算机绘制的建筑效果图（一）

图 5-14　计算机绘制的建筑效果图（二）

5.2.3 CAD 技术在建筑设计中的应用简介

1. CAD技术及AutoCAD软件

CAD即"计算机辅助设计"（Computer Aided Design），是指发挥计算机的潜力，使它在各类工程设计中起辅助设计作用的技术总称，不单指哪一个软件。CAD技术一方面可以在工程设计中协助完成计算、分析、综合、优化、决策等工作，另一方面可以协助技术人员绘制设计图纸，完成一些归纳、统计工作。在此基础上，还有一个CAAD技术，即"计算机辅助建筑设计"（Computer Aided Architectural Design），它是专门开发用于建筑设计的计算机技术。由于建筑设计工作的复杂性和特殊性（不像结构设计属于纯技术工作），就国内目前建筑设计实践状况来看，CAD技术的大量应用主要还是在图纸的绘制上面，但也有一些具有三维功能的软件，在方案设计阶段用来协助推敲。

AutoCAD软件是美国Autodesk公司开发研制的计算机辅助软件，它在世界工程设计领域使用相当广泛，目前已成功应用到建筑、机械、服装、气象、地理等领域。自1982年推出第一个版本以后，目前已升级至第20个版本，最新版本为AutoCAD 2018，如图5-15所示。AutoCAD是为我国建筑设计领域最早接受的CAD软件，几乎成了默认绘图软件，主要用于绘制二维建筑图形。此外，AutoCAD为客户提供了良好的二次开发平台，便于用户自行定制适于本专业的绘图格式和附加功能。目前，国内专门研制开发基于AutoCAD的建筑设计软件的公司就有好几家。

图 5-15　AutoCAD 2018

2. CAD软件在建筑设计各阶段的应用情况

建筑设计应用到的CAD软件较多，主要包括二维矢量图形绘制软件、方案设计推敲软件、建模及渲染软件、效果图后期制作软件等。

（1）二维矢量图形绘制。二维图形绘制包括总图、平立剖面图、大样图、节点详图等。AutoCAD

因其优越的矢量绘图功能，被广泛用于方案设计、初步设计和施工图设计全过程的二维图形绘制。方案阶段，它生成扩展名为.dwg的矢量图形文件，可以将它导入3DS MAX、3DVIZ等软件协助建模，如图5-16、图5-17所示。可以输出为位图文件，导入Photoshop等图像处理软件进一步制作平面表现图。

图5-18　SketchUpPro 2015

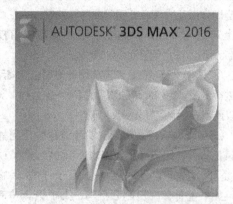

图5-16　3DS MAX 2016

图5-19　ArchiCAD 19

（3）建模及渲染。这里所说的建模，是指为制作效果图准备的精确模型。常见的建模软件有AutoCAD、3DS MAX、3DS VIZ等。 应用AutoCAD可以进行准确建模，但是它的渲染效果较差，一般需要导入3DS MAX、3DS VIZ等软件，并附材质、设置灯光、最后渲染，同时需要处理好导入前后的接口问题。3DS MAX和3DS VIZ都是功能强大的三维建模软件，二者的界面基本相同。不同的是，3DS MAX面向普遍的三维动画制作，而3DS VIZ是AutoDesk公司专门为建筑、机械等行业定制的三维建模及渲染软件，取消了建筑、机械行业不必要的功能，增加了门窗、楼梯、栏杆、树木等造型模块和环境生成器，3DSVIZ 4.2以上的版本还集成了Lightscape的灯光技术，弥补了3DS MAX的灯光技术的欠缺。3DS MAX、3DS VIZ具有良好的渲染功能，是建筑效果图制作的首选软件。

图5-17　Autodesk VIZ

（2）方案设计推敲。AutoCAD、3DS MAX、3DVIZ的三维功能可以用来协助体块分析和空间组合分析。此外，一些能够较为方便快捷地建立三维模型，便于在方案推敲时快速处理平、立、剖及空间之间关系的CAD软件正逐渐被设计者了解和接受，比如SketchUp、ArchiCAD等，如图5-18、图5-19所示，它们兼具二维、三维和渲染功能。

就目前的状况来看，3DS MAX、3DS VIZ建模仍然需要借助AutoCAD绘制的二维平、立、剖面图为参照来完成。

（4）后期制作。

① 效果图后期处理。模型渲染以后，图像一般都不十分完美，需要进行后期处理，包括修改、调色、配景、添加文字等。在此环节上，Adobe公司开发的Photoshop是一个首选的图像后期处理软件，如图5-20所示。

图 5-20　Photoshop CS6

此外，方案阶段用AutoCAD绘制的总图、平、立、剖面图及各种分析图也常在Photoshop中做套色处理。

② 方案文档排版。为了满足设计深度要求，满足建设方或标书的要求，同时也希望突出自己方案的特点，使自己的方案能够脱颖而出，方案文档排版工作是相当重要的。它包括封面、目录、设计说明制作以及方案设计图所在各页的制作。在此环节上可以用Adobe PageMaker，也可以直接用Photoshop或其他平面设计软件。

③ 演示文稿制作。若需将设计方案做成演示文稿进行汇报，比较简单的软件是Powerpoint，其次可以使用Flash、Authware等。

（5）其他软件。在建筑设计过程中还可能用到其他软件，比如文字处理软件Microsoft Word、数据统计分析软件Excel等。至于一些计算程序，如节能计算、日照分析等，则根据具体需要采用。

5.3　建筑制图基本知识

建筑设计图纸是交流设计思想、传达设计意图的技术文件。尽管AutoCAD 功能强大，但它毕竟不是专门为建筑设计定制的软件，一方面需要在用户的正确操作下才能实现其绘图功能，另一方面需要用户遵循统一制图规范，在正确的制图理论及方法的指导下来操作，才能生成合格的图纸。可见，即使在当今大量采用计算机绘图的形势下，仍然有必要掌握基本绘图知识。基于此，笔者在本节中将必备的制图知识做简单介绍，已掌握该部分内容的读者可跳过不阅。

2010）、《建筑制图标准》（GB/T 50104—2010）是建筑专业手工制图和计算机制图的依据。

2. 建筑制图程序

建筑制图的程序是与建筑设计的程序相对应的。从整个设计过程来看，按照设计方案图、初设图、施工图的顺序来进行。后面阶段的图纸在前一阶段的基础上作深化、修改和完善。就每个阶段来看，一般遵循平面、立面、剖面、详图的过程来绘制。至于每种图样的制图程序，将在后面章节结合AutoCAD操作来讲解。

5.3.1　建筑制图概述

1. 建筑制图的概念

建筑图纸是方案投标、技术交流和建筑施工的要件。建筑制图是根据正确的制图理论及方法，按照国家统一的建筑制图规范将设计思想和技术特征清晰、准确地表现出来。建筑图纸包括方案图、初设图、施工图等类型。国家标准《房屋建筑制图统一标准》（GB/T 50001—2010）、《总图制图标准》（GB/T 50103—

5.3.2　建筑制图的要求及规范

1. 图幅、标题栏及会签栏

图幅即图面的大小，分为横式和立式两种。根据国家标准的规定，按图面的长和宽的大小确定图幅的等级。建筑常用的图幅有A0（也称0号图幅，其余类推）、A1、A2、A3及A4，每种图幅的长宽尺寸见表5-1，表中的尺寸代号意义如图5-21和图5-22所示。

表5-1 图幅标准 单位：mm

尺寸代号	图幅代号				
	A0	A1	A2	A3	A4
$b \times l$	841×1189	594×841	420×594	297×420	210×297
c	10			5	
a	25				

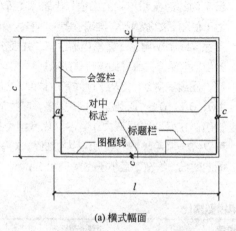

(a) 横式幅面   (b) 立式幅面

图 5-21 A0 ～ A3 图幅格式

A0~A3图纸可以在长边加长，但短边一般不应加长，长边加长尺寸如表5-2所示。如有特殊需要，可采用$b \times l$=841mm×891mm或1189mm×1261mm的幅面。

标题栏包括设计单位名称、工程名称区、签字区、图名区以及图号区等内容。一般标题栏格式如图5-23所示。如今不少设计单位采用自己个性化的标题栏格式，但是仍必须包括这几项内容。

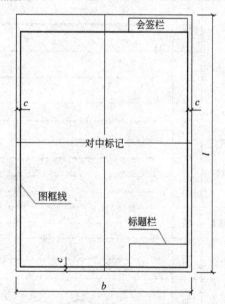

图 5-22 A4 立式图幅格式

表5-2 图纸长边加长尺寸 单位：mm

图幅	长边尺寸	长边加长后尺寸
A0	1189	1486、1635、1783、1932、2080、2230、2378
A1	841	1051、1261、1471、1682、1892、2102
A2	594	743、891、1041、1189、1338、1486、1635、1783、1932、2080
A3	420	630、841、1051、1261、1471、1682、1892

图 5-23 标题栏格式

会签栏是为各工种负责人审核后签名用的表格，它包括专业、实名、签名、日期等内容，如图 5-24 所示。对于不需要会签的图纸，可以不设此栏。

图 5-24 会签栏格式

此外，需要微缩复制的图纸，其一个边上应附有一段准确米制尺度，4 个边上均附有对中标志。米制尺度的总长应为 100mm，分格应为 10mm。对中标志应画在图纸各边长的中点处，线宽应为 0.35mm，伸入框内应为 5mm。

2. 线型要求

建筑图纸主要由各种线条构成，不同的线型表示不同的对象和不同的部位，代表着不同的含义。为了使图面能够清晰、准确、美观地表达设计思想，工程实践中采用了一套常用的线型，并规定了它们的使用范围，其统计如表 5-3 所示。

图线宽度 b，宜从下列线宽中选取：2.0、1.4、1.0、0.7、0.5、0.35。不同的 b 值，产生不同的线宽组。在同一张图纸内，各不同线宽组中的细线，可以统一采用较细的线宽组中的细线。对于需要微缩的图纸，线宽不宜小于或等于 0.18mm。

表 5-3 常用线型统计

名称		线型	线宽	适用范围
实线	粗		b	建筑平面图、剖面图、构造详图的被剖切主要构件截面轮廓线；建筑立面图外轮廓线、图框线、剖切线；总图中的新建建筑物轮廓
	中		$0.5b$	建筑平、剖面图中被剖切的次要构件的轮廓线；建筑平、立、剖面图构配件的轮廓线；详图中的一般轮廓线
	细		$0.25b$	尺寸线、图例线、索引符号、材料线及其他细部刻画用线等
虚线	中		$0.5b$	主要用于构造详图中不可见的实物轮廓线；平面图中的起重机轮廓；拟扩建的建筑物轮廓线
	细		$0.25b$	其他不可见的次要实物轮廓线
点画线	细		$0.25b$	轴线、构配件的中心线、对称线等
折断线	细		$0.25b$	省画图样时的断开界线
波浪线	细		$0.25b$	构造层次的断开界线，有时也表示省略画出的断开界线

3. 标注尺寸

标注尺寸的一般原则有以下几点。

（1）标注尺寸应力求准确、清晰、美观大方。同一张图纸中，标注风格应保持一致。

（2）尺寸线应尽量标注在图样轮廓线以外，从

内到外依次标注从小到大的尺寸，不能将大尺寸标在内，而小尺寸标在外，如图 5-25 所示。

（3）最内一道尺寸线与图样轮廓线之间的距离不应小于 10mm，两道尺寸线之间的距离一般为 7 ～ 10mm。

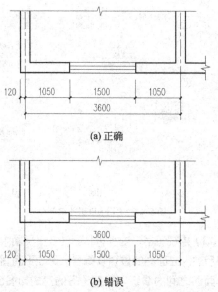

(a) 正确

(b) 错误

图 5-25 尺寸标注正误对比

（4）尺寸界线朝向图样的端头距图样轮廓的距离大于或等于 2mm，不宜直接与之相连。

（5）在图线拥挤的地方，应合理安排尺寸线的位置，但不宜与图线、文字及符号相交；可以考虑将轮廓线用作尺寸界线，但不能作为尺寸线。

（6）室内设计图中连续重复的构件等，当不易标明定位尺寸时，可在总尺寸的控制下，定位尺寸不用数值而用"均分"或"EQ"字样表示，如图 5-26 所示。

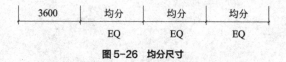

图 5-26 均分尺寸

4. 文字说明

在一幅完整的图纸中用图线方式表现得不充分和无法用图线表示的地方，就需要进行文字说明，例如，设计说明、材料名称、构配件名称、构造做法、统计表及图名等。文字说明是图纸内容的重要组成部分，制图规范对文字标注中的字体、字的大小、字体字号搭配等方面作了一些具体规定。

（1）一般原则。字体端正，排列整齐，清晰准确，美观大方，避免过于个性化的文字标注。

（2）字体。一般标注推荐采用仿宋字，大标题、图册封面、地形图等的汉字，也可书写成其他字体，但应易于辨认。

字型示例如下。

仿宋：室内设计（小四）

室内设计（四号）

室内设计（二号）

黑体：**室内设计**（四号）

室内设计（小二）

楷体：室内设计（四号）

室内设计（二号）

隶书：室内设计（三号）

室内设计（一号）

字母、数字及符号：0123456789abcdefghijk%@ 或

0123456789abcdefghijk%@

（3）字的大小。标注的文字高度要适中。同一类型的文字采用同一大小的字。较大的字用于概括性的说明内容，较小的字用于细致的说明内容。文字的字高，应从如下系列中选用：3.5、5、7、10、14、20。如需书写更大的字，其高度应按 $\sqrt{2}$ 的比值递增。注意字体及大小搭配的层次感。

5. 常用图示标志

（1）详图索引符号及详图符号。平、立、剖面图中，在需要另设详图表示的部位，标注一个索引符号，以表明该详图的位置，这个索引符号即详图索引符号。详图索引符号采用细实线绘制，圆圈直径为 10mm。如图 5-27 所示，图 5-27(d) ~ (g) 用于索引剖面详图，当详图就在本张图纸时，采用图 5-27(a) 的形式，详图不在本张图纸时，采用图 5-27(b) ~ (g) 的形式。

详图符号即详图的编号，用粗实线绘制，圆圈直径为 14mm，如图 5-28 所示。

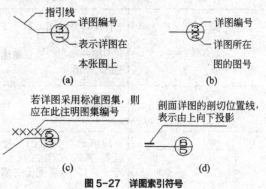

图 5-27 详图索引符号

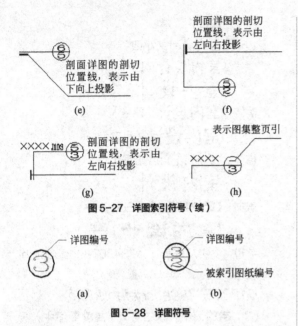

图 5-27 详图索引符号（续）

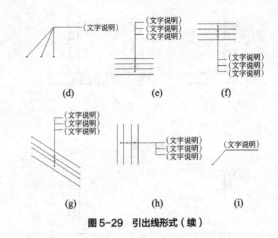

图 5-29 引出线形式（续）

（3）内视符号。内视符号标注在平面图中，用于表示室内立面图的位置及编号，建立平面图和室内立面图之间的联系。内视符号的形式如图5-30所示。图中立面图编号可用英文字母或阿拉伯数字表示，黑色的箭头表示立面方向。图5-30（a）为单向内视符号，图5-30（b）为双向内视符号，图5-30（c）为四向内视符号，A、B、C、D顺时针标注。

（a）　　　　　　　（b）　　　　　　　（c）

图 5-28 详图符号

（2）引出线。由图样引出一条或多条线段指向文字说明，该线段就是引出线。引出线与水平方向的夹角一般采用0°、30°、45°、60°、90°，常见的引出线形式如图5-29所示。图5-29(a) ～ (d)为普通引出线，图5-29（e）～（h）为多层构造引出线。使用多层构造引出线时，注意构造分层的顺序应与文字说明的分层顺序一致。文字说明可以放在引出线的端头，如图5-29（a）~（h）所示。也可放在引出线水平段之上，如图5-29（i）所示。

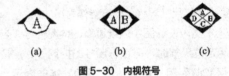

图 5-30 内视符号

其他常用符号图例如表5-4和表5-5所示。

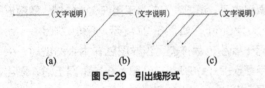

（a）　　　　　（b）　　　　　（c）

图 5-29 引出线形式

表5-4 建筑常用符号图例

符号	说明	符号	说明
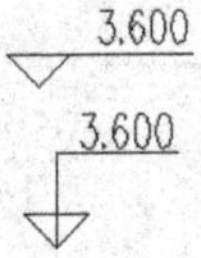 3.600 ▽ / 3.600 ▽	标高符号，线上数字为标高值，单位为m 下面一个在标注位置比较拥挤时采用	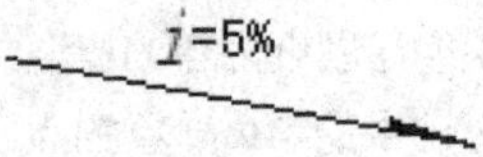 *i*=5%	表示坡度
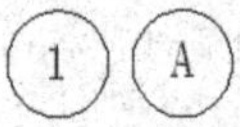 ① Ⓐ	轴线号	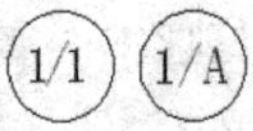 ①/1 ①/A	附加轴线号
1 　　　 1	标注剖切位置的符号，标数字的方向为投影方向，"1"与剖面图的编号"1-1"对应	2 　　　 2	标注绘制断面图的位置，标数字的方向为投影方向，"2"与断面图的编号"2-2"对应

续表

符号	说明	符号	说明
	对称符号。在对称图形的中轴位置画此符号,可以省画另一半图形		指北针
	方形坑槽		圆形坑槽
	方形孔洞		圆形孔洞
@	表示重复出现的固定间隔,例如,"双向木格栅@500"	ϕ	表示直径,如ϕ30
 平面图 1:100	图名及比例	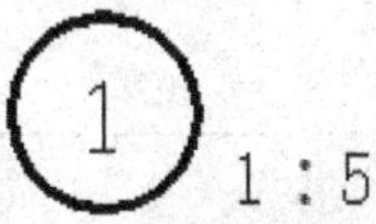 ① 1:5	索引详图名及比例
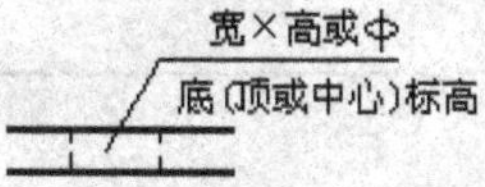 宽×高或φ 底(顶或中心)标高	墙体预留洞	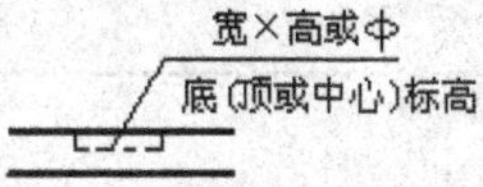 宽×高或φ 底(顶或中心)标高	墙体预留槽
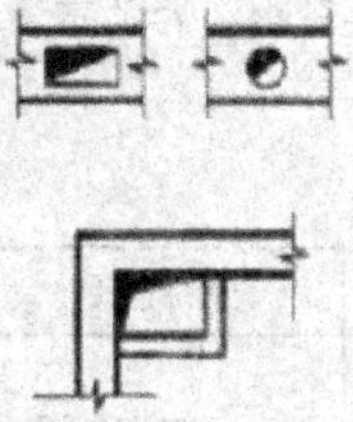	烟道	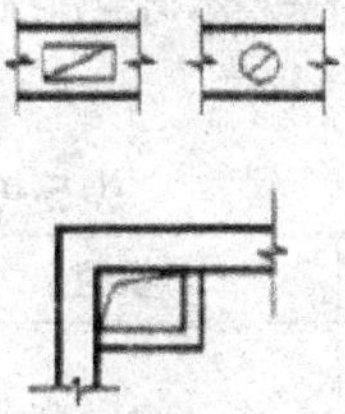	通风道

表5-5 总图常用符号图例

符号	说明	符号	说明
 X ▲	新建建筑物。粗线绘制。 需要时,表示出入口位置 ▲ 及层数X。 轮廓线以±0.00处外墙定位轴线或外墙皮线为准。 需要时,地上建筑用中实线绘制,地下建筑用细虚线绘制		原有建筑。细线绘制
	拟扩建的预留地或建筑物。中虚线绘制		新建地下建筑或构筑物。粗虚线绘制
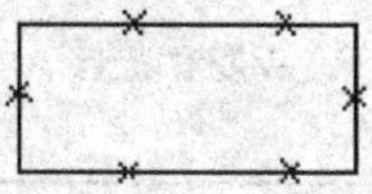	拆除的建筑物。用细实线表示	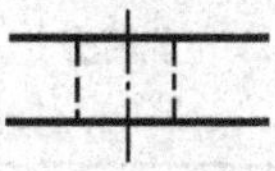	建筑物下面的通道

符号	说明	符号	说明
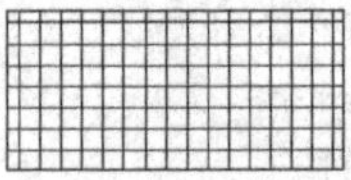	广场铺地	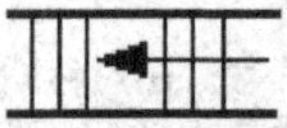	台阶，箭头指向表示向上
	烟囱。实线为下部直径，虚线为基础。 必要时，可注写烟囱高度和上下口直径		实体性围墙
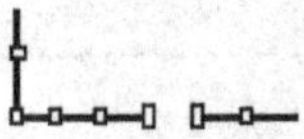	通透性围墙		挡土墙。被挡土在"突出"的一侧
	填挖边坡。边坡较长时，可在一端或两端局部表示		护坡。边坡较长时，可在一端或两端局部表示
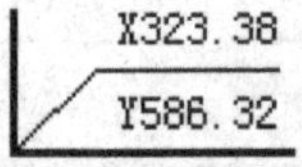 X323.38 Y586.32	测量坐标	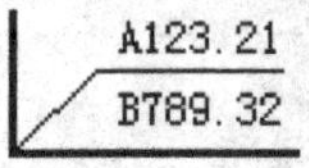 A123.21 B789.32	建筑坐标
 32.36(±0.00)	室内标高	 32.36	室外标高

6. 常用材料符号

建筑图中经常应用材料图例来表示材料，在无法用图例表示的地方，也采用文字说明。为了方便读者，我们将常用的图例汇集，如表5-6所示。

表5-6 常用材料图例

材料图例	说明	材料图例	说明
	自然土壤		夯实土壤
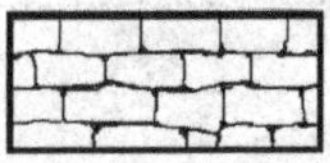	毛石砌体	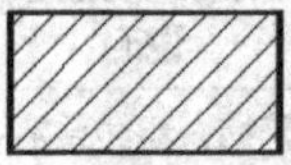	普通砖
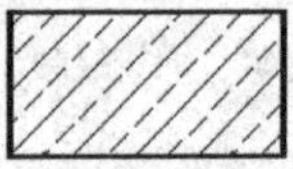	石材		砂、灰土
	空心砖		松散材料
	混凝土		钢筋混凝土

材料图例	说明	材料图例	说明
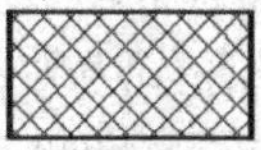	多孔材料	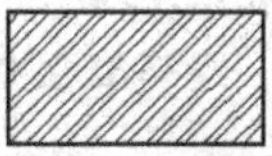	金属
	矿渣、炉渣		玻璃
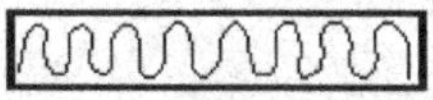	纤维材料		防水材料，上下两种根据绘图比例大小选用
	木材	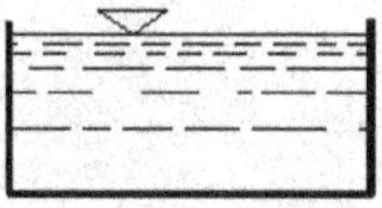	液体，需注明液体名称

7. 常用绘图比例

下面列出的常用绘图比例，读者根据实际情况灵活使用。

（1）总图。1：500，1：1000，1：2000。

（2）平面图。1：50，1：100，1：150，1：200，1：300。

（3）立面图。1：50，1：100，1：150，1：200，1：300。

（4）剖面图。1：50，1：100，1：150，1：200，1：300。

（5）局部放大图。1：10，1：20，1：25，1：30，1：50。

（6）配件及构造详图。1：1，1：2，1：5，1：10,1：15,1：20,1：25,1：30,1：50。

5.3.3 建筑制图的内容及编排顺序

1. 建筑制图内容

建筑制图的内容包括总图、平面图、立面图、剖面图、构造详图和透视图、设计说明、图纸封面、图纸目录等方面。

2. 图纸编排顺序

图纸编排顺序一般应为图纸目录、总图、建筑图、结构图、给水排水图、暖通空调图、电气图等。对于建筑专业，一般顺序为目录、施工图设计说明、附表（装修做法表、门窗表等）、平面图、立面图、剖面图、详图等。

5.4 建筑制图常见错误辨析

在建筑制图的过程中，有些人由于经验的欠缺或疏忽，容易出现一些错误，下面以一个简单的平面图为例讲解一下一些容易出现的错误，以引起读者的注意。

其中，图5-31为正确的建筑平面图，图5-32为对应的错误的图形。对比分析如下。

（1）①处问题是表示轴线序号的字母与数字位置出现错误。一般轴线序号的表示方法是纵向用字母，横向用数字。

（2）②处问题是尺寸标注终端出现错误，建筑制图中尺寸标注终端一般用斜线而不用箭头。

（3）③处问题是尺寸放置顺序错误，一般小尺寸在里，大尺寸在外。

（4）④处问题是尺寸线间隔不均匀，一般在建筑制图中，平行尺寸线之间的距离要大约相等。

（5）⑤处问题是漏标尺寸，结构长度表达不清楚。

（6）⑥处问题是结构图线遗漏。在建筑平面图中，假想剖切平面下的可见轮廓要完整绘制出来。

（7）⑦处问题是文字和示意图线没有绘制。在建筑制图中，有时一些必要的示意画法配合文字说明能够表达视图很难表达清楚的结构。

（8）⑧处问题是没有标注标高，标高是一种重要的尺寸，表达建筑结构的高度尺寸。

（9）⑨处问题是墙体宽度绘制错误。一般情况下，建筑外墙的宽度都是标准值（通常为240mm），并且各处宽度相等，只是有些不重要的内部隔墙的宽度可以相对小一些。

（10）⑩处问题是建筑设备和建筑单元的尺寸与整体大小不协调，电视柜相对整个房间和床而言，尺寸过大，显得不真实。

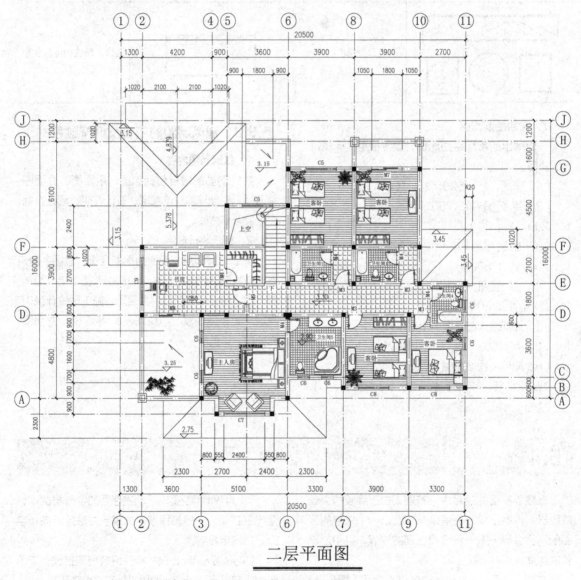

二层平面图

图 5-31　正确的建筑平面图

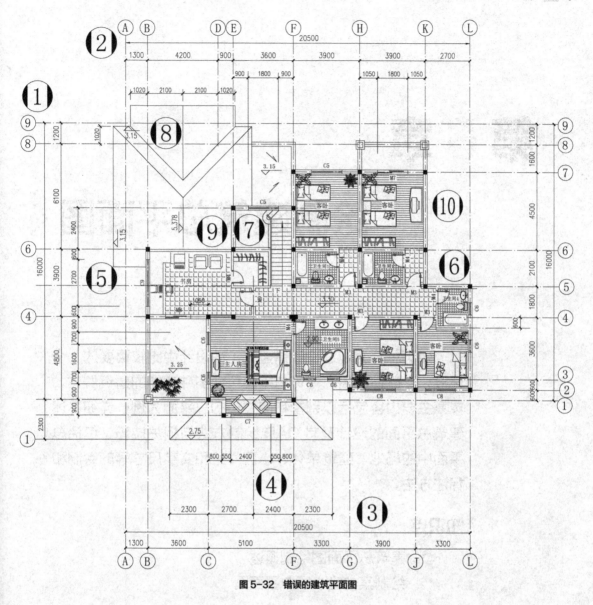

图 5-32 错误的建筑平面图

第6章

绘制建筑总平面图

建筑总平面规划设计是建筑工程设计中比较重要的一个环节，一般情况下，建筑总平面包含多种功能的建筑群体。本章主要内容包括以别墅和商住楼的总平面为例，详细论述建筑总平面的设计及其 CAD 绘制方法与相关技巧，包括总平面中的场地、建筑单体、小区道路和文字尺寸等的绘制和标注方法。

知识点

- 建筑总平面图绘制概述
- 绘制某住宅小区总平面图

6.1 建筑总平面图绘制概述

将拟建工程四周一定范围内的新建、拟建、原有的和拆除的建筑物、构筑物连同其周围的地形和地物情况，用水平投影的方法和相应的图例所画出的图样，称为总平面图或是总平面布置图。

下面介绍一下有关总平面图的理论基础知识。

6.1.1 总平面图概述

总平面图用来表达整个建筑基地的总体布局，新建建筑物及构筑物的位置、朝向及周边环境关系，这也是总平面图的基本功能。总平面专业设计成果包括设计说明书、设计图纸以及合同规定的鸟瞰图、模型等。总平面图只是其中的设计图纸部分，在不同的设计阶段，总平面图除了具备其基本功能外，还表达了设计意图的不同深度和倾向。

在方案设计阶段，总平面图着重体现新建建筑物的体积大小、形状及周边道路、房屋、绿地、广场和红线之间的空间关系，同时传达室外空间的设计效果。因此，方案图在具有必要的技术性的基础上，还应强调艺术性的体现。就目前情况来看，除了绘制CAD线条图外，还需对线条图进行套色、渲染处理或制作鸟瞰图、模型等。

在初步设计阶段，需要推敲总平面设计中涉及的各种因素和环节（如道路红线、建筑红线或用地界线、建筑控制高度、容积率、建筑密度、绿地率、停车位数以及总平面布局、周围环境、空间处理、交通组织、环境保护、文物保护、分期建设等），以及方案的合理性、科学性和可实施性，从而进一步准确落实各项技术指标，深化竖向设计，为施工图设计做准备。

6.1.2 建筑总平面图中的图例说明

（1）新建的建筑物。采用粗实线表示，如图6-1所示。需要时可以在右上角用点数或是数字来表示建筑物的层数，如图6-2和图6-3所示。

（2）旧有的建筑物。采用细实线来表示，如图6-4所示。同新建建筑物图例一样，也可以采用在右上角用点数或是数字来表示建筑物的层数。

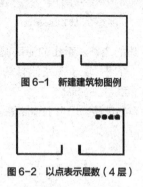

图6-1 新建建筑物图例

图6-2 以点表示层数（4层）

图6-3 以数字表示层数（16层）

（3）计划扩建的预留地或建筑物。采用虚线来表示，如图6-5所示。

（4）拆除的建筑物。采用打上叉号的细实线来表示，如图6-6所示。

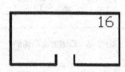

图6-4 旧有建筑物图例

图6-5 计划扩建的建筑物图例

图6-6 拆除的建筑物图例

（5）坐标。测量坐标图例如图6-7所示，施工坐标图例如图6-8所示。注意两种不同的坐标表示方法。

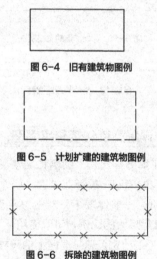

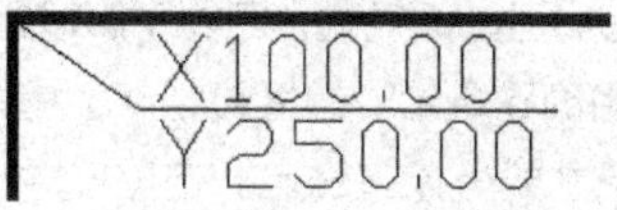

X100.00
Y250.00

图6-7 测量坐标图例

图 6-8　施工坐标图例

（6）新建的道路。新建的道路图例如图6-9所示。其中，"R8"表示道路的转弯半径为8m，"30.10"为路面中心的标高。

（7）旧有的道路。旧有的道路图例如图6-10所示。

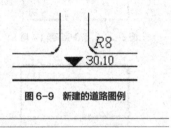

图 6-9　新建的道路图例

图 6-10　旧有的道路图例

（8）计划扩建的道路。计划扩建的道路图例如图6-11所示。

（9）拆除的道路。拆除的道路图例如图6-12所示。

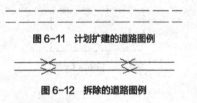

图 6-11　计划扩建的道路图例

图 6-12　拆除的道路图例

6.1.3 ｜ 详解阅读建筑总平面图

（1）了解图样比例、图例和文字说明。总平面图所体现的范围一般都比较大，所以要采用比较小的比例。一般情况下，对于总平面图来说，1：500算是最大的比例，可以使用1：1000或是1：2000的比例。总平面图上的尺寸标注，要以"m"为单位。

（2）了解工程的性质和地形地貌。例如，从等高线的变化可以知道地势的走向。

（3）了解建筑物周围的情况。例如，南边有池塘，其他方向有旧有的建筑物，还要了解道路的走向等。

（4）明确建筑物的位置和朝向。房屋的位置可以用定位尺寸或坐标来确定。定位尺寸应注出其与原建筑物或道路中心线的距离。当采用坐标来表示

建筑物的位置时，宜注出房屋的3个角的坐标。建筑物的朝向可以根据图中所画的风玫瑰图来确定。风玫瑰图中箭头的方向为北向。

（5）从图中所注的底层地面和等高线的标高，可知该区域的地势高低、雨水排向，并可以计算挖填土方的具体数量。

6.1.4 ｜ 标高投影知识

总平面图中的等高线就是一种立体的标高投影。所谓标高投影，就是在形体的水平投影上，以数字标注出各处的高度来表示形体的形状的一种图示方法。

众所周知，地形对建筑物的布置和施工都有很大的影响。一般情况下，都要对地形进行人工改造，如平整场地和修建道路等。所以要在总平面图上把建筑物周围的地形表示出来。如果还是采用原来的正投影、轴测投影等方法来表示，则无法表示出复杂地形的形状。因此，需要采用标高投影法来表示这种复杂的地形。

总平面图中的标高是绝对标高。所谓绝对标高，就是以我国青岛市外的黄海海平面作为零点来测定的高度尺寸。在标高投影中，一般通过画出立体上的平面或是曲面上的等高线来表示该立体。山地一般都是不规则的曲面，以一系列整数标高水平面与山地相截，把等高截交线正投影到水平面上，在所得的一系列不规则形状的等高线上标注相应的标高值即可。所得的图形一般称为地形图。

6.1.5 ｜ 绘制建筑总平面图的步骤

一般情况下，使用AutoCAD绘制总平面图的步骤如下。

1. 地形图的处理

地形图的处理包括地形图的插入、描绘、整理、应用等。地形图是总平面图绘制的基础，包括3个方面的内容：一是图廓处的各种标记；二是地物和地貌；三是用地范围。本书不详细介绍，读者可参看相关书籍。

2. 布置总平面

布置总平面包括建筑物、道路、广场、停车场、绿地、场地出入口等的布置，需要着重处理好它们之间的空间关系，及其与四邻、水体、地形之间的

关系。本章主要以某别墅和商住楼的方案设计总平面图为例进行介绍。

3. 添加各种文字及标注

添加各种文字及标注包括标注文字、尺寸、标高、坐标、图表、图例等。

4. 布图

布图包括插入图框、调整图面等。

6.2 绘制某住宅小区总平面图

住宅小区是一个城市和社会的缩影，其规划与建设的质量和水平，直接关系到人们的身心健康，影响到社会的秩序和安宁，反映着居民在生活和文化上的追求，关系到城市的面貌。将居住与建筑、社会生活品质相结合，可使住宅区成为城市的一道亮丽风景。为此，把自然中精美微妙而又富有朝气活力的意味用到设计的外形效果上去，然后合理有效地利用城市的有限资源，在"以人为本"的基础上，利用自然条件和人工手段将会创造一个舒适、健康的生活环境，使居民区与城市自然地融为一体。

扫一扫

建筑住宅小区时，要选择适合当地特点、设计合理、造型多样、舒适美观的住宅类型。为方便小区居民生活，住宅小区规划中要合理确定小区公共服务设施的项目、规模及其分布方式，做到公共服务设施项目齐全、设备先进、布点适当，与住宅联系方便。为适应经济的增长和人民群众物质生活水平的提高，规划中应合理确定小区道路走向及道路断面形式，步行与车行互不干扰，并且还应根据住宅小区居民的需求，合理确定停车场地的指标及布局。此外，住宅小区规划中还应满足居民对安全、卫生、经济和美观等的要求，合理组织小区居民室外休息活动的场地和公共绿地，创造宜人的居住生活环境。在绘图时，根据用地范围先绘制住宅小区的轮廓，再合理安排建筑单体，然后设置交通道路，标注相关的文字尺寸。

住宅小区是不同的建筑群体，例如，住宅小区包含住宅区、配套学校、绿地、社区活动中心和购物中心等建筑群体；商业小区则包括写字楼、百货商场和娱乐中心等建筑群体。图6-13~图6-15所示是国内常见的住宅小区的总平面规划图和三维效果图。

本节将介绍如图6-16所示的住宅小区建筑规划总平面图的CAD绘制方法与相关技巧。

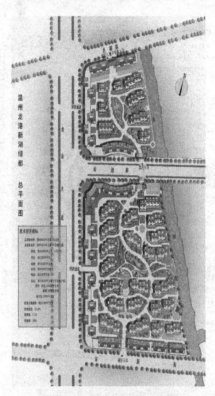

图 6-13　某住宅小区总平面图

图 6-14　某大学校园小区总平面图

图 6-15　某住宅小区的总平面三维效果图

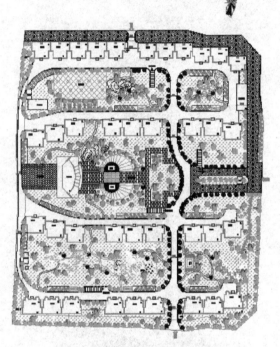

图 6-16　住宅小区建筑规划总平面图

6.2.1 | 绘制场地及建筑造型

本小节介绍住宅小区场地和建筑单体的CAD绘制方法及技巧。

STEP 绘制步骤

❶ 单击"默认"选项卡"绘图"面板中的"多段线"按钮，选取适当尺寸，绘制建设用地红线，如图6-17所示。

注意　根据建设基地的范围，绘制小区的总平面范围轮廓。

❷ 根据相关规定，单击"默认"选项卡"修改"面板中的"偏移"按钮，指定适当偏移距离，绘制小区各个方向的建筑控制线，如图6-18所示。

图 6-17　绘制建设用地红线　　　图 6-18　绘制建筑控制线

注意　因为每个方向建筑控制线的距离大小一样，所以可以采用偏移方法得到。

❸ 打开"源文件/第6章/总平面图户型图"，选中户型图，如图6-19所示，然后按"Ctrl+C"组合键复制，返回总平面图中，按"Ctrl+V"组合键粘贴，将总平面图户型图复制到图中合适的位置。

❹ 单击"默认"选项卡"修改"面板中的"复制"按钮，将户型A轮廓复制到建设用地的左上角的建筑控制线内的位置，如图6-20所示。

图 6-19　总平面图户型图

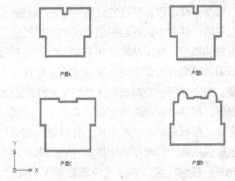

图 6-20　布置户型A建筑单体

❺ 在建设用地的右上角的建筑控制线内复制户型B建筑单体轮廓，如图6-21所示。

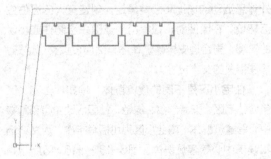

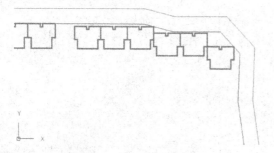

图 6-21　布置户型 B 建筑单体

❻ 复制户型 C 建筑单体轮廓，如图 6-22 所示。

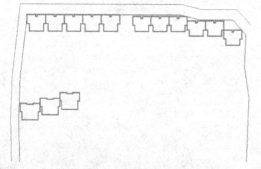

图 6-22　布置户型 C 建筑单体

> **注意** 按照国家相关规范，在满足消防、日照等间距要求的前提下，要与前面建筑单体保持合适的距离来布置户型 C 建筑单体，该户型按组团进行布置排列并适当变化。

❼ 单击"默认"选项卡"修改"面板中的"复制"按钮 ❀ 和"移动"按钮 ❖，对户型 C 按 3 个建筑单体进行组团布置，如图 6-23 所示。

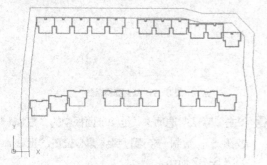

图 6-23　组团布置户型 C

❽ 在刚布置的图形下方，再组团布置新的一排户型 C 建筑单体，如图 6-24 所示。

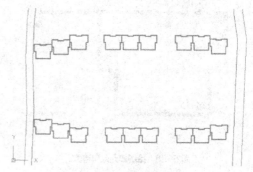

图 6-24　组团布置一排建筑单体

> **注意** 在建设用地中下部位置，按与上一排建筑单体组团造型对称的方式，在满足消防、日照等间距要求的前提下，组团布置新的一排 C 户型建筑单体。

❾ 在建设用地下部位置，单击"默认"选项卡"修改"面板中的"复制"按钮 ❀ 和"移动"按钮 ❖，布置户型 D 建筑单体造型，该建筑单体同样按 3 个单体组团进行布置，如图 6-25 所示。

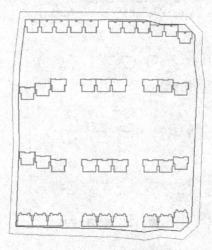

图 6-25　布置 D 户型建筑单体

❿ 单击"默认"选项卡"绘图"面板中的"多段线"按钮 ⭢，绘制每个住宅建筑单体的单元入口造型，如图 6-26 所示。

⓫ 单击"默认"选项卡"修改"面板中的"复制"按钮 ❀，得到其他单元入口造型，如图 6-27 所示。

⓬ 调整各个图形，完成总平面中住宅建筑单体的绘制，如图 6-28 所示。

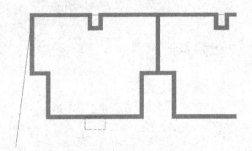

图 6-26　绘制单元入口造型

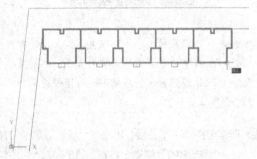

图 6-27　复制入口造型

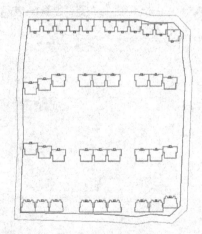

图 6-28　调整各个图形

> **注意**　缩放视图，对建筑总平面中各个建筑单体造型的位置进行调整，以取得比较好的总平面布局。同时注意保存图形。

⓭ 在小区中部位置，单击"默认"选项卡"绘图"面板中的"矩形"按钮口，选取适当尺寸，绘制小区综合楼会所造型，如图 6-29 所示。

⓮ 单击"默认"选项卡"绘图"面板中的"直线"按钮╱，绘制会所内部图线造型，并调用"镜像"命令进行对称复制，如图 6-30 所示。

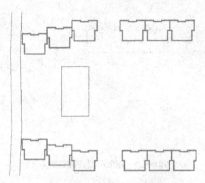

图 6-29　绘制小区综合楼轮廓

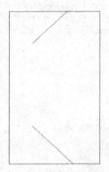

图 6-30　绘制内部图形

⓯ 单击"默认"选项卡"绘图"面板中的"圆弧"按钮╱，绘制弧线造型，如图 6-31 所示。

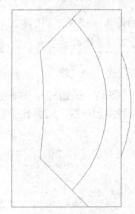

图 6-31　绘制弧线造型

⓰ 单击"默认"选项卡"绘图"面板中的"直线"按钮╱，绘制一条通过弧线圆心位置的直线，如图 6-32 所示。

⓱ 通过热点键进行复制。选中要旋转复制的直线，再单击小方框使其变为红色。然后右击，在弹出的快捷菜单上选择"旋转"命令，结果如图 6-33 所示。

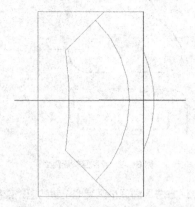

图 6-32 绘制一条通过弧线圆心位置的直线

⑱ 单击"默认"选项卡"修改"面板中的"修剪"按钮 / ，，进行剪切，得到会所造型，如图 6-34 所示。

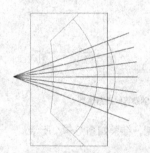

图 6-33 旋转复制直线　　图 6-34 剪切后的图形

⑲ 单击"默认"选项卡"绘图"面板中的"矩形"按钮 □ ，选取适当尺寸，绘制小区配套商业楼建筑造型，如图 6-35 所示。

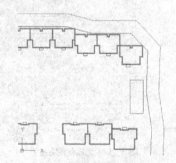

图 6-35 绘制配套商业楼造型

⑳ 单击"默认"选项卡"绘图"面板中的"多段线"按钮 ，绘制小区配套锅炉房、垃圾间等建筑造型，如图 6-36 所示。

注意 小区配套建筑，有锅炉房、垃圾间和门房等。

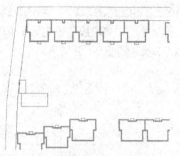

图 6-36 绘制锅炉房、垃圾间等造型

6.2.2 绘制小区道路等图形

本小节介绍住宅小区中的小区道路和地下车库入口等造型的 CAD 绘制和设计方法。

STEP 绘制步骤

❶ 单击"默认"选项卡"绘图"面板中的"直线"按钮 / ，创建小区主入口道路，分为两条道路，如图 6-37 所示。

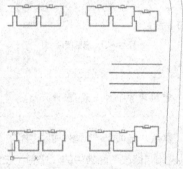

图 6-37 创建主入口道路

❷ 单击"默认"选项卡"绘图"面板中的"多段线"按钮 和"修改"面板中的"偏移"按钮 ，从主入口道路向两侧创建小区道路，如图 6-38 所示。

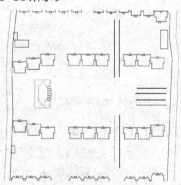

图 6-38 创建小区道路

❸ 在小区上部组团范围，单击"默认"选项卡"绘图"面板中的"多段线"按钮，创建组团内的道路轮廓，如图 6-39 所示。

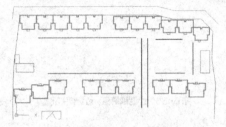

图 6-39 创建组团内的道路

❹ 单击"默认"选项卡"修改"面板中的"圆角"按钮，指定适当圆角半径对道路进行圆角，形成道路转弯半径，如图 6-40 所示。

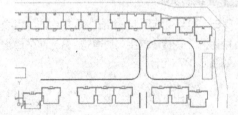

图 6-40 道路圆角

 注意 道路转弯半径一般为6～15m。

❺ 单击"默认"选项卡"绘图"面板中的"圆弧"按钮和"修改"面板中的"修剪"按钮，创建转弯半径造型，如图 6-41 所示。

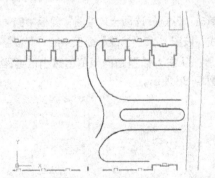

图 6-41 绘制转弯半径造型

❻ 在小区道路尽端，单击"默认"选项卡"绘图"面板中的"多段线"按钮和"圆弧"按钮，绘制一个回车场造型，如图 6-42 所示。

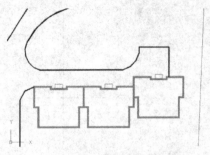

图 6-42 绘制回车场造型

❼ 按上述方法，创建小区其他位置的道路或组团道路，如图 6-43 所示。

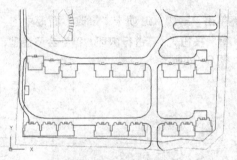

图 6-43 创建其他道路造型

❽ 至此，完成道路绘制，结果如图 6-44 所示。

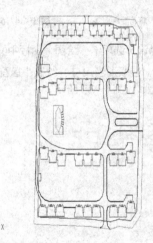

图 6-44 完成道路绘制

❾ 根据地下室的布局情况，单击"默认"选项卡"绘图"面板中的"直线"按钮和"圆弧"按钮，在相应的地面位置绘制地下车库入口造型，如图 6-45 所示。

❿ 单击"默认"选项卡"绘图"面板中的"圆弧"按钮和"修改"面板中的"偏移"按钮，创

建车库入口的顶棚弧线造型，如图 6-46 所示。

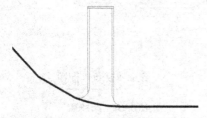

图 6-45 绘制车库入口造型

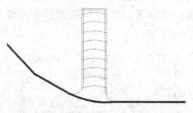

图 6-46 绘制入口弧线

⑪ 按上述方法绘制其他位置的地下车库出入口造型，并单击"默认"选项卡"修改"面板中的"修剪"按钮 ，对相应的道路线进行修改，如图 6-47 所示。

图 6-47 绘制其他位置车库出入口

⑫ 单击"默认"选项卡"绘图"面板中的"多段线"按钮 ，创建地面汽车停车位轮廓，如图 6-48 所示。

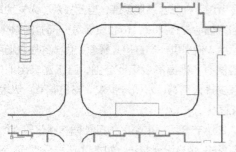

图 6-48 创建停车位轮廓

注意 1个车位大小为2500mm×6000mm。

⑬ 为每个组团绘制地面停车位。单击"默认"选项卡"绘图"面板中的"多段线"按钮 ，创建其他位置的地面停车位造型，如图 6-49 所示。

图 6-49 绘制其他位置停车位

6.2.3 标注文字和尺寸

STEP 绘制步骤

❶ 单击"默认"选项卡"块"面板中的"插入"按钮 ，插入一个风玫瑰造型图块，并调用"多行文字"命令，标注比例参数为 1：1000，如图 6-50 所示。

1:1000

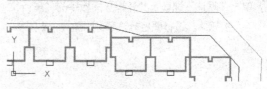

图 6-50 插入风玫瑰造型

注意 用户也可绘制指北针造型。

❷ 调用"多行文字"命令，标注户型名称、楼层数

以及楼栋号，如图 6-51 所示。

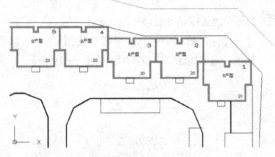

图 6-51 标注户型名称等

❸ 根据需要，单击"默认"选项卡"注释"面板中的"线性"按钮├┤，标注相应位置的有关尺寸，如图 6-52 所示。

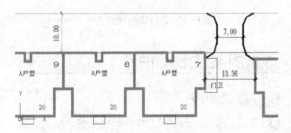

图 6-52 标注尺寸

❹ 单击"默认"选项卡"绘图"面板中的"多段线"按钮⊃和"修改"面板中的"复制"按钮℃，创建小区入口指示方向的标志符号造型，如图 6-53 所示。

注意　其他一些入口标志参照此方法进行绘制。

❺ 单击"默认"选项卡"注释"面板中的"多行文字"按钮 A，进行图名标注等，如图 6-54 所示。

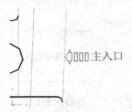

图 6-53 绘制指示符号造型

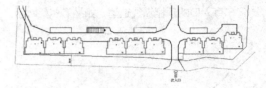

住宅小区总平面图

图 6-54 标注图名

❻ 绘制或插入图框造型，并调整适合的位置，完成住宅小区建筑总平面图的初步绘制，如图 6-55 所示。

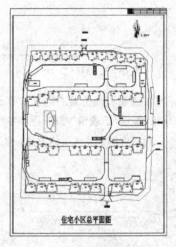

住宅小区总平面图

图 6-55 插入图框

6.2.4 绘制各种景观造型

　　住宅小区各项用地的布局要合理，要有完善的住宅和公共服务设施，有道路及公共绿地。为适应不同地区、不同人口组成和不同收入的居民家庭的要求，住宅区的设计要考虑经济的可持续发展和城市的总体规划，从城市用地、建筑布点、群体空间结构造型、改变城市面貌以及远景规划等方面进行全局考虑，并融合意境创造、自然景观、人文地理、风俗习惯等总体环境，精心设计每一部分的绿化景观，给人们提供一个方便、舒适、优美的居住场所。在绘图时，根据建设用地范围，除了建筑用地外，合理安排人工湖、水景等景观，布置花草、树木等绿化园林。

　　本小节介绍住宅小区中各种园林绿化景观绘制及布置的 CAD 设计方法，如水景或人工湖景观造型的绘制、园林绿化的布置等。

STEP **绘制步骤**

❶ 绘制小区中部的水景环境景观造型。单击"绘图"
工具栏中的"多段线"按钮 ⊃ 和"修改"工具
栏中的"偏移"按钮 ☚ 以及"拉伸"按钮 ⬚ ，
创建通道造型，如图 6-56 所示。

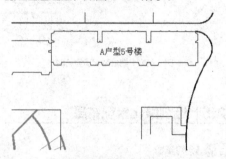

图 6-56 绘制通道造型

❷ 单击"绘图"工具栏中的"圆"按钮 ⊘ ，在通
道内侧创建一个圆形，如图 6-57 所示。

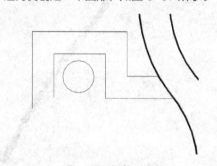

图 6-57 创建一个圆形

❸ 单击"修改"工具栏中的"镜像"按钮 ⊿ ，进行镜像，
得到对称图形造型，如图 6-58 所示。

❹ 单击"绘图"工具栏中的"圆弧"按钮 ⌒ ，连接
中间部分弧线段，如图 6-59 所示。

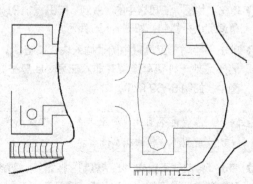

图 6-58 镜像图形　　**图 6-59 连接弧线段**

❺ 单击"绘图"工具栏中的"圆"按钮 ⊘ 和"直线"
按钮 ╱ 以及"修改"工具栏中的"修剪"按钮
⊬ ，绘制水景上侧造型，如图 6-60 所示。

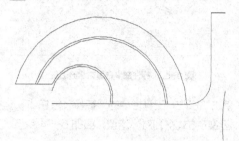

图 6-60 绘制水景上侧造型

❻ 单击"绘图"工具栏中的"正多边形"按钮 ⬡ 和"偏
移"按钮 ☚ ，在左端绘制正方形花池造型，如
图 6-61 所示。

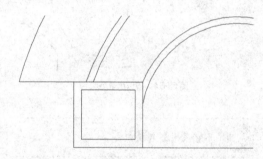

图 6-61 绘制正方形

❼ 单击"绘图"工具栏中的"直线"按钮 ╱ 和"修
剪"按钮 ⊬ ，勾画放射状线条，如图 6-62 所示。

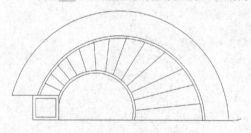

图 6-62 勾画放射线

 注意　不宜采用"射线"命令进行绘制。

❽ 单击"绘图"工具栏中的"多行文字"按钮 A ，
在水景范围内标注文字，然后单击"绘图"工
具栏中的"图案填充"按钮 ▨ ，填充水景中的
水波造型，如图 6-63 所示。

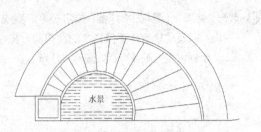

图6-63　标注文字及填充水波造型

❾ 单击"修改"工具栏中的"镜像"按钮⚖，通过镜像的方式得到对称造型，如图6-64所示。

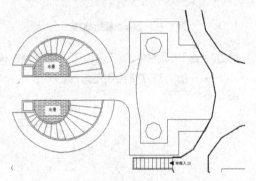

图6-64　镜像水景造型

注意　不宜采用复制功能命令。

❿ 单击"绘图"工具栏中的"直线"按钮✏️和"修改"工具栏中的"偏移"按钮⚙，在两个水景造型中间，绘制连接图线造型，如图6-65所示。

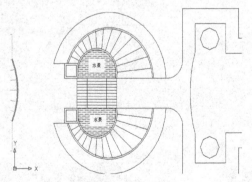

图6-65　绘制水景连接图线

⓫ 单击"绘图"工具栏中的"多段线"按钮⤵和"圆弧"按钮✐，绘制水景造型与会所综合楼的连接图线，完成景观造型绘制，如图6-66所示。

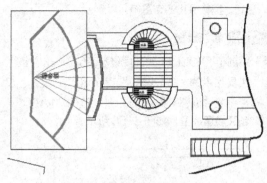

图6-66　完成景观造型绘制

6.2.5 绘制绿化景观布局

STEP　绘制步骤

❶ 单击"绘图"工具栏中的"插入块"按钮🔲，插入花草效果图块，如图6-67所示。

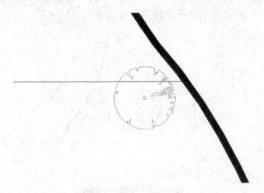

图6-67　插入花草造型

注意　可在已有的图形库中选择合适的花草造型并插入住宅小区建筑总平面图中，花草图块的绘制在此从略。

❷ 单击"绘图"工具栏中的"复制"按钮🗐，对花草造型进行复制，如图6-68所示。

❸ 单击"绘图"工具栏中的"插入块"按钮🔲，选择另外一种花草造型并插入住宅小区总平面图中，如图6-69所示。

注意　为使得平面绿化效果丰富，需布置几种造型不一样的花草造型。

❹ 单击"修改"工具栏中的"复制"按钮🗐，对该种花草造型进行复制，如图6-70所示。

❺ 单击"绘图"工具栏中的"插入块"按钮🔲，

再选择一种新的花草造型进行插入布置，如图6-71所示。

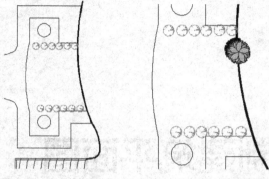

图6-68　复制花草造型　　图6-69　再插入花草新造型

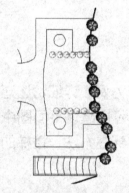

图6-70　用插入的花草进行布置

图6-71　插入新的造型

⑥ 单击"修改"工具栏中的"复制"按钮，布置不同的花草造型，如图6-72所示。

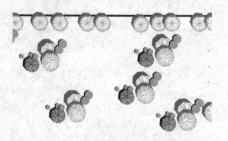

图6-72　布置不同的花草造型

⑦ 单击"绘图"工具栏中的"插入块"按钮和"修改"工具栏中的"复制"按钮等，通过复制和组合不同花草造型，创建绿地不同的景观绿化效果，如图6-73所示。

> **注意**　在小区绿地及道路两侧，按上述方法，布置小区其他位置的园林绿化景观。布置花草时注意，既有一定规律，又有一定的随机性。

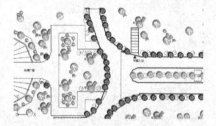

图6-73　创建绿化效果

⑧ 单击"绘图"工具栏中的"多段线"按钮，绘制草坪轮廓线，并单击"绘图"工具栏中的"图案填充"按钮，填充草地的草坪效果，如图6-74所示。

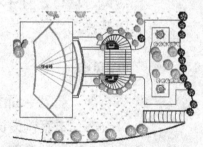

图6-74　填充草坪效果

⑨ 布置其他位置的点状花草造型，如图6-75所示。

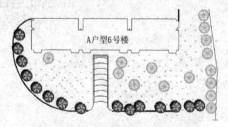

图6-75　布置其他位置的点状花草造型

⑩ 最后，完成小区总平面绿化景观的绘制，总平面图绘制完成，如图6-16所示。

第 7 章

绘制建筑平面图

本章以某低层住宅的平面图设计为例，详细论述建筑平面图的 CAD 绘制方法与相关技巧，包括建筑平面图中的轴线网、墙体、柱子和文字等的绘制与标注方法，楼梯的绘制以及技巧。

知识点

- ➔ 建筑平面图绘制概述
- ➔ 本案例设计思想
- ➔ 绘制低层住宅地下室平面图
- ➔ 绘制低层住宅中间层平面图
- ➔ 绘制低层住宅屋顶平面图

7.1 建筑平面图绘制概述

建筑平面图是表达建筑物的基本图样之一，它主要反映建筑物的平面布局情况。

7.1.1 建筑平面图概述

建筑平面图是假想在门窗洞口之间用一水平剖切面将建筑物剖切成两部分，下半部分在水平面上（H面）的正投影图。

平面图中的主要图形包括剖切到的墙、柱、门窗、楼梯，以及看到的地面、台阶、楼梯等的剖切面以下的部分的构建轮廓。因此，从平面图中可以看到建筑的平面大小、形状、空间平面布局、内外交通及联系、建筑构配件大小及材料等内容，除了按制图知识和规范绘制建筑构配件的平面图形外，还需标注尺寸及文字说明、设置图面比例等。

由于建筑平面图能突出地表达建筑的组成和功能关系等方面的内容，因此一般建筑设计都从平面设计入手。在平面设计中应从建筑整体出发，考虑建筑空间组合的效果，照顾建筑剖面和立面的效果和体型关系。在设计的各个阶段中，都应有建筑平面图样，但表达的深度不同。

一般的建筑平面图可以使用粗、中、细3种线来绘制。被剖切到的墙、柱断面的轮廓线用粗线来绘制；被剖切到的次要部分的轮廓线（如墙面抹灰、轻质隔墙）以及没有剖切到的可见部分的轮廓线（如窗台、墙身、阳台、楼梯段等），均用中实线绘制；没有剖切到的高窗、墙洞和不可见部分的轮廓线都用中虚线绘制；引出线、尺寸标注线等用细实线绘制；定位轴线、中心线和对称线等用细点画线绘制。

7.1.2 建筑平面图的图示要点

（1）每个平面图对应一个建筑物楼层，并注有相应的图名。

（2）可以表示多层的平面图称为标准层平面图。标准层平面图中的各层的房间数量、大小和布置都必须一样。

（3）建筑物左右对称时，可以将两层的平面图绘制在同一张图纸上，图纸左边一半和右边一半分别绘制出各层的一半，同时中间要注上对称符号。

（4）如果建筑平面较大，可以进行分段绘制。

7.1.3 建筑平面图的图示内容

建筑平面图主要包括以下内容。

（1）表示墙、柱、门、窗等的位置和编号，房间的名称或编号，轴线编号等。

（2）标注室内外的有关尺寸及室内楼层轴号、地面的标高。如果本层是建筑物的底层，则标高为±0.000。

（3）表示电梯、楼梯的位置以及楼梯的上下方向和主要尺寸。

（4）表示阳台、雨篷、踏步、斜坡、雨水管道、排水沟等的具体位置以及尺寸。

（5）画出卫生器具、水池、工作台以及其他的重要设备的位置。

（6）画出剖面图的剖切符号以及编号。根据绘图习惯，一般只在底层平面图中绘制出来。

（7）标注有关部位的上节点详图的索引符号。

（8）标注指北针。根据绘图习惯，一般只在底层平面图中绘制指北针。

7.1.4 绘制建筑平面图的步骤

绘制建筑平面图的一般步骤如下。

（1）设置绘图环境。
（2）绘制轴线。
（3）绘制墙线。
（4）绘制柱。
（5）绘制门窗。
（6）绘制阳台。
（7）绘制楼梯、台阶。
（8）布置室内。
（9）布置室外周边景观（底层平面图）。
（10）标注尺寸、文字。

7.2 本案例设计思想

　　本案例设计的是一栋7层住宅楼，由于属于低层，所以按照国家相关标准，不需要布置电梯。由于现在城市化进程日益加快，城市用地高度紧张，一般大中城市普遍采用高层建筑的形式。这种低层建筑只适合于小城市或小城镇。本案例的设计背景正是某江南小城。每栋楼设地下层，一至五层为标准层，六、七层为跃层，由于江南多雨，屋顶设计成坡形。

7.3 绘制低层住宅地下室平面图

　　本章将逐步介绍砖混住宅地下室平面图的绘制。在讲述过程中，将循序渐进地介绍室内设计的基本知识以及 AutoCAD 的基本操作方法。

　　砖混住宅地下室平面图的最终绘制结果如图7-1所示。

扫一扫

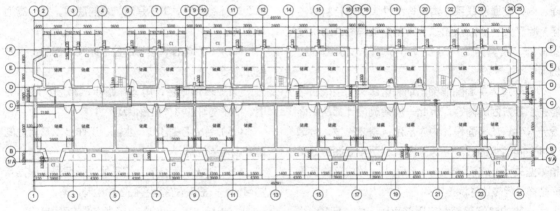

图 7-1　低层住宅地下室平面图

7.3.1 绘图准备

 绘制步骤

❶ 打开 AutoCAD 2018 应用程序，单击"快速访问"工具栏中的"新建"按钮 ，弹出"选择样板"对话框，如图 7-2 所示。以"acadiso.dwt"为样板文件，建立新文件并保存到适当的位置。

❷ 设置单位。选择菜单栏中的"格式"→"单位"命令，系统打开"图形单位"对话框，如图 7-3 所示。设置长度"类型"为"小数"，"精度"为"0"；设置角度"类型"为"十进制度数"，"精度"为"0"；系统默认逆时针方向为正，插入时的缩放比例设置为"毫米"。

❸ 在命令行中输入 LIMITS 命令，设置图幅为 420000×297000。命令行提示与操作如下。

```
命令：LIMITS ✓
重新设置模型空间界限：
指定左下角点或 [开(ON)/关(OFF)]<0.0000,
0.0000>：✓
指定右上角点 <12.0000,9.0000>：420000, 297000 ✓
```

> **注意**　新建文件时，可以选用样板文件，这样可以省去很多设置。

❹ 新建图层。

　　① 单击"默认"选项卡"图层"面板中的"图层特性"按钮 ，弹出"图层特性管理器"对话框，如图 7-4 所示。

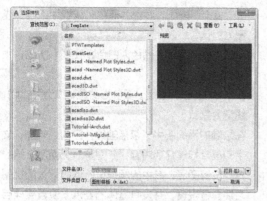

图7-2 "选择样板"对话框

图7-3 "图形单位"对话框

图7-4 "图层特性管理器"对话框

> **说明** 在绘图过程中，往往有不同的绘图内容，如轴线、墙线、装饰、布置图块、地板、标注、文字等，如果将这些内容放置在一起，绘图之后如果要删除或编辑某一类型图形，将带来选取上的困难。AutoCAD提供了图层功能，为编辑带来了极大的方便。
>
> 在绘图初期可以建立不同的图层，将不同类型的图形绘制在不同的图层当中，在编辑时可以利用图层的显示和隐藏功能、锁定功能来操作图层中的图形，十分便于编辑运用。

② 单击"图层特性管理器"选项板中的"新建图层"按钮 ，新建图层，如图7-5所示。

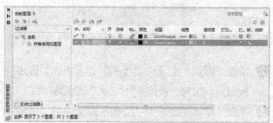

图7-5 新建图层

③ 新建图层的图层名称默认为"图层1"，将其修改为"轴线"。

图层名称后面的选项由左至右依次为："开／关图层""在所有视口中冻结／解冻图层""锁定／解锁图层""图层默认颜色""图层默认线型""图层默认线宽""打印样式"等。其中，编辑图形时最常用的是"图层的开／关""锁定以及图层颜色""线型的设置"等。

④ 单击新建的"轴线"图层"颜色"栏中的色块，弹出"选择颜色"对话框，如图7-6所示，选择红色为轴线图层的默认颜色。单击"确定"按钮，返回"图层特性管理器"对话框。

图7-6 "选择颜色"对话框

⑤ 单击"线型"栏中的选项，弹出"选择线型"对话框，如图 7-7 所示。轴线一般在绘图中应用点画线进行绘制，因此应将"轴线"图层的默认线型设为中心线。单击"加载"按钮，弹出"加载或重载线型"对话框，如图 7-8 所示。

图 7-7 "选择线型"对话框

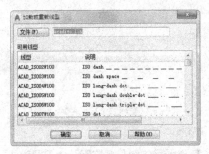

图 7-8 "加载或重载线型"对话框

⑥ 在"可用线型"列表框中选择"CENTER"线型，单击"确定"按钮，返回"选择线型"对话框。选择刚刚加载的线型，如图 7-9 所示，单击"确定"按钮，轴线图层设置完毕。

图 7-9 加载线型

⑦ 采用相同的方法按照以下说明，新建其他几个图层。

a."墙线"图层。颜色为白色，线型为实线，线宽为 0.3mm。

b."门窗"图层。颜色为蓝色，线型为实线，线宽为默认。

c."装饰"图层。颜色为蓝色，线型为实线，线宽为默认。

d."文字"图层。颜色为白色，线型为实线，线宽为默认。

e."尺寸标注"图层。颜色为绿色，线型为实线，线宽为默认。

在绘制的平面图中，包括轴线、门窗、装饰、文字和尺寸标注几项内容，分别按照上面所介绍的方式设置图层。其中的颜色可以依照读者的绘图习惯自行设置，并没有具体的要求。设置完成后的"图层特性管理器"对话框如图 7-10 所示。

图 7-10 设置图层

说明 有时在绘制过程中需要删除使用不到的图层，我们可以将无用的图层关闭，全选、复制、粘贴至一新文件中，那些无用的图层就不会贴过来。如果曾经在这个准备删除的图层中定义过块，又在另一图层中插入了这个块，那么这个准备删除的图层是不能用这种方法删除的。

7.3.2 绘制轴线

STEP 绘制步骤

❶ 打开"默认"选项卡"图层"面板中的下拉列表，选择"轴线"图层为当前层，如图 7-11 所示。

图 7-11 设置当前图层

❷ 单击"默认"选项卡"绘图"面板中的"直线"按钮，绘制一条长度为 13000 的竖直轴线。

❸ 单击"默认"选项卡"绘图"面板中的"直线"按钮，绘制一条长度为 52000 的水平轴线。两条轴线绘制完成，如图 7-12 所示。

图7-12 绘制轴线

注意 使用"直线"命令时，若为正交轴网，可按下"正交"按钮，根据正交方向提示，直接输入下一点的距离即可，而不需要输入@符号。若为斜线，则可按下"极轴"按钮，设置斜线角度。此时，图形进入自动捕捉所需角度的状态，可大大提高制图时直线输入距离值的速度。注意，两者不能同时使用。

❹ 此时，轴线的线型虽然为中心线，但是由于比例太小，显示出来还是实线的形式。选择刚刚绘制的轴线并右击，在弹出的如图7-13所示的快捷菜单中选择"特性"命令，弹出"特性"对话框，如图7-14所示。将"线型比例"设置为"50"，轴线显示如图7-15所示。

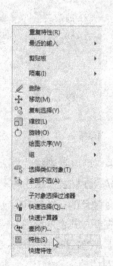
图7-13 下拉菜单

图7-14 "特性"对话框

图7-15 修改轴线比例

说明 通过全局修改或单个修改每个对象的线型比例因子，可以以不同的比例使用同一个线型。默认情况下，全局线型和单个线型比例均设置为1.0。比例越小，每个绘图单位中生成的重复图案就越多。例如，设置为0.5时，每一个图形单位在线型定义中重复两次显示同一图案。不能显示完整线型图案的短线段显示为连续线。对于太短，甚至不能显示一个虚线小段的线段，可以使用更小的线型比例。

❺ 单击"默认"选项卡"修改"面板中的"偏移"按钮，然后在"偏移距离"提示行后面输入"900"，回车确认后选择水平直线，在直线上侧单击鼠标左键，将直线向上偏移"900"的距离，命令行提示与操作如下。

```
命令：_offset ↙
当前设置：删除源=否 图层=源 OFFSETGAPTYPE=0
指定偏移距离或[通过(T)/删除(E)/图层(L)]<通过>：900 ↙
选择要偏移的对象或[退出(E)/放弃(U)]<退出>：↙（选择水平直线）
指定要偏移的那一侧上的点或[退出(E)/多个(M)/放弃(U)]<退出>：↙（在水平直线上侧单击鼠标左键）
选择要偏移的对象或[退出(E)/放弃(U)]<退出>：
```

❻ 按照上述方法，继续偏移其他轴线，偏移的尺寸分别为：水平直线向上偏移4500、1800、1900、1800，如图7-16所示。垂直直线向右偏移900、3000、3000、1300、1300、3000、3000、900、900、3000、3000、1300、1300、3000、3000、900、900、3000、3000、2600、3000、3000、900，如图7-17所示。

图7-16 偏移水平直线

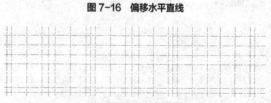
图7-17 偏移竖直直线

❼ 单击"默认"选项卡"修改"面板中的"偏移"按钮 ⬄，选取左侧第三根竖直直线连续向右偏移，偏移距离为 4300、16400、16400，如图 7-18 所示。

图 7-18　偏移直线

❽ 单击"默认"选项卡"修改"面板中的"修剪"按钮 ⊶，对上步偏移后的轴线进行修剪，命令行提示与操作如下。

```
命令：TRIM ↙
当前设置：投影 =UCS，边 = 无
选择剪切边 ...
选择对象或 ＜ 全部选择 ＞：↙（选择边界）
选择要修剪的对象，或按住 Shift 键选择要延伸的
对象，或 [栏选 (F) / 窗交 (C) / 投影 (P) / 边 (E) /
删除 (R) / 放弃 (U)]：↙（选择要修剪的对象）
```

如图 7-19 所示。

图 7-19　修剪轴线

❾ 单击"默认"选项卡"修改"面板中的"删除"按钮 ⊿，选取第❽步修剪轴线后的多余线段进行删除，如图 7-20 所示。

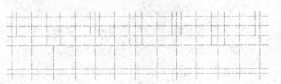

图 7-20　删除多余线段

❿ 单击"默认"选项卡"绘图"面板中的"直线"按钮 ╱，在图形适当位置绘制多段斜向直线，如图 7-21 所示。

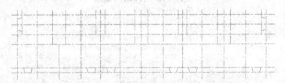

图 7-21　绘制斜向直线

7.3.3 | 绘制外部墙线

一般建筑结构的墙线均是单击 AutoCAD 中的多线命令按钮绘制的。本例中将利用"多线""修剪"和"偏移"命令完成绘制。

STEP　绘制步骤

❶ 单击"默认"选项卡"图层"面板中的"图层特性"按钮 ▦，弹出"图层特性管理器"对话框，选择"墙线"图层为当前层。

❷ 设置多线样式。

在建筑结构中，包括承载受力的承重结构和用来分割空间、美化环境的非承重墙。

① 选取菜单栏"格式"→"多线样式"命令，打开"多线样式"对话框，如图 7-22 所示。

图 7-22　"多线样式"对话框

② 在"多线样式"对话框中，可以看到样式栏中只有系统自带的 STANDARD 样式，单击右侧的"新建"按钮，打开"创建新的多线样式"对话框，如图 7-23 所示。在新样式名的空白文本框中输入"墙"，作为多线样式的名称。单击"继续"按钮，打开编辑多线的对话框。

图 7-23　创建新的多线样式——墙

③ "墙"为绘制外墙时应用的多线样式，由于

外墙的宽度为"370",所以按照图7-24所示,将偏移分别修改为"120"和"-250",并将左端封口选项栏中的直线后面的两个复选框勾选,单击"确定"按钮,返回"多线样式"对话框中,单击"确定"按钮返回绘图状态。

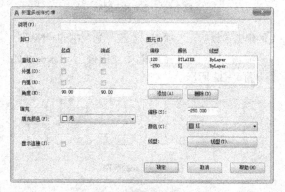

图7-24 编辑新建多线样式——墙

❸ 绘制墙线。

① 选取菜单栏"绘图"→"多线"命令,绘制砖混住宅地下室平面图中所有370mm厚的墙体。命令行提示与操作如下。

```
命令:_mline ✓
当前设置:对正=上,比例=20.00,样式
=STANDARD
指定起点或[对正(J)/比例(S)/样式(ST)]:
ST✓(设置多线样式)
输入多线样式名或[?]:墙✓(多线样式为墙1)
当前设置:对正=上,比例=20.00,样式=墙
指定起点或[对正(J)/比例(S)/样式(ST)]:
J✓
输入对正类型[上(T)/无(Z)/下(B)]<上>:Z✓
(设置对中模式为无)
当前设置:对正=无,比例=20.00,样式=墙
指定起点或[对正(J)/比例(S)/样式(ST)]:
S✓
输入多线比例<20.00>:1✓(设置线型比例为1)
当前设置:对正=无,比例=1.00,样式=墙
指定起点或[对正(J)/比例(S)/样式(ST)]:✓
(选择左侧竖直直线下端点
指定下一点:指定下一点或[放弃(U)]:✓
```
逐个进行绘制,完成后的结果如图7-25所示。

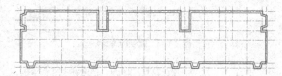

图7-25 绘制外墙线

读者绘制墙体时,需要注意由于墙体厚度不同,要对多线样式进行修改。

> 📖说明　目前,国内对建筑CAD制图开发了多套适合我国规范的专业软件,如天正、广厦等。这些以AutoCAD为平台开发的制图软件,通常根据建筑制图的特点,对许多图形进行模块化、参数化,故在使用这些专业软件时,大大提高了CAD制图的速度,而且CAD制图格式规范统一,大大降低了一些单靠CAD制图易出现的小错误,给制图人员带来了极大的方便,节约了大量的制图时间,感兴趣的用户也可试一试相关软件。

② 选取菜单栏"格式"→"多线样式"命令,打开"多线样式"对话框,如图7-22所示。

③ 单击右侧的"新建"按钮,打开"创建新的多线样式"对话框,如图7-26所示。在新样式名的空白文本框中输入"内墙",作为多线样式的名称。单击"继续"按钮。

图7-26 创建新的多线样式——内墙

④ "内墙"为绘制非承重墙时应用的多线样式,由于非承重墙的厚度为"240",所以按照图7-27所示,将偏移分别修改为"120"和"-120",单击"确定"按钮,返回"多线样式"对话框中,单击"确定"按钮返回绘图状态。

图7-27 编辑新建多线样式——内墙

7.3.4 绘制非承重墙

STEP 绘制步骤

❶ 单击"默认"选项卡"修改"面板中的"偏移"
按钮 ⊈，选取最左侧竖直轴线向右偏移，偏移
距离为2100、45000，选取菜单栏"绘图"→"多
线"命令，绘制图形中的非承重墙，绘制完成
如图 7-28 所示。

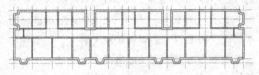

图 7-28 绘制内墙线

❷ 单击"默认"选项卡"修改"面板中的"分解"
按钮 ⬚，选取第❶步已经绘制完的墙体，回车
确认对墙体进行分解。

❸ 单击"默认"选项卡"修改"面板中的"修
剪"按钮 -/--，对墙体相交线段进行修剪，如
图 7-29 所示。

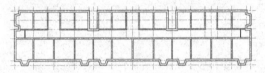

图 7-29 修剪墙线

7.3.5 绘制柱子

STEP 绘制步骤

❶ 单击"默认"选项卡"绘图"面板中的"多段线"
按钮 ⌐⊃，在图形适当位置绘制连续多段线，如
图 7-30 所示。

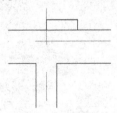

图 7-30 绘制多段线

❷ 其他柱子的大小相同，位置不同，单击"默认"
选项卡"修改"面板中的"复制"按钮 ⬚，选
取第❶步绘制的多段线为复制对象，将其复制
到适当位置。注意：复制时，灵活应用对象捕捉

功能，这样会方便进行定位，如图 7-31 所示。

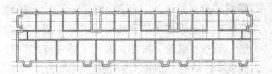

图 7-31 复制柱子图形

❸ 单击"默认"选项卡"修改"面板中的"修剪"
按钮 -/--，对柱子和墙体交接处进行修剪，如
图 7-32 所示。

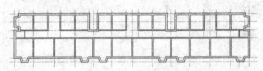

图 7-32 修剪图形

 注意 由于一些多线并不适合利用"多线修
改"命令进行修改，我们可以先将多线
分解，直接利用修剪命令进行修剪。

7.3.6 绘制窗户

STEP 绘制步骤

❶ 修剪窗洞。

① 绘制洞口时，常以邻近的墙线或轴线作为距
离参照来帮助确定洞口位置。现在以客厅北侧
的窗洞为例，拟画洞口宽"1500"，位于该段
墙体的中部，因此洞口两侧剩余墙体的宽度均
为"750"（到轴线）。打开"轴线"层，将"墙
体"层置为当前层。单击"默认"选项卡"修改"
面板中的"偏移"按钮 ⊈，将左侧墙的轴线向
右偏移，偏移距离为"750"，将右侧轴线向左
偏移，偏移距离为"750"，如图 7-33 所示。

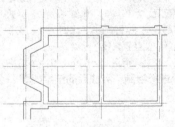

图 7-33 绘制门洞线

② 单击"默认"选项卡"修改"面板中的"修剪"
按钮 -/--，按下回车键选择自动修剪模式，然后

把门窗洞修剪出来，就能得到门窗洞，绘制结果如图 7-34 所示。

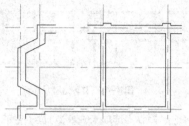

图 7-34 修剪门窗洞

③ 单击"默认"选项卡"绘图"面板中的"直线"按钮 ╱，绘制两段竖直直线封闭第②步修剪的窗洞口，如图 7-35 所示。

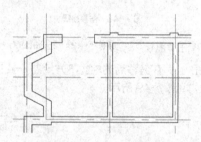

图 7-35 封闭门窗洞口

④ 利用上述方法绘制出图形中所有门窗洞口，如图 7-36 所示。

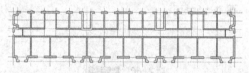

图 7-36 绘制出所有门窗洞口

❷ 绘制窗线。

① 单击"默认"选项卡"图层"面板中的"图层特性"按钮 ，弹出"图层特性管理器"对话框，选择"门窗"图层为当前层。

② 单击"默认"选项卡"绘图"面板中的"直线"按钮 ╱，绘制一条水平直线封闭窗洞，如图 7-37 所示。

③ 单击"默认"选项卡"修改"面板中的"偏移"按钮 ，选取第②步绘制的窗线向上偏移，偏移距离为 123.33，如图 7-38 所示。

④ 选取菜单栏中的"格式"→"线型"命令，弹出"线型管理器"对话框，选择线型，如图 7-39 所示。

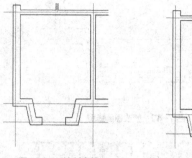
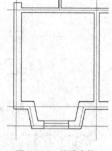

图 7-37 绘制窗线　　　　**图 7-38 偏移窗线**

图 7-39 "线型管理器"对话框

⑤ 选取一根窗线，如图 7-40 所示。单击鼠标右键，选择"特性"命令，弹出"特性"编辑面板，对编辑面板进行设置，如图 7-41 所示。

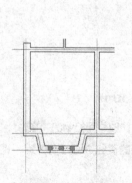

图 7-40 选取窗线　　**图 7-41 "特性"编辑面板**

⑥ 完成线型的修改，如图 7-42 所示。

⑦ 利用上述方法完成所有窗线的线型修改，如图 7-43 所示。

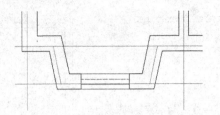

图 7-42 修改窗线线型

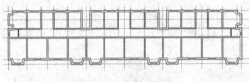

图 7-43 窗线绘制结果

7.3.7 绘制门

STEP 绘制步骤

❶ 修剪门洞。

① 打开"默认"选项卡"图层"面板中的下拉列表，选择"墙线"图层为当前层。

② 单击"默认"选项卡"绘图"面板中的"直线"按钮 ╱，在墙线适当位置绘制一段竖直直线，如图 7-44 所示。

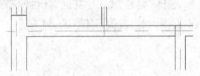

图 7-44 绘制竖直直线

③ 单击"默认"选项卡"修改"面板中的"偏移"按钮 ╚，选取竖直直线向右偏移，偏移距离为900，如图 7-45 所示。

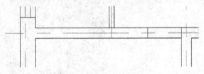

图 7-45 偏移竖直直线

④ 单击"默认"选项卡"修改"面板中的"修剪"按钮 ╱，对第③步偏移的直线进行修剪处理，如图 7-46 所示。

图 7-46 修剪线段

⑤ 利用上述方法，修剪出图形中所有的门洞口，如图 7-47 所示。

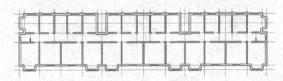

图 7-47 修剪门洞

⑥ 单击"默认"选项卡"修改"面板中的"偏移"按钮 ╚，选取上边水平直线向下偏移，偏移距离为 5500，将偏移后轴线切换到墙线图层，如图 7-48 所示。

图 7-48 偏移直线

⑦ 单击"默认"选项卡"绘图"面板中的"直线"按钮 ╱，在偏移后的轴线下方绘制一条竖直直线，如图 7-49 所示。

图 7-49 绘制竖直直线

⑧ 单击"默认"选项卡"修改"面板中的"修剪"按钮 ╱，修剪掉偏移后的线段，如图 7-50 所示。

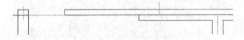

图 7-50 修剪线段

⑨ 利用上述方法绘制剩余的凹陷墙体，如图 7-51 所示。

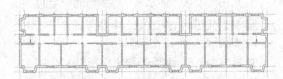

图 7-51 绘制凹墙

❷ 绘制门图形。

① 单击"默认"选项卡"绘图"面板中的"直线"按钮 ╱，绘制一条斜向直线，如图 7-52 所示。

② 单击"默认"选项卡"绘图"面板中的"圆弧"按钮 ╱，利用"起点、端点、角度"绘制一段

角度为 90° 的圆弧，命令行提示与操作如下。

```
命令：_arc ↙
指定圆弧的起点或 [ 圆心 (C) ]：↙ （矩形上步端点）
指定圆弧的第二个点或 [ 圆心 (C) / 端点 (E) ]：
E ↙ （任选一点）
指定圆弧的端点：↙
指定圆弧的圆心或 [ 角度 (A) / 方向 (D) / 半径
(R) ]：A ↙
指定包含角：-90 ↙
```

结果如图 7-53 所示。

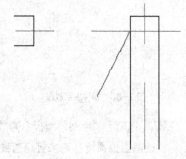

图 7-52 绘制斜向直线

图 7-53 绘制圆弧

 注意 绘制圆弧时，注意指定合适的端点或圆心，指定端点的时针方向即为绘制圆弧的方向。例如要绘制图示的下半圆弧，则起始端点应在左侧，终端点应在右侧，此时端点的时针方向为逆时针，即得到相应的逆时针圆弧。

③ 单击"默认"选项卡"修改"面板中的"镜像"按钮 ⚊，选择第②步绘制的门垛，回车后选择矩形的中轴作为基准线，对称到另外一侧，如图 7-54 所示。

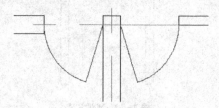

图 7-54 镜像门图形

 注意 为了绘图简单，如果绘制图形中有对称图形，可以创建表示半个图形的对象，选择这些对象并沿指定的线进行镜像以创建另一半。

④ 双扇门的绘制方法与单扇门基本相同，在这里不再详细阐述。

⑤ 单击"默认"选项卡"修改"面板中的"复制"按钮 🔧 和"镜像"按钮 ⚊，完成所有图形的绘制，如图 7-55 所示。

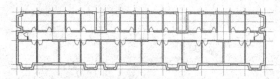

图 7-55 绘制剩余门图形

7.3.8 | 绘制楼梯

绘制楼梯时需要知道以下参数。

（1）楼梯形式（单跑、双跑、直行、弧形等）。

（2）楼梯各部位长、宽、高 3 个方向的尺寸，包括楼梯总宽、总长、楼梯宽度、踏步宽度、踏步高度、平台宽度等。

（3）楼梯的安装位置。

STEP 绘制步骤

❶ 新建"楼梯"图层，颜色为"蓝色"，其余属性默认。并将楼梯层设为当前图层。

❷ 单击"默认"选项卡"绘图"面板中的"直线"按钮 ⁄，在适当位置绘制一条长 3450 的竖直直线，如图 7-56 所示。

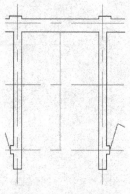

图 7-56 绘制竖直直线

❸ 单击"默认"选项卡"修改"面板中的"偏移"
按钮 ⊆，选取第❷步绘制的直线分别向两侧偏
移，偏移距离为 60，如图 7-57 所示。

❹ 单击"默认"选项卡"修改"面板中的"删除"
按钮 ✐，将偏移前的竖直直线进行删除，如图
7-58 所示。

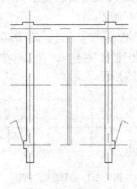

图 7-57　偏移直线

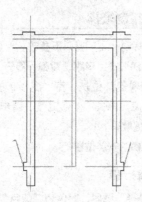

图 7-58　删除直线

❺ 单击"默认"选项卡"绘图"面板中的"直线"
按钮 ✐，以第❹步偏移的外侧竖直直线下端
点为起点向右绘制一条水平直线，如图 7-59
所示。

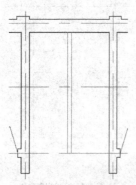

图 7-59　绘制水平直线

❻ 单击"默认"选项卡"修改"面板中的"偏
移"按钮 ⊆，选取第❺步绘制的水平直线向
上偏移 5 次，偏移距离为 260，如图 7-60
所示。

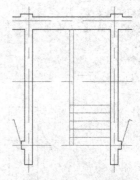

图 7-60　偏移水平直线

❼ 单击"默认"选项卡"绘图"面板中的"直线"
按钮 ✐，在适当位置绘制两条竖直直线，如图
7-61 所示。

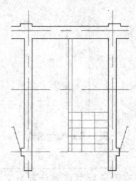

图 7-61　绘制竖直直线

❽ 单击"默认"选项卡"修改"面板中的"修
剪"按钮 ⊬，修剪掉多余线段，如图 7-62
所示。

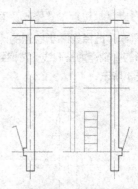

图 7-62　修剪线段

❾ 单击"默认"选项卡"绘图"面板中的"直线"
  按钮 ╱ 和"修剪"按钮 -/-- ,绘制楼梯折弯线,
  如图 7-63 所示。

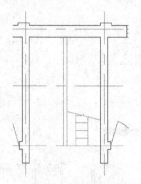

图 7-63 绘制折弯线

❿ 单击"默认"选项卡"绘图"面板中的"多段线"
  按钮 ⌐♭,绘制一段多段线作为楼梯的指引箭头,
  如图 7-64 所示。命令行提示与操作如下。

```
命令：PLINE ✓
指定起点：✓（指定一点）
当前线宽为 0.0000
指定下一个点或 [圆弧 (A) / 半宽 (H) / 长度 (L) /
放弃 (U) / 宽度 (W)]：✓（向上指定一点）
```

```
指定下一点或 [圆弧 (A) / 闭合 (C) / 半宽 (H) / 长
度 (L) / 放弃 (U) / 宽度 (W)]：W ✓
指定起点宽度 <0.0000>：50 ✓
指定端点宽度 <50.0000>：0 ✓
指定下一点或 [圆弧 (A) / 闭合 (C) / 半宽 (H) / 长
度 (L) / 放弃 (U) / 宽度 (W)]：✓（向上指定一点）
指定下一点或 [圆弧 (A) / 闭合 (C) / 半宽 (H) / 长
度 (L) / 放弃 (U) / 宽度 (W)]：✓
```

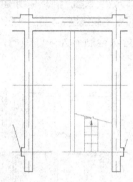

图 7-64 绘制指引箭头

⓫ 单击"默认"选项卡"修改"面板中的"复制"
  按钮 ⅁,选取已经绘制完的楼梯图形向其他楼
  梯间内复制,并结合所学知识完成剩余图形的
  绘制,如图 7-65 所示。

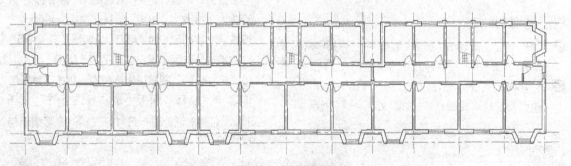

图 7-65 复制楼梯图形

7.3.9 | 绘制内墙

STEP 绘制步骤

❶ 单击"默认"选项卡"修改"面板中的"偏移"
  按钮 ⌷,选取最上边水平直线向下偏移,偏移
  距离为 3280、420、300、1200、300,如
  图 7-66 所示。

❷ 选择菜单栏中的"绘图"→"多线"命令,将"内
  墙"多线样式置为当前,根据第❶步偏移的轴
  线确定的位置绘制多线,如图 7-67 所示。

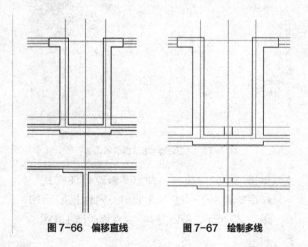

图 7-66 偏移直线   图 7-67 绘制多线

❸ 单击"默认"选项卡"修改"面板中的"删除"
按钮 ✐，删除偏移轴线。

❹ 单击"默认"选项卡"绘图"面板中的"直线"
按钮 ╱，绘制水平线段，封闭第❷步绘制的多
线，如图 7-68 所示。

❺ 单击"默认"选项卡"修改"面板中的"修剪"
按钮 -/--，修剪绘制图形，并利用前面所学指示，
修改绘制部分线段线型，如图 7-69 所示。

❻ 利用上述方法绘制另外一处内墙，如图 7-70
所示。

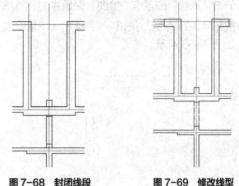

图 7-68　封闭线段　　　　图 7-69　修改线型

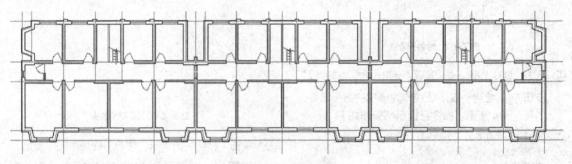

图 7-70　绘制内墙图形

7.3.10 | 标注尺寸

STEP 绘制步骤

❶ 打开"默认"选项卡"图层"面板中的下拉列表，
选择"尺寸标注"图层为当前层。

❷ 选择菜单栏中的"标注"→"标注样式"命令，
弹出"标注样式管理器"对话框，如图 7-71 所示。

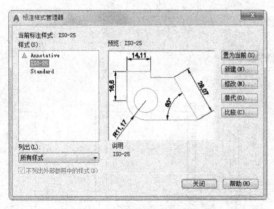

图 7-71　"标注样式管理器"对话框

❸ 单击"修改"按钮，弹出"修改标注样式"
对话框。单击"线"选项卡，对话框显示如
图 7-72 所示，按照图中的参数修改标注样式。

单击"符号和箭头"选项卡，按照图 7-73 所示
的设置进行修改，箭头样式选择为"建筑标记"，
箭头大小修改为"400"。在"文字"选项卡中
设置"文字高度"为"450"，如图 7-74 所示。
"主单位"选项卡设置如图 7-75 所示。

❹ 将"尺寸标注"图层设为当前层，单击"默认"
选项卡"注释"面板中的"线性标注"按钮
┝┥，对图形细部进行尺寸标注，命令行提示与
操作如下。

图 7-72　"线"选项卡

图 7-73 "符号和箭头"选项卡

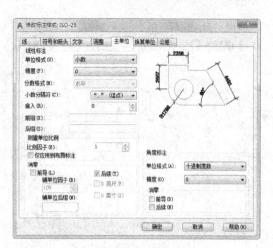

图 7-75 "主单位"选项卡

命令：DIMLINEAR ↙
指定第一个尺寸界线原点或 <选择对象>：↙（选择
标注起点）
指定第二个尺寸界线原点： <正交 开>↙（选择标
注终点）
指定尺寸线位置或 [多行文字(M)/文字(T)/角度
(A)/水平(H)/垂直(V)/旋转(R)]：↙（指定适
当位置）
重复执行线性标注，结果如图 7-76 所示。

❺ 单击菜单栏中的"标注"选项中的"线性标注"
按钮⊢┤和菜单栏"连续标注"按钮⊢┼┤，标注第
一道尺寸，如图 7-77 所示。

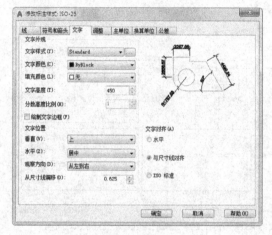

图 7-74 "文字"选项卡

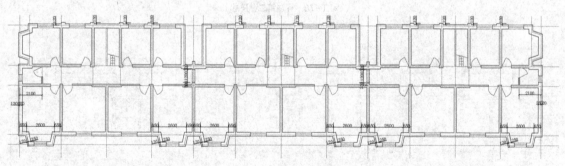

图 7-76 细部尺寸标注

❻ 单击菜单栏中的"标注"选项中的"线性标注"
按钮⊢┤和菜单栏"连续标注"按钮⊢┼┤，标注第
二道尺寸，如图 7-78 所示。

❼ 单击菜单栏中的"标注"选项中的"线性标注"
按钮⊢┤和菜单栏"连续标注"按钮⊢┼┤，标注图
形总尺寸，如图 7-79 所示。

❽ 单击"默认"选项卡"修改"面板中的"分解"
按钮，选取标注的第二道尺寸进行分解。

❾ 单击"默认"选项卡"绘图"面板中的"直线"
按钮，分别在横竖 4 条总尺寸线上方绘制 4
条直线，如图 7-80 所示。

❿ 单击"默认"选项卡"修改"面板中的"延伸"

按钮 ，选取分解后的标注线段，向上延伸，延伸至第❾步绘制的水平直线。

⓫ 单击"默认"选项卡"修改"面板中的"删除"按钮，删除偏移后的直线，如图 7-81 所示。

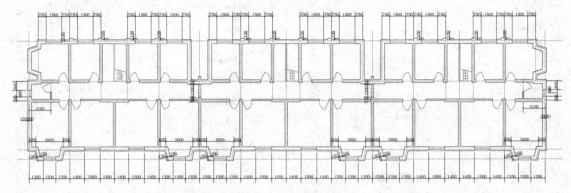

图 7-77　标注第一道尺寸

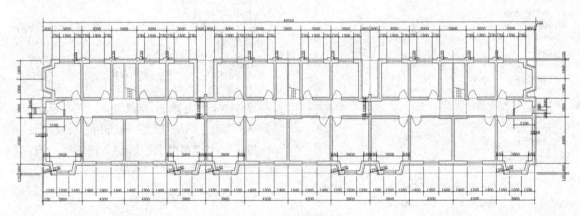

图 7-78　标注第二道尺寸

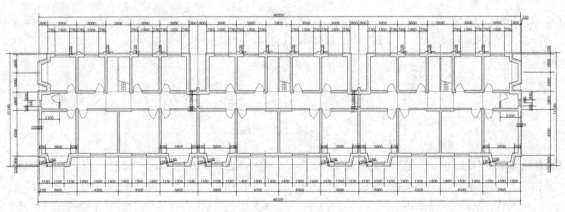

图 7-79　标注总尺寸

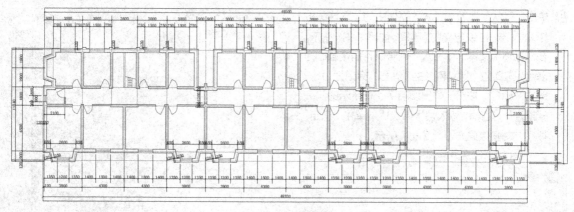

图 7-80　绘制直线

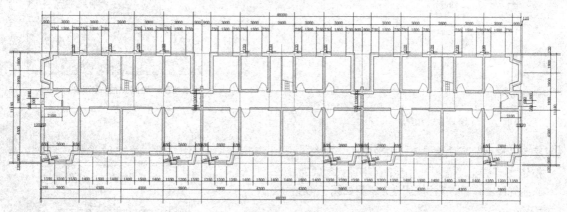

图 7-81　删除直线

7.3.11 | 添加轴号

STEP 绘制步骤

❶ 单击"默认"选项卡"绘图"面板中的"圆"按钮，在适当位置绘制一个半径为 500 的圆，如图 7-82 所示。

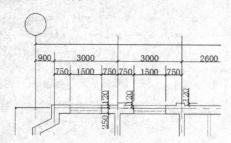

图 7-82　绘制圆

❷ 选取菜单栏"绘图"→"块"→"定义属性"命令，弹出"属性定义"对话框，如图 7-83 所示。单击"确定"按钮，在圆心位置，输入一个块的属性值。设置完成后的效果如图 7-84 所示。

图 7-83　块属性定义

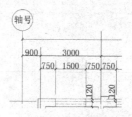

图 7-84　在圆心位置写入属性值

❸ 单击"默认"选项卡"块"面板中的"创建"按
钮 🔲，弹出"块定义"对话框，如图 7-85 所示。
在"名称"文本框中写入"轴号"，指定圆心为
基点；选择整个圆和刚才的"轴号"标记为对象，
单击"确定"按钮，弹出如图 7-86 所示的"编
辑属性"对话框，输入轴号为"1"，单击"确定"
按钮，轴号效果图如图 7-87 所示。

图 7-85 创建块

❹ 单击"默认"选项卡"块"面板中的"插入"
按钮 🔲，弹出"插入"对话框，将轴号图块插
入到轴线上，并修改图块属性，结果如图 7-88
所示。

图 7-86 "编辑属性"对话框

图 7-87 输入轴号

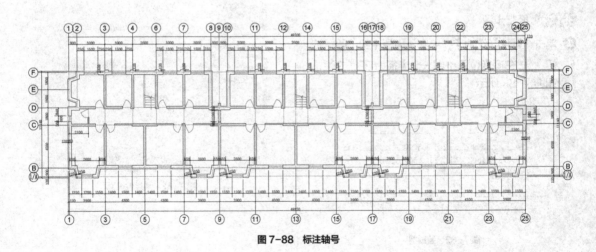

图 7-88 标注轴号

7.3.12 | 标注文字

STEP 绘制步骤

❶ 打开"默认"选项卡"图层"面板中的下拉列表，选择"文字"图层为当前层。

❷ 选择菜单栏中的"格式"→"文字样式"命令，弹出"文字样式"对话框，如图 7-89 所示。

❸ 单击"新建"按钮，弹出"新建文字样式"对话框，将文字样式命名为"说明"，如图 7-90 所示。

图 7-89 "文字样式"对话框

图 7-90 "新建文字样式"对话框

❹ 单击"确定"按钮，在"文字样式"对话框中取消勾选"使用大字体"复选框，然后在"字体名"下拉列表中选择"宋体"，"高度"设置为"300"，如图 7-91 所示。

图 7-91 修改文字样式

在 CAD 中输入汉字时，可以选择不同的字体，在"字体名"下拉列表中，有些字体前面有"@"标记，如"@ 仿宋 _GB2312"，这说明该字体是为横向输入汉字用的，即输入的汉字逆时针旋转 90°。如果要输入正向的汉字，不能选择前面带"@"标记的字体。

❺ 将"文字"图层设为当前层，在图中相应的位置输入需要标注的文字，结果如图 7-1 所示。

7.4 绘制低层住宅中间层平面图

一层平面图是在地下层平面图的基础上发展而来的，所以可以通过修改地下层的平面图，获得一层建筑平面图，如图 7-92 所示。

利用上述方法绘制二～五层平面图，如图 7-93 所示。

利用上述方法绘制六层平面图，如图 7-94 所示。

利用上述方法绘制夹层平面图，如图 7-95 所示。

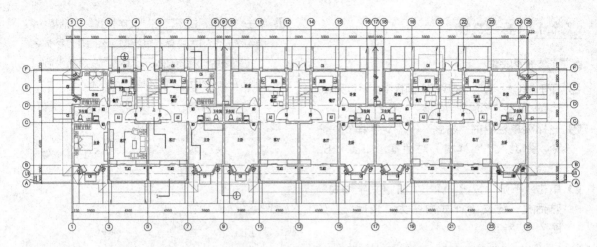

说明：卫生间、厨房、阳台比同楼层标高低20mm

图 7-92　低层住宅一层平面图

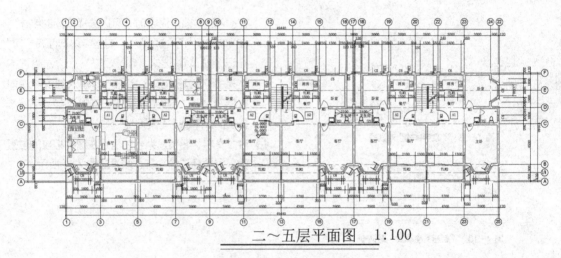

二～五层平面图　1:100

图 7-93　绘制二～五层平面图

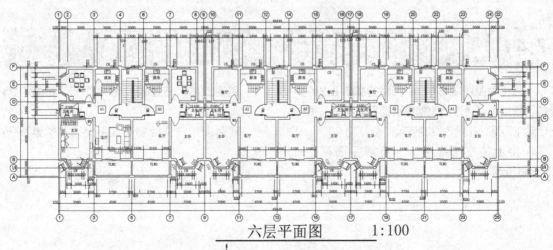

六层平面图　1:100

图 7-94　绘制六层平面图

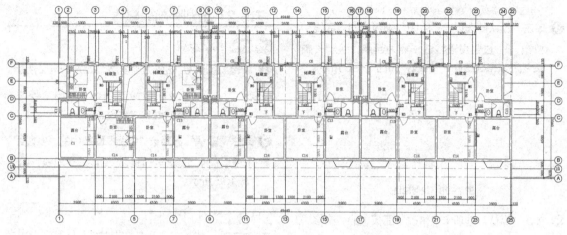

夹层平面图 ——— 1:100

图 7-95 绘制夹层平面图

7.5 绘制低层住宅屋顶平面图

　　低层住宅的屋顶设计为复合式坡顶，由几个不同大小、不同朝向的坡屋顶组合而成。因此在绘制过程中，应该认真分析它们之间的结合关系，并将这种结合关系准确地表现出来。可是每个单元屋顶是相同的，所以屋顶平面图如图7-96所示。

扫一扫

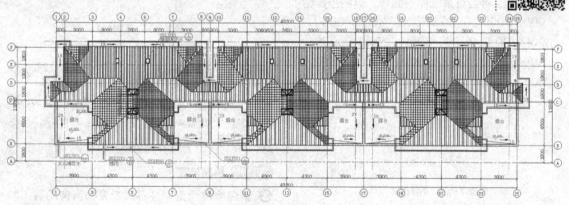

屋顶平面图 1:100

图 7-96 屋顶平面图

7.5.1 | 绘制轴线

STEP 绘制步骤

❶ 新建"轴线"图层为当前层，如图 7-97 所示。

图 7-97 设置当前图层

❷ 单击"默认"选项卡"绘图"面板中的"直线"按钮 ，在空白区域任选其起点，绘制一条长度为 13500 的竖直轴线。命令行提示与操作如下。

命令：LINE ✓
指定第一个点：✓（任选起点）

指定下一点或 [放弃 (U)]: @0,14000 ✓

❸ 单击"默认"选项卡"绘图"面板中的"直线"
按钮 ✐，过竖直直线选一点为起点，绘制一条
长度为 52000 的水平轴线，如图 7-98 所示。

图 7-98　绘制轴线

❹ 单击"默认"选项卡"修改"面板中的"偏移"
按钮 ⚏，将水平直线向上偏移，偏移距离为
1800、4500、1800、1900、1800，如图 7-99
所示。

图 7-99　偏移水平直线

❺ 单击"默认"选项卡"修改"面板中的"偏移"
按钮 ⚏，将竖直直线向右偏移，偏移距离为
900、3000、3000、2600、3000、3000、
900、900、3000、3000、2600、3000、
3000、900、900、3000、3000、2600、
3000、3000、900，如图 7-100 所示。

图 7-100　偏移直线

❻ 单击"默认"选项卡"修改"面板中的"偏移"
按钮 ⚏，选取部分轴线进行偏移，偏移距离为
120，如图 7-101 所示。

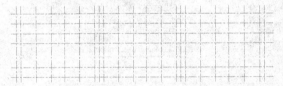

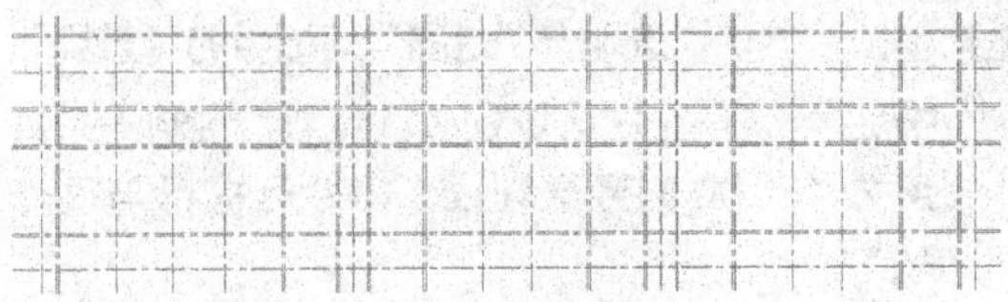

图 7-101　偏移轴线

7.5.2　绘制外部轮廓线

STEP 绘制步骤

❶ 新建"屋顶线"图层为当前层，如图 7-102 所示。

✐ 屋顶线　🔔 ☀ ⚿ ■白　CENTER　── 默认　0　Color_7 ⊖ 🖳

图 7-102　设置当前层

❷ 单击"默认"选项卡"绘图"面板中的"多段线"
按钮 ⚲，沿着偏移轴线绘制连续多段线，如图
7-103 所示。

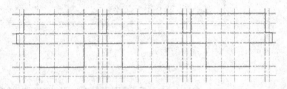

图 7-103　绘制多段线

❸ 单击"默认"选项卡"修改"面板中的"删除"
按钮 ✐，删除 7.5.1 节中第❻步偏移的轴线，
如图 7-104 所示。

图 7-104　删除轴线

7.5.3　绘制露台墙线

　　一般的建筑结构的墙线均可通过 AutoCAD 中
的"多线"命令来绘制。本例将利用"多线""修
剪"和"偏移"命令完成绘制。

STEP 绘制步骤

❶ 新建墙线图层，并将其设置为当前图层，如
图 7-105 所示。

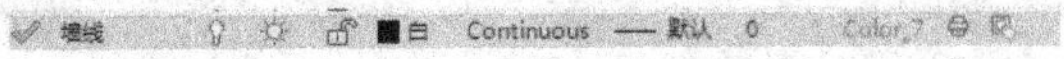

✐ 墙线　🔔 ☀ ⚿ ■白　Continuous　── 默认　0　Color_7 ⊖ 🖳

图 7-105　设置当前图层

❷ 选取菜单栏"格式"→"多线样式"命令，打开"多
线样式"对话框，新建"240"多线样式，按照
图 7-106 所示，将偏移分别修改为"120"和
"-120"，并将左端封口选项栏中的直线后面的
两个复选框勾选，单击"确定"按钮，返回"多线
样式"对话框中，单击"确定"按钮返回绘图状态。

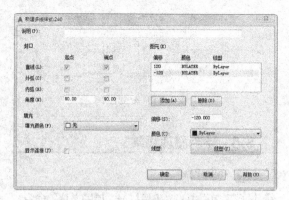

图 7-106 编辑新建多线样式

❸ 绘制墙线。

① 选取菜单栏"绘图"→"多线"命令，绘制住宅屋顶平面图中所有 240mm 厚的墙体。命令行提示与操作如下。

```
命令：mline ✓
当前设置：对正 = 上，比例 =20.00，样式 =
STANDARD
指定起点或 [ 对正 (J) / 比例 (S) / 样式 (ST)]：
ST ✓（设置多线样式）
输入多线样式名或 [?]：240 ✓（多线样式为 240）
当前设置：对正 = 上，比例 =20.00，样式 = 墙
指定起点或 [ 对正 (J) / 比例 (S) / 样式 (ST)]：
J ✓
输入对正类型 [ 上 (T) / 无 (Z) / 下 (B)]< 上 >：
Z ✓（设置对中模式为无）
当前设置：对正 = 无，比例 =20.00，样式 = 墙
指定起点或 [ 对正 (J) / 比例 (S) / 样式 (ST)]：
S ✓
输入多线比例 <20.00>：1 ✓（设置线型比例为 1）
当前设置：对正 = 无，比例 =1.00，样式 = 墙
指定起点或 [ 对正 (J) / 比例 (S) / 样式 (ST)]：✓
（选择左侧竖直直线下端点）
指定下一点：指定下一点或 [ 放弃 (U)]：✓
```

逐个点进行绘制，完成后的结果如图 7-107 所示。

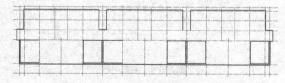

图 7-107 绘制墙线

② 选取菜单栏"修改"→"对象"→"多线"命令，弹出"多线编辑工具"对话框，如图 7-108 所示。单击"T 形打开"按钮，选取

相交多线进行多线处理，如图 7-109 所示。利用上述方法完成其他多线编辑，如图 7-110 所示。

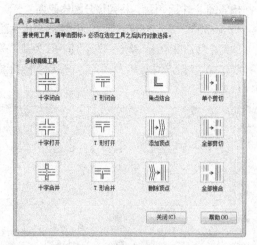

图 7-108 "多线编辑工具"对话框

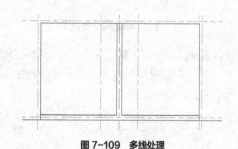

图 7-109 多线处理

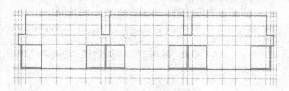

图 7-110 设置当前层

7.5.4 绘制外部多线

STEP 绘制步骤

❶ 单击"默认"选项卡"修改"面板中的"偏移"按钮，选取左右两侧外部轴线为偏移对象对其进行偏移，偏移距离为 600；继续利用偏移命令，选择最上边水平轴线作为偏移对象进行偏移，偏移距离为 600，如图 7-111 所示。

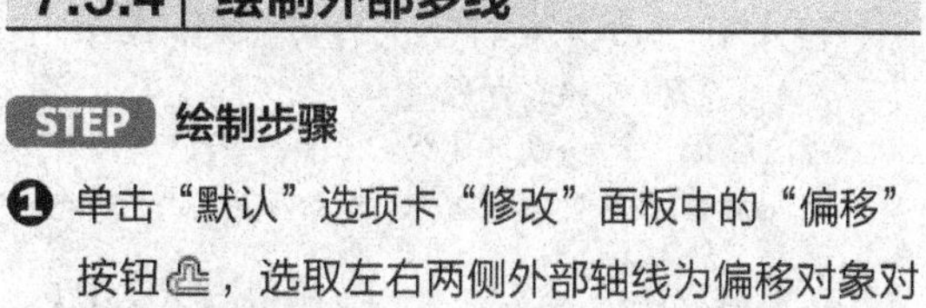

图 7-111 偏移轴线

❷ 选取菜单栏"格式"→"多线样式"命令，打开
"多线样式"对话框，新建"100"多线样式，
按照图 7-112 所示，将偏移分别修改为"50"
和"-50"，并将左端封口选项栏中的直线后面
的两个复选框勾选，单击"确定"按钮，回到"多
线样式"对话框中，单击"确定"按钮返回绘图
状态。

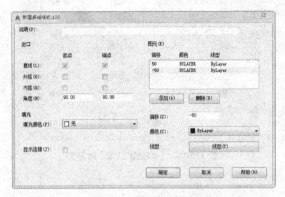

图 7-112　编辑新建多线样式

❸ 选取菜单栏中的"绘图"→"多线"命令，绘制
住宅屋顶平面图中所有 100mm 厚的墙体。命
令行提示与操作如下。

```
命令：mline ↙
当前设置：对正 = 上，比例 =20.00，样式 =
STANDARD
指定起点或 [ 对正 (J) / 比例 (S) / 样式 (ST)]：
ST ↙（设置多线样式）
输入多线样式名或 [?]：100 ↙（多线样式为 100）
当前设置：对正 = 上，比例 =20.00，样式 = 墙
指定起点或 [ 对正 (J) / 比例 (S) / 样式 (ST)]：
J ↙
输入对正类型 [ 上 (T) / 无 (Z) / 下 (B)]< 上 >：
Z ↙（设置对中模式为无）
当前设置：对正 = 无，比例 =20.00，样式 = 墙
指定起点或 [ 对正 (J) / 比例 (S) / 样式 (ST)]：
S ↙
输入多线比例 <20.00>：1 ↙（设置线型比例为 1）
当前设置：对正 = 无，比例 =1.00，样式 = 墙
指定起点或 [ 对正 (J) / 比例 (S) / 样式 (ST)]：↙
（选择左侧竖直直线下端点
指定下一点：指定下一点或 [ 放弃 (U)]：↙
```
逐个点进行绘制，完成外部线条的绘制。

❹ 单击"默认"选项卡"修改"面板中的"删除"
按钮 ✍ 和"偏移"按钮 ⟠，修整轴线，如图 7-113
所示。

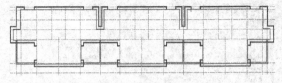

图 7-113　修整轴线

7.5.5 | 绘制屋顶线条

STEP 绘制步骤

❶ 选择菜单栏中的"工具"→"绘图设置"命令，
在出现的"草图设置"对话框中，选中"启用
极轴追踪"复选框，设置"增量角"角度，如
图 7-114 所示。

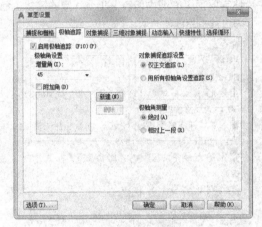

图 7-114　"草图设置"对话框

❷ 单击"默认"选项卡"绘图"面板中的"直线"
按钮 ╱，利用追踪线向左移动鼠标，绘制斜线
如图 7-115 所示。

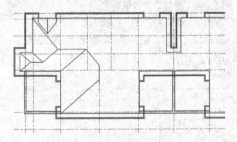

图 7-115　绘制斜线

❸ 单击"默认"选项卡"修改"面板中的"镜像"
按钮 ⚏，选取第❷步绘制的斜线，以左侧第
五根轴线为镜像轴进行镜像处理，如图 7-116
所示。

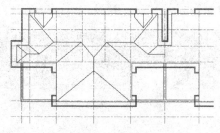

图 7-116　镜像线段

④ 重复执行"镜像"命令，选取图形进行镜像，并结合所学知识完成剩余相同图形的绘制，如图 7-117 所示。

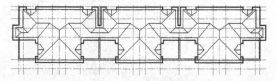

图 7-117　绘制剩余图形

7.5.6 | 绘制排烟道

STEP　绘制步骤

① 单击"默认"选项卡"绘图"面板中的"矩形"按钮 ⬜ ，在图形适当位置绘制一个矩形，矩形大小为 400×500，如图 7-118 所示。

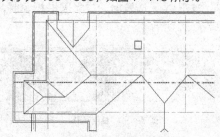

图 7-118　绘制矩形

② 单击"默认"选项卡"修改"面板中的"偏移"按钮 ⬡ ，将第❶步绘制的矩形向内偏移，偏移距离为 50，如图 7-119 所示。

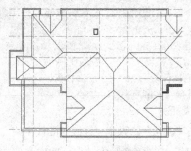

图 7-119　偏移矩形

③ 单击"默认"选项卡"修改"面板中的"复制"按钮 ⬚ ，将第❶步、第❷步绘制的矩形复制到适当位置，如图 7-120 所示。

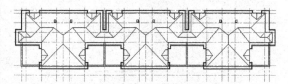

图 7-120　复制矩形

7.5.7 | 填充图形

STEP　绘制步骤

① 单击"默认"选项卡"图层"面板中的"图层特性"按钮 ⬚ ，弹出"图层特性管理器"对话框，关闭"轴线"图层，结果如图 7-121 所示。

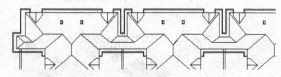

图 7-121　关闭"轴线"图层

② 填充图案。

单击"默认"选项卡"绘图"面板中的"图案填充"按钮 ⬚ ，系统打开"图案填充创建"选项卡，单击"图案填充图案"选项，选择如图 7-122 所示的图案类型，在"图案填充创建"选项卡左侧单击"拾取点"按钮 ⬚ ，在填充区域拾取点后，修改填充比例为 50，按 Enter 键后完成图案填充，效果如图 7-123 所示。

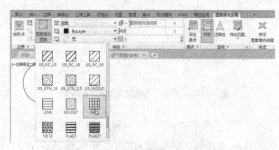

图 7-122　"图案填充创建"选项卡

③ 单击"默认"选项卡"绘图"面板中的"图案填充"按钮 ⬚ ，系统打开"图案填充创建"选项卡，继续填充剩余相同图案，如图 7-124 所示。

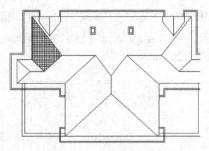

图 7-123 填充图案（一）

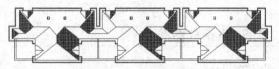

图 7-124 填充图案（二）

❹ 单击"默认"选项卡"绘图"面板中的"图案填充"按钮，系统打开"图案填充创建"选项卡，继续填充图案"NET"，修改填充比例为80，如图 7-125 所示。

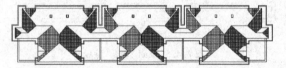

图 7-125 填充图案（三）

❺ 单击"默认"选项卡"绘图"面板中的"图案填充"按钮，系统打开"图案填充创建"选项卡，将选项卡进行设置，如图 7-126 所示。选取填充区域，填充图案如图 7-127 所示。

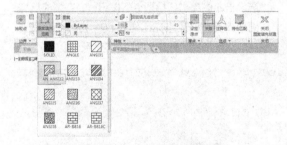

图 7-126 设置"图案填充创建"选项卡

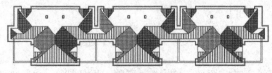

图 7-127 填充图案（四）

❻ 利用上述方法完成剩余图案的填充，如图 7-128

所示。

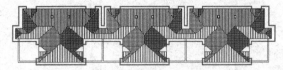

图 7-128 填充剩余图案

7.5.8 绘制屋顶烟囱放大图

结合前面所学命令，按照图7-129所示的尺寸，绘制屋顶烟囱放大平面。

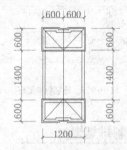

图 7-129 绘制屋顶烟囱放大图

STEP 绘制步骤

❶ 单击"默认"选项卡"修改"面板中的"复制"按钮，选取烟囱放大图进行复制，如图 7-130 所示。

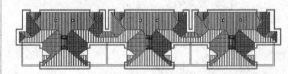

图 7-130 复制图形

❷ 单击"默认"选项卡"绘图"面板中的"多段线"按钮，绘制箭头。命令行提示与操作如下。

```
命令：PLINE ↙
指定起点：
当前线宽为 0.0000
指定下一个点或 [圆弧 (A) / 半宽 (H) / 长度 (L) /
放弃 (U) / 宽度 (W)]：600 ↙
指定下一点或 [圆弧 (A) / 闭合 (C) / 半宽 (H) / 长
度 (L) / 放弃 (U) / 宽度 (W)]：W ↙
指定起点宽度 <0.0000>：100 ↙
指定端点宽度 <100.0000>：0 ↙
```
结果如图 7-131 所示。

❸ 单击"默认"选项卡"修改"面板中的"复制"按钮和"镜像"按钮，完成图形中所有箭

头的绘制，如图 7-132 所示。

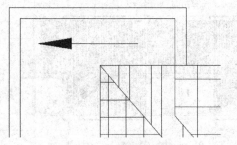

图 7-131　绘制箭头

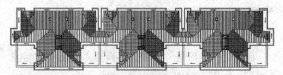

图 7-132　复制箭头

❹ 单击"默认"选项卡"绘图"面板中的"圆"按钮，在图形适当位置绘制一个半径为 80 的圆，如图 7-133 所示。

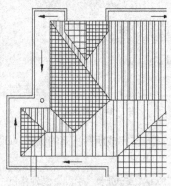

图 7-133　绘制圆

❺ 单击"默认"选项卡"修改"面板中的"复制"按钮，将第❹步绘制的圆复制到适当位置，如图 7-134 所示。

❻ 单击"默认"选项卡"绘图"面板中的"直线"按钮，在图形适当位置绘制多条斜向直线，如

图 7-135 所示。

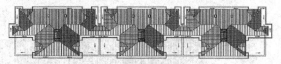

图 7-134　复制圆

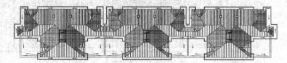

图 7-135　绘制直线

7.5.9　标注尺寸

STEP　绘制步骤

❶ 单击"默认"选项卡"注释"面板中的"线性标注"按钮，标注图形细部尺寸，如图 7-136 所示。

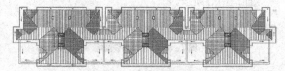

图 7-136　细部标注

❷ 打开"轴线"层并将"尺寸标注"图层设为当前层，并单击"默认"选项卡"注释"面板中的"线性标注"按钮，标注第一道尺寸，如图 7-137 所示。

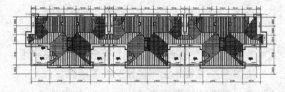

图 7-137　第一道尺寸

❸ 单击"默认"选项卡"注释"面板中的"线性标注"按钮，标注总尺寸，如图 7-138 所示。

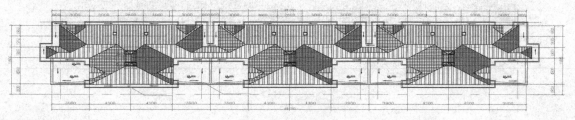

图 7-138　标注总尺寸

❹ 利用前面 7.3.11 节讲述的方法为图形添加轴号，如图 7-139 所示。

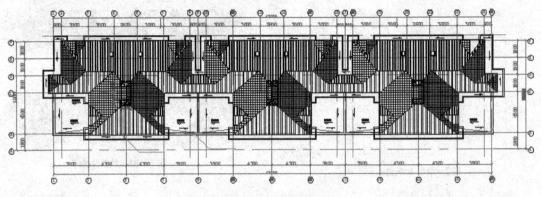

图 7-139　添加轴号

7.5.10　标注文字

STEP　绘制步骤

❶ 新建文字图层，选择"文字"图层为当前层，如图 7-140 所示。

图 7-140　设置当前图层

❷ 选择菜单栏中的"格式"→"文字样式"命令，弹出"文字样式"对话框，新建"屋顶平面"样式，在"文字样式"对话框中取消勾选"使用大字体"复选框，然后在"字体名"下拉列表中选择"宋体"，"高度"设置为"350"，如图 7-141 所示。

❸ 单击"默认"选项卡"注释"面板中的"多行文字"按钮A和"直线"按钮╱以及"圆"按钮⊙，完成图形中文字的标注，如图 7-142 所示。

❹ 单击"默认"选项卡"绘图"面板中的"多段线"按钮⊃，在图形适当位置绘制多段线。

❺ 单击"默认"选项卡"块"面板中的"插入"按钮，打开"插入"对话框，选择"源文件/图块/标高符号"图块，将其插入到图中适当位置，如图 7-143 所示。

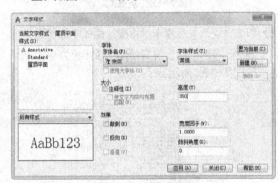

图 7-141　修改文字样式

❻ 利用上述方法完成所有标高的绘制，如图 7-144 所示。

❼ 单击"默认"选项卡"绘图"面板中的"多段线"按钮⊃，指定起点宽度和终点宽度为 100，在绘制图形下方绘制一段多段线，最终结果如图 7-96 所示。

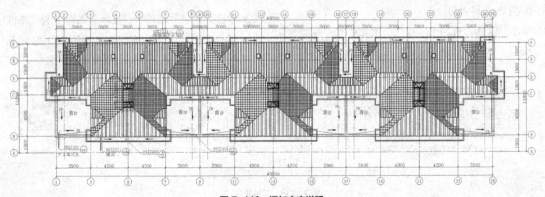

图 7-142　添加文字说明

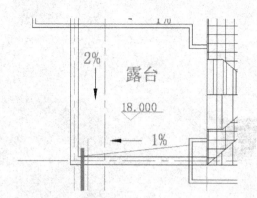

图 7-143 插入标高

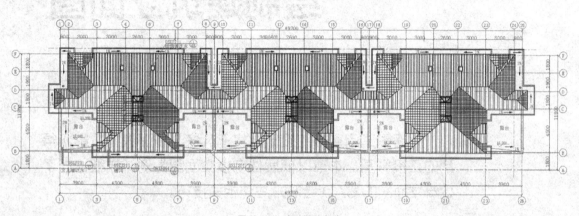

图 7-144 插入所有标高

第8章

绘制建筑立面图

立面图是用直接正投影法将建筑各个墙面进行投影所得到的正投影图。本章以低层住宅楼立面图为例，详细论述了建筑立面图的 CAD 绘制方法与相关技巧。

知识点

- ➥ 建筑立面图绘制概述
- ➥ 绘制某低层住宅楼立面图

8.1 建筑立面图绘制概述

建筑立面图是用来研究建筑立面的造型和装修的图样。立面图主要是反映建筑物的外貌和立面装修的做法，这是因为建筑物给人的美感主要来自其立面的造型和装修。

8.1.1 建筑立面图的概念及图示内容

立面图是用直接正投影法将建筑各个墙面进行投影所得到的正投影图。一般情况下，立面图上的图示内容包括墙体外轮廓及内部凹凸轮廓、门窗（幕墙）、入口台阶及坡道、雨篷、窗台、窗楣、壁柱、檐口、栏杆、外露楼梯等，各种小的细部可以简化或用比例来代替。例如门窗的立面、踢脚线。从理论上讲，立面图上所有建筑配件的正投影图均要反映在立面图上。实际上，一些比较有代表性的位置需要详细绘制时，可以绘制展开的立面图。圆形或多边形平面的建筑物可通过分段展开来绘制立面图窗扇、门扇等细节，因此同类门窗可采用相同轮廓表示。

此外，当立面转折、曲折较复杂，如果门窗不是引用有关门窗图集，则其细部构造需要通过绘制大样图来表示，这就弥补了在施工图中立面图上的不足。为了图示明确，在图名上均应注明"展开"二字，在转角处应准确标明轴线号。

8.1.2 建筑立面图的命名方式

建筑立面图命名的目的在于能够使读者一目了然地识别其立面的位置。因此，各种命名方式都是围绕"明确位置"这一主题来实施的。至于采取哪种方式，则视具体情况而定。

1. 以相对主入口的位置特征来命名

如果以相对主入口的位置特征来命名，则建筑立面图称为正立面图、背立面图和侧立面图。这种方式一般适用于建筑平面方正、简单，入口位置明确的情况。

2. 以相对地理方位的特征来命名

如果以相对地理方位的特征来命名，则建筑立面图常称为南立面图、北立面图、东立面图和西立面图。这种方式一般适用于建筑平面图规整、简单，而且朝向相对正南、正北偏转不大的情况。

3. 以轴线编号来命名

以轴线编号来命名是指用立面图的起止定位轴线来命名，例如①~⑥立面图、Ⓔ~Ⓐ立面图等。这种命名方式准确，便于查对，特别适用于平面较复杂的情况。

根据《建筑制图标准》（GB/T 50104—2010），有定位轴线的建筑物，宜根据两端定位轴线号来标注立面图名称。无定位轴线的建筑物可按平面图各面的朝向来确定名称。

8.1.3 绘制建筑立面图的一般步骤

从总体上来说，立面图是通过在平面图的基础上引出定位辅助线确定立面图样的水平位置及大小，然后根据高度方向的设计尺寸来确定立面图样的竖向位置及尺寸，从而绘制出一系列的图样。因此，立面图绘制的一般步骤如下。

（1）设置绘图环境。

（2）设置线型、线宽。

（3）确定定位辅助线，包括墙、柱定位轴线，楼层水平定位辅助线及其他立面图样的辅助线。

（4）绘制立面图样，包括墙体外轮廓及内部凹凸轮廓、门窗（幕墙）、入口台阶及坡道、雨篷、窗台、窗楣、壁柱、檐口、栏杆、外露楼梯、各种脚线等。

（5）配景，包括植物、车辆、人物等。

（6）标注尺寸、文字。

8.2 绘制某低层住宅楼立面图

本例绘制某宿舍楼的南立面图，先确定定位辅助线，再根据辅助线运用直线命令、偏移命令、多行文字命令完成绘制。绘制的立面图如图8-1所示。

图 8-1　立面图

8.2.1　绘制定位辅助线

STEP　绘制步骤

❶ 单击"快速访问"工具栏中的"打开"按钮
📂，打开"源文件 / 第 8 章 / 一层平面"文件。

❷ 单击"默认"选项卡"修改"面板中的"删除"
按钮 ✍，删除图形中不需要的部分，整理图形
如图 8-2 所示。

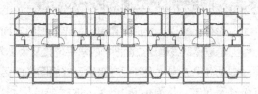

图 8-2　整理图形

❸ 单击"默认"选项卡"修改"面板中的"复制"
按钮 °😮，选取整理过的一层平面图，将其复制
到新样板图中。

❹ 将当前图层设置为"立面"图层。单击"默认"
选项卡"绘图"面板中的"多段线"按钮 ⌐⊃，
指定起点宽度为 200，终点宽度为 200，在一
层平面图下方绘制一条地坪线，地坪线上方需
留出足够的绘图空间，如图 8-3 所示。

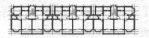

图 8-3　绘制地坪线

❺ 单击"默认"选项卡"绘图"面板中的"直线"
按钮 ╱，由一层平面图向下引出定位辅助线，
结果如图 8-4 所示。

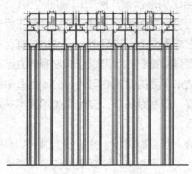

图 8-4　绘制一层竖向辅助线

❻ 单击"默认"选项卡"修改"面板中的"偏移"
按钮 ⊕，根据室内外高差、各层层高、屋面标
高等确定楼层定位辅助线，如图 8-5 所示。

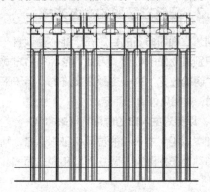

图 8-5　偏移层高

❼ 单击"默认"选项卡"修改"面板中的"修剪"
按钮 -/--，对引出的辅助线进行修剪，结果如
图 8-6 所示。

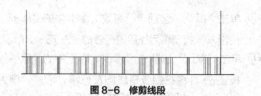

图 8-6　修剪线段

8.2.2 绘制地下层立面图

STEP 绘制步骤

❶ 单击"默认"选项卡"修改"面板中的"偏移"
按钮 ⌕，将前面偏移的层高线连续向上偏移，
偏移距离为 3000，如图 8-7 所示。

图 8-7　偏移层高线

❷ 单击"默认"选项卡"修改"面板中的"偏
移"按钮 ⌕，将地坪线向上偏移，偏移距离为
300，单击"默认"选项卡"修改"面板中的"分
解"按钮 ⌗，选择第❶步偏移的线段为分解对
象，按回车确认进行分解，如图 8-8 所示。

图 8-8　偏移地坪线

❸ 单击"默认"选项卡"修改"面板中的"修剪"
按钮 -/--，将第❷步偏移的线段进行修剪，如图
8-9 所示。

图 8-9　修剪偏移线段

❹ 单击"默认"选项卡"绘图"面板中的"矩形"
按钮 ▭，在立面图中左下边适当位置绘制一个

1500×250 的矩形，如图 8-10 所示。

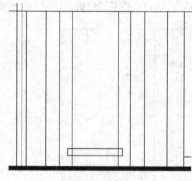

图 8-10　绘制矩形

❺ 单击"默认"选项卡"修改"面板中的"偏移"
按钮 ⌕，选取第❹步绘制的矩形向内偏移，偏
移距离为 30，如图 8-11 所示。

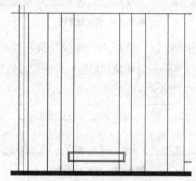

图 8-11　偏移矩形

❻ 单击"默认"选项卡"修改"面板中的"偏移"
按钮 ⌕，在偏移后的矩形内中间位置绘制两段
竖直直线，距离大约为 30，如图 8-12 所示。

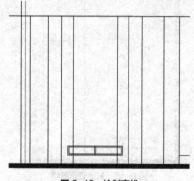

图 8-12　绘制直线

❼ 单击"默认"选项卡"修改"面板中的"修剪"
按钮 -/--，对图形进行修剪，如图 8-13 所示。

❽ 单击"默认"选项卡"修改"面板中的"偏

移"按钮 ⬱，将地坪线向上偏移，偏移距离为
1650、1600，并将其分解，如图 8-14 所示。

图 8-13　修剪图形

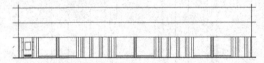

图 8-14　偏移地坪线

⑨ 单击"默认"选项卡"修改"面板中的"修
剪"按钮 -/--，将偏移后的地坪线进行修剪，如
图 8-15 所示。

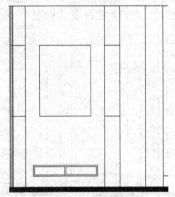

图 8-15　修剪地坪线

⑩ 单击"默认"选项卡"修改"面板中的"偏移"
按钮 ⬱，将修剪后左侧竖直线向右偏移，偏移
距离为 10、30、20，如图 8-16 所示。

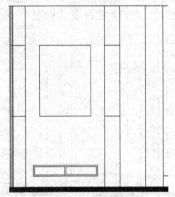

图 8-16　偏移竖直线

⑪ 单击"默认"选项卡"修改"面板中的"偏移"
按钮 ⬱，将修剪后最下端水平线向上偏移，
偏移距离为 30、50、1120、20、20、20、
260、30、50，如图 8-17 所示。

⑫ 单击"默认"选项卡"修改"面板中的"修剪"
按钮 -/--，将偏移后线段进行修剪，如图 8-18 所示。

⑬ 单击"默认"选项卡"修改"面板中的"偏移"
按钮 ⬱，将右侧竖直线向左偏移，偏移距离为
50、15、15、300，如图 8-19 所示。

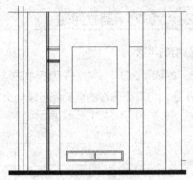

图 8-17　偏移水平直线

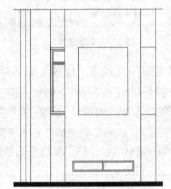

图 8-18　修剪图形

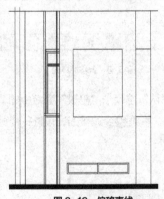

图 8-19　偏移直线

⑭ 单击"默认"选项卡"修改"面板中的"修剪"
按钮 -/--，将偏移直线进行修剪，如图 8-20 所示。

⑮ 单击"默认"选项卡"修改"面板中的"镜像"按
钮 ⬱，将第⑭步绘制的窗户图形，以中间矩形上
边中点为镜像起始点进行镜像，如图 8-21 所示。

⑯ 单击"默认"选项卡"修改"面板中的"删除"
按钮 ✍，删除多余线段。

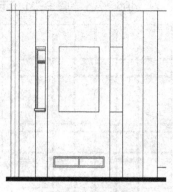

图 8-20　修剪图形

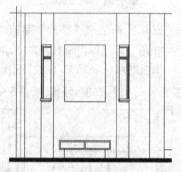

图 8-21　镜像窗户

⑰ 单击"默认"选项卡"绘图"面板中的"直线"
按钮 ╱和"修改"工具栏中的"偏移"按钮 ⌒ 及"删
除"按钮 ✍，绘制一层平面图中 C10 号窗，如
图 8-22 所示。

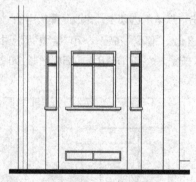

图 8-22　绘制窗户

⑱ 在命令行中输入 WBLOCK 命令，打开"写块"
对话框，如图 8-23 所示，以绘制完成的窗户图
形为对象，选一点为基点，定义"C10 窗户"图块。

⑲ 单击"默认"选项卡"块"面板中的"插入"按

钮 ╧，打开"插入"对话框，如图 8-24 所示。
选择"C10 窗户"图块，将其插入到图中适当
位置，如图 8-25 所示。

图 8-23　定义窗户图块

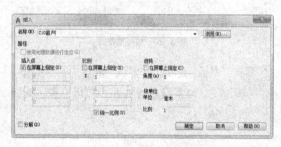

图 8-24　"插入"对话框

图 8-25　"插入"窗户（一）

利用上述方法插入图形中的小窗户，如图 8-26
所示。

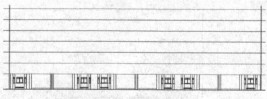

图 8-26　"插入"窗户

⑳ 单击"默认"选项卡"修改"面板中的"删
除"按钮 ✍，删除多余的线段，如图 8-27
所示。

㉑ 单击"默认"选项卡"修改"面板中的"偏
移"按钮 ⌒，将地坪线向上偏移，偏移距离为

910，如图 8-28 所示。

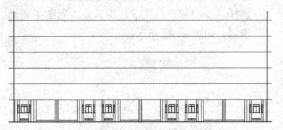

图 8-27　修剪图线

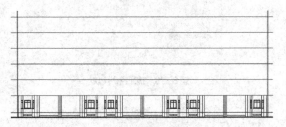

图 8-28　偏移地坪线

㉒ 单击"默认"选项卡"修改"面板中的"修剪"按钮 -/--，对偏移后的地坪线进行修剪，如图 8-29 所示。

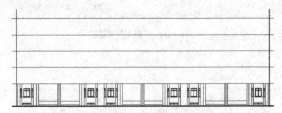

图 8-29　修剪地坪线

㉓ 单击"默认"选项卡"修改"面板中的"偏移"按钮 ⌂，将第㉒步修剪的水平直线向上偏移，偏 移 距 离 为 50、30、130、20、470、20、147、30、1110、30、370、30，如图 8-30 所示。

图 8-30　偏移水平直线

㉔ 单击"默认"选项卡"修改"面板中的"偏移"

按钮 ⌂，将第㉓步左侧竖直直线向右偏移，偏移距离为 800、30、495、30、480、30、480、30、495、30，如图 8-31 所示。

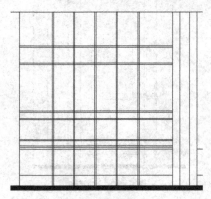

图 8-31　偏移竖直直线

㉕ 单击"默认"选项卡"修改"面板中的"偏移"按钮 ⌂，将地坪线向上偏移，偏移距离为2887，单击"默认"选项卡"修改"面板中的"修剪"按钮 -/--，对图形进行修剪，如图 8-32 所示。

图 8-32　修剪图形

㉖ 单击"默认"选项卡"修改"面板中的"偏移"按钮 ⌂、"修剪"按钮 -/-- 和"绘图"面板中的"直线"按钮 ╱、"圆"按钮 ⊙，细化图形，如图 8-33 所示。

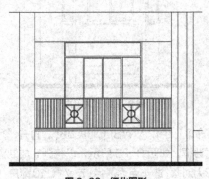

图 8-33　细化图形

㉗ 在命令行中输入 WBLOCK 命令，打开"写块"对话框，如图 8-34 所示，以绘制完成的窗户图形为对象，选一点为基点，定义"阳台门"图块。

图 8-34 定义"阳台门"图块

㉘ 单击"默认"选项卡"修改"面板中的"复制"按钮 ％，将第㉗步定义成块的阳台门复制到适当位置，如图 8-35 所示。

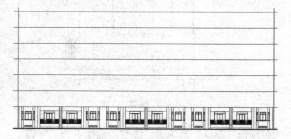

图 8-35 复制阳台门

㉙ 单击"默认"选项卡"修改"面板中的"偏移"按钮 ⊆，将阳台与阳台之间的左右两侧竖直直线分别向内偏移，偏移距离为 240，如图 8-36 所示。

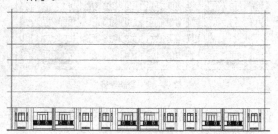

图 8-36 偏移线段

㉚ 单击"默认"选项卡"修改"面板中的"删除"按钮 ✍，删除多余线段，如图 8-37 所示。

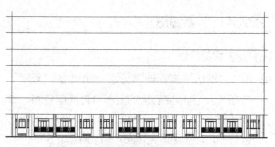

图 8-37 删除多余线段

8.2.3 绘制屋檐

STEP 绘制步骤

❶ 单击"默认"选项卡"修改"面板中的"偏移"按钮 ⊆，首先将地坪线向上偏移，然后将左右两侧竖直直线分别向外偏移，如图 8-38 所示。

图 8-38 偏移直线

❷ 单击"默认"选项卡"修改"面板中的"修剪"按钮 -/--，对偏移后线段进行修剪，完成屋檐线的绘制，如图 8-39 所示。

图 8-39 绘制屋檐线

❸ 单击"默认"选项卡"绘图"面板中的"直线"按钮 ∕，在屋檐线条上绘制多条不垂直线段，如图 8-40 所示。

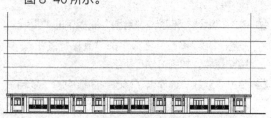

图 8-40 绘制多段直线

8.2.4 复制图形

STEP 绘制步骤

❶ 单击"默认"选项卡"修改"面板中的"复制"
按钮 ⊕，选取底层窗户图形向其他层复制，单
击"默认"选项卡"绘图"面板中的"直线"
按钮 ⁄，补充图形，如图 8-41 所示。

图 8-41 复制窗户图形

❷ 单击"默认"选项卡"修改"面板中的"复制"
按钮 ⊕，选取前面 8.2.3 小节中已经绘制完成
的屋檐图形向上复制，如图 8-42 所示。

图 8-42 复制屋檐图形

❸ 单击"默认"选项卡"修改"面板中的"删除"
按钮 ✍，删除多余的水平辅助线，如图 8-43
所示。

图 8-43 删除线段

❹ 单击"默认"选项卡"修改"面板中的"复制"
按钮 ⊕，选取窗户图形，继续向上复制，如图
8-44 所示。

❺ 单击"默认"选项卡"绘图"面板中的"直线"
按钮 ⁄ 和"修改"面板中的"偏移"按钮 ⊆，
绘制屋檐，如图 8-45 所示。

❻ 单击"默认"选项卡"修改"面板中的"复制"
按钮 ⊕，选取相同窗户图形向上复制，单击"默
认"选项卡"绘图"面板中的"直线"按钮 ⁄，

在复制窗户图形上方绘制一条水平直线，单击
"默认"选项卡"修改"面板中的"修剪"按
钮 ⊶，修剪过长线段，如图 8-46 所示。

图 8-44 复制图形

图 8-45 绘制屋檐

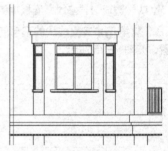

图 8-46 绘制短屋檐

❼ 单击"默认"选项卡"修改"面板中的"复制"
按钮 ⊕，选取第❻步绘制的短屋檐图形进行复
制，如图 8-47 所示。

图 8-47 复制屋檐

❽ 利用绘制短屋檐的方法绘制剩余长屋檐，如图
8-48 所示。

❾ 单击"默认"选项卡"绘图"面板中的"直
线"按钮 ⁄ 和"修改"面板中的"修剪"按钮
⊶，对窗户图形进行修剪，完成图形绘制，如

图 8-49 所示。

图 8-48　绘制屋檐

图 8-49　修剪图形

⑩ 单击"默认"选项卡"绘图"面板中的"直线"按钮 ╱，在图形上方绘制一条水平直线，如图 8-50 所示。

图 8-50　绘制直线

⑪ 单击"默认"选项卡"绘图"面板中的"矩形"按钮 ▢，单击"默认"选项卡"修改"面板中的"修剪"按钮 -/- 和"偏移"按钮 ⊆，绘制顶部窗户，如图 8-51 所示。

图 8-51　绘制窗户

⑫ 单击"默认"选项卡"修改"面板中的"复制"按钮 ⁰₀，选取第⑪步绘制的窗户图形向右复制，如图 8-52 所示。

⑬ 单击"默认"选项卡"绘图"面板中的"直线"按钮 ╱，绘制连续直线，如图 8-53 所示。

图 8-52　复制窗户

图 8-53　绘制连续直线

⑭ 单击"默认"选项卡"修改"面板中的"偏移"按钮 ⊆，选取第⑩步绘制的水平直线向上偏移，如图 8-54 所示。

图 8-54　绘制屋檐

⑮ 单击"默认"选项卡"绘图"面板中的"直线"按钮 ╱ 和"修改"面板中的"偏移"按钮 ⊆，绘制多段平面屋顶，如图 8-55 所示。

图 8-55　绘制多段平面屋顶

⑯ 单击"默认"选项卡"绘图"面板中的"直线"

按钮／，在第⑮步绘制的直线段中绘制斜向屋顶，如图 8-56 所示。

⑰ 利用前面所学知识，绘制剩余图形，如图 8-57 所示。

⑱ 单击"默认"选项卡"修改"面板中的"修剪"按钮 -/--，修剪过长线段，如图 8-58 所示。

图 8-56 绘制斜向屋顶

图 8-57 绘制剩余图形

图 8-58 修剪图形

8.2.5 绘制标高

STEP 绘制步骤

❶ 单击"默认"选项卡"绘图"面板中的"直线"按钮／，绘制标高，如图 8-59 所示。

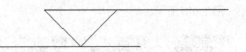

图 8-59 绘制标高

❷ 单击"默认"选项卡"注释"面板中的"多行文字"按钮 A，在标高上添加文字，最终完成标高的绘制。

❸ 单击"默认"选项卡"修改"面板中的"复制"按钮，选取已经绘制完成的标高进行复制，双击标高上的文字就可以修改文字，完成所有标高的绘制，如图 8-60 所示。

图 8-60 绘制所有标高

8.2.6 添加文字说明

STEP 绘制步骤

❶ 在命令行中输入"qleader"命令，为图形添加引线。单击"默认"选项卡"注释"面板中的"多行文字"按钮 A，为图形添加文字说明，如图 8-61 所示。

图 8-61 添加文字说明

❷ 单击"默认"选项卡"绘图"面板中的"直线"按钮／、"圆"按钮及"多行文字"按钮 A，绘制轴号如图 8-1 所示。

第9章

绘制建筑剖面图

建筑剖面图主要反映建筑物的结构形式、垂直空间利用、各层构造做法和门窗洞口高度等。本章以宿舍楼剖面图为例，详细论述建筑剖面图的 CAD 绘制方法与相关技巧。

知识点

- ➲ 建筑剖面图绘制概述
- ➲ 绘制某低层住宅楼剖面图

9.1 建筑剖面图绘制概述

假想用一个或多个垂直于外墙轴线的铅垂剖切面，将房屋剖开，所得的投影图，称为建筑剖面图，简称剖面图。剖面图用以表示房屋内部的结构或构造形式、分层情况和各部位的联系、材料及其高度等，是与平、立面图相互配合的不可缺少的重要图样之一。

9.1.1 建筑剖面图的概念及图示内容

剖面图是指用一剖切面将建筑物的某一位置剖开，移去一侧后，剩下的一侧沿剖视方向的正投影图。根据工程的需要，绘制一个剖面图可以选择1个剖切面、2个平行的剖切面或2个相交的剖切面，如图9-1所示。剖面图与断面图的区别在于：剖面图除了表示剖切到的部位外，还应表示出在投射方向看到的构配件轮廓（即所谓的"看线"）；而断面图只需要表示剖切到的部位。

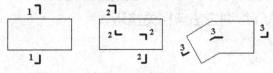

(a) 1 个剖切面　　(b) 2 个平行剖切面　　(c) 2 个相交剖切面

图 9-1　剖切面形式

对于不同的设计深度，图示内容也有所不同。

方案阶段重点在于表达剖切部位的空间关系、建筑层数、高度、室内外高度差等。剖面图中应注明室内外地坪标高、楼层标高、建筑总高度（室外地面至檐口）、剖面标号、比例或比例尺等。如果有建筑高度控制，还需标明最高点的标高。

初步设计阶段需要在方案图基础上增加主要内外承重墙、柱的定位轴线和编号，更加详细、清晰、准确地表达出建筑结构、构件（剖切到的或看到的墙、柱、门窗、楼板、地坪、楼梯、台阶、坡道、雨篷、阳台等）本身及相互关系。

施工阶段在优化、调整和丰富初级设图的基础

上，图示内容最为详细。一方面是剖切到的和看到的构配件图样准确、详尽、到位，另一方面是标注详细。除了标注室内外地坪、楼层、屋面突出物、各构配件的标高外，还需要标注竖向尺寸和水平尺寸。竖向尺寸包括外部3道尺寸（与立面图类似）和内部地坑、隔断、吊顶、门窗等部位的尺寸；水平尺寸包括两端和内部剖切到的墙、柱定位轴线间的尺寸及轴线编号。

9.1.2 剖切位置及投射方向的选择

根据规定，剖面图的剖切部位应根据图纸的用途或设计深度，选择空间复杂，能反映建筑全貌、构造特征以及有代表性的部位。

投射方向一般宜向左、向上，当然也要根据工程情况而定。剖切符号在底层平面图中，短线指向为投射方向。剖面图编号标注在投射方向那侧，剖切线若有转折，应在转角的外侧加注与该符号相同的编号。

9.1.3 绘制建筑剖面图的一般步骤

建筑剖面图一般在平面图、立面图的基础上，并参照平、立面图进行绘制。绘制剖面图的一般步骤如下。

（1）设置绘图环境。

（2）确定剖切位置和投射方向。

（3）绘制定位辅助线，包括墙、柱定位轴线，楼层水平定位辅助线及其他剖面图样的辅助线。

（4）绘制剖面图样及看线，包括剖切到的和看到的墙柱、地坪、楼层、屋面、门窗（幕墙）、楼梯、台阶及坡道、雨篷、窗台、窗楣、檐口、阳台、栏杆、各种脚线等。

（5）配景，包括植物、车辆、人物等。

（6）标注尺寸、文字。

9.2 绘制某低层住宅楼剖面图

扫一扫

本节以低层住宅楼剖面图绘制为例进一步深入讲解剖面图的绘制方法与技巧，如图9-2所示。

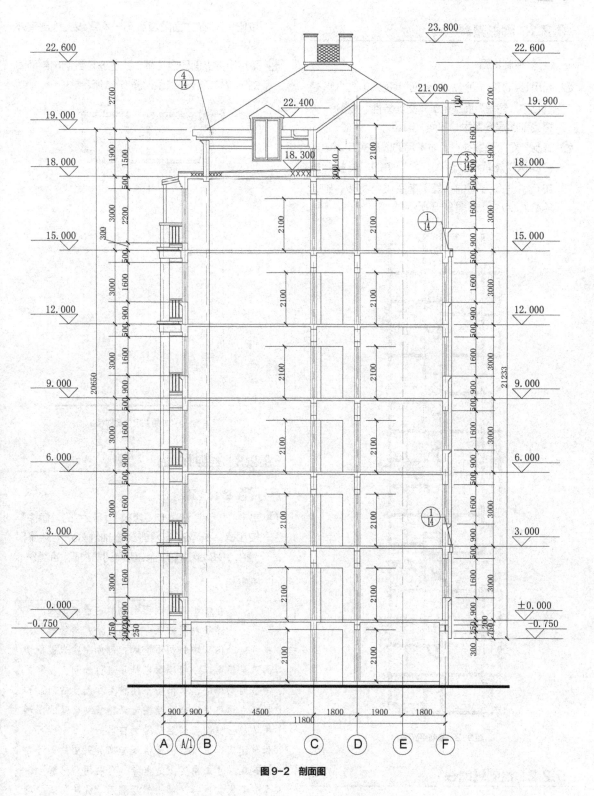

图 9-2　剖面图

9.2.1 图形整理

STEP 绘制步骤

❶ 利用LAYER命令创建"剖面"图层。单击"默认"选项卡"图层"面板中的"图层特性"按钮，将当前图层设置为"剖面"图层。

❷ 复制一层平面图并将暂时不用的图层关闭。单击"默认"选项卡"修改"面板中的"旋转"按钮，选取复制的一层平面图进行旋转，旋转角度为90°，如图9-3所示。

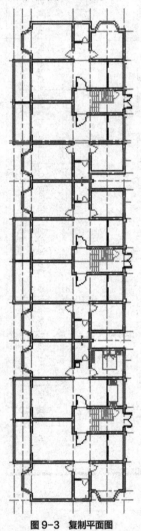

图9-3 复制平面图

9.2.2 绘制辅助线

STEP 绘制步骤

❶ 单击"默认"选项卡"绘图"面板中的"直线"按钮，在立面图左侧同一水平线上绘制室外地平线。

❷ 采用绘制立面图定位辅助线的方法绘制出剖面图的定位辅助线，结果如图9-4所示。

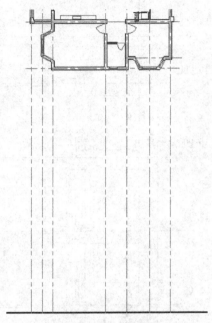

图9-4 绘制定位辅助线

9.2.3 绘制墙线

STEP 绘制步骤

❶ 单击"默认"选项卡"修改"面板中的"偏移"按钮，选取左右两侧竖直轴线分别向外偏移120，并将偏移后的轴线切换到墙线层，如图9-5所示。

> 说明 在绘制建筑剖面图中的门窗或楼梯时，除了利用前面介绍的方法直接绘制外，也可借助图库中的图形模块，例如一些未被剖切的可见门窗或一组楼梯栏杆等进行绘制。在常见的室内图库中，有很多不同种类和尺寸的门窗和栏杆立面可供选择，绘图者只需找到合适的图形模块进行复制，然后粘贴到自己的图形中即可。如果图库中提供的图形模块与实际需要的图形之间存在尺寸或角度上的差异，可利用"分解"命令先将模块进行分解，然后利用"旋转"或"缩放"命令进行修改，将其调整到满意的结果后，插入到图中的相应位置。

❷ 单击"默认"选项卡"修改"面板中的"偏移"
按钮 ≤，选取最左侧竖直直线向右偏移，偏移
距离为 370、530、240、130、650、4260、
240、1560、240、3300、130、240，如图9-6
所示。

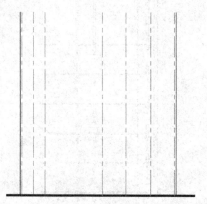

图 9-5　切换图层

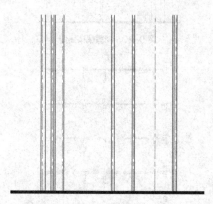

图 9-6　偏移线段

9.2.4 | 绘制楼板

STEP 绘制步骤

❶ 单击"默认"选项卡"修改"面板中的"偏移"
按钮 ≤，选取地坪线向上偏移，偏移距离为
2700、3000、3000、3000、3000、3000、
3000、4600，单击"默认"选项卡"修改"面
板中的"分解"按钮 ，将图形进行分解，如
图 9-7 所示。

❷ 单击"默认"选项卡"修改"面板中的"修剪"
按钮 ，对偏移后线段进行修剪，如图9-8所示。

❸ 单击"默认"选项卡"修改"面板中的"偏移"
按钮 ≤，选取除两顶端外水平线中间部分的水

平直线分别向下偏移，偏移距离为 100、400、
1600、900，重复"偏移"命令，选取最下端水
平线向下偏移，偏移距离为 100、300，如图9-9
所示。

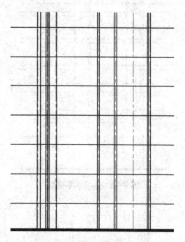

图 9-7　偏移线段

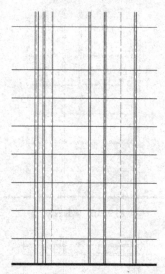

图 9-8　修剪线段

❹ 单击"默认"选项卡"修改"面板中的"修
剪"按钮 ，对偏移后线段进行修剪，如
图 9-10 所示。

❺ 单击"默认"选项卡"修改"面板中的"偏移"
按钮 ≤，选取最上端水平直线连续向下偏移，
偏移距离为 4800、500、200、2300、500、
200、2200、500、200、2300、500、200、
2300、500、200、2300、500、200，如图9-11
所示。

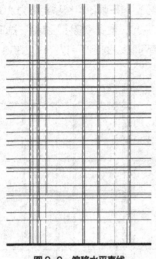

图 9-9　偏移水平直线

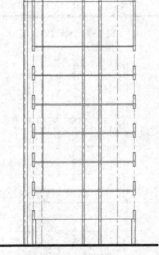

图 9-10　修剪线段

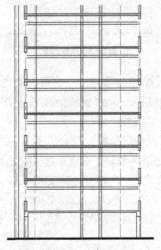

图 9-11　偏移线段

❻ 单击"默认"选项卡"修改"面板中的"修剪"按钮／，对偏移线段进行修剪，如图 9-12 所示。

❼ 六层的窗户高度为 2200，利用所学知识修改窗高，如图 9-13 所示。

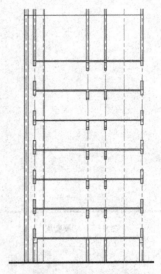

图 9-12　修剪偏移线段

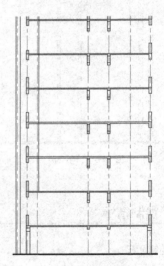

图 9-13　修改窗高

9.2.5 │ 绘制门窗

STEP　绘制步骤

❶ 单击"默认"选项卡"修改"面板中的"偏移"按钮△，选取地坪线向上偏移，偏移距离为 200、2300，单击"默认"选项卡"修改"面板中的"修剪"按钮／，进行修剪，如图 9-14 所示。

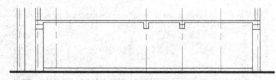

图 9-14　修剪偏移线段

❷ 单击"默认"选项卡"绘图"面板中的"直线"
按钮 ╱，在修剪的窗洞口处绘制一条竖直直线，
如图 9-15 所示。

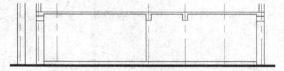

图 9-15　绘制直线

❸ 单击"默认"选项卡"修改"面板中的"偏移"
按钮 ⊆，选取第❷步绘制的竖直直线向右偏移，
偏移距离为 80、80、80，如图 9-16 所示。

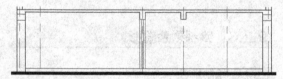

图 9-16　偏移直线

❹ 利用上述绘制窗线的方法绘制剖面图中的其他窗
线，如图 9-17 所示。

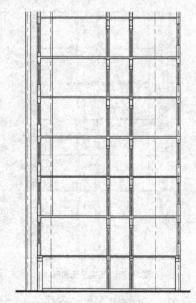

图 9-17　绘制窗线

❺ 单击"默认"选项卡"修改"面板中的"偏

移"按钮 ⊆，选取地坪线向上偏移，偏移距
离 为 2300、2500、3000、3000、3000、
3000，选取左侧竖直轴线向右偏移，偏移距离
为 6720、900，如图 9-18 所示。

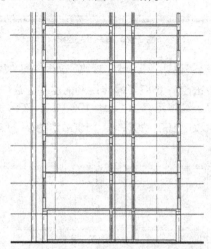

图 9-18　偏移竖直直线

❻ 单击"默认"选项卡"修改"面板中的"修
剪"按钮 ╱，对偏移后线段进行修剪，如
图 9-19 所示。

❼ 单击"默认"选项卡"绘图"面板中的"直线"
按钮 ╱，在图形适当位置绘制一条水平直线，
使其在一层楼板线下 750，如图 9-20 所示。

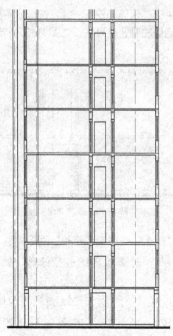

图 9-19　修剪图形

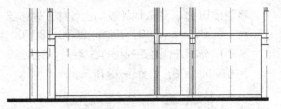

图 9-20　绘制水平直线

❽ 单击"默认"选项卡"修改"面板中的"偏移"按钮，选取第❼步绘制的水平直线向上偏移，偏移距离为 900、100、50、700、50、1480、150、300、40、100，如图 9-21 所示。

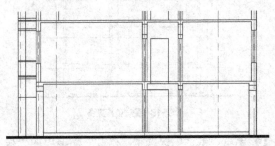

图 9-21　偏移直线

❾ 单击"默认"选项卡"修改"面板中的"偏移"按钮，选取左侧竖直直线向左偏移，偏移距离为 50、50、50，向右偏移，偏移距离为 800、50、50，单击"默认"选项卡"修改"面板中的"延伸"按钮 ，选取水平直线向左延伸到最左侧竖直直线，如图 9-22 所示。

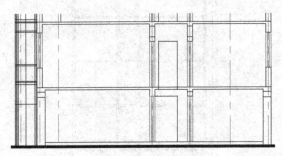

图 9-22　延伸直线

❿ 单击"默认"选项卡"修改"面板中的"修剪"按钮 ，对偏移直线进行修剪，如图 9-23 所示。

⓫ 单击"默认"选项卡"绘图"面板中的"直线"按钮 ，绘制内部图形，如图 9-24 所示。

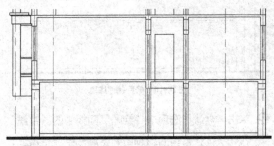

图 9-23　修剪图形

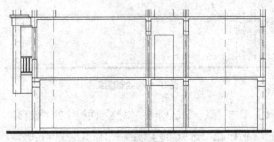

图 9-24　绘制内部图形

9.2.6 绘制剩余图形

STEP　绘制步骤

❶ 利用"复制"等命令完成左侧图形绘制，如图 9-25 所示。

❷ 利用上述方法绘制右侧图形，如图 9-26 所示。

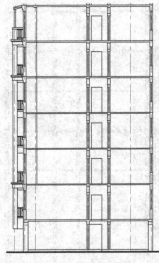

图 9-25　绘制左侧图形

❸ 单击"默认"选项卡"修改"面板中的"偏移"按钮，选取最上端水平直线向上偏移，偏移距离为 1200，如图 9-27 所示。

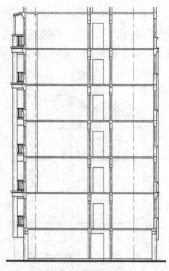

图 9-26 绘制右侧图形

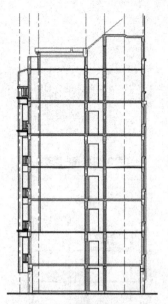

图 9-28 补充墙线和窗线

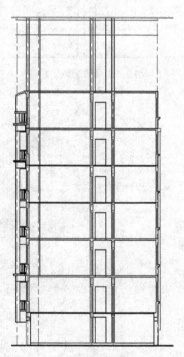

图 9-27 偏移线段

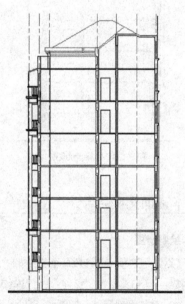

图 9-29 绘制直线

❹ 单击"默认"选项卡"绘图"面板中的"直线"
　按钮／和单击"默认"选项卡"修改"面板中的"偏
　移"按钮凸，补充顶层墙体和窗线，如图 9-28
　所示。

❺ 单击"默认"选项卡"绘图"面板中的"直
　线"按钮／，绘制多段斜向直线，如图 9-29
　所示。

❻ 单击"默认"选项卡"绘图"面板中的"直线"
　按钮／和"矩形"按钮▭，绘制顶层小屋窗户
　大体轮廓。

❼ 单击"默认"选项卡"修改"面板中的"修剪"
　按钮-/--和"偏移"按钮凸，细化窗户图形，
　如图 9-30 所示。

❽ 利用上述方法完成剩余图形的绘制，如图 9-31
　所示。

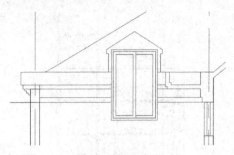

图 9-30　窗户图形

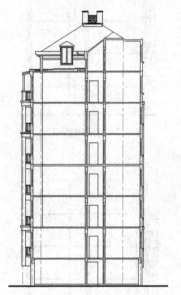

图 9-31　绘制剩余图形

9.2.7 添加文字说明和标注

STEP 绘制步骤

❶ 单击"默认"选项卡"注释"面板中的"线性标注"按钮├┤和菜单栏"标注"→"连续标注"按钮├┤├，标注细部尺寸，如图 9-32 所示。

❷ 单击"默认"选项卡"注释"面板中的"线性标注"按钮├┤和菜单栏"标注"→"连续标注"按钮├┤├，标注第一道尺寸，如图 9-33 所示。

❸ 单击"默认"选项卡"注释"面板中的"线性标注"按钮├┤和菜单栏"标注"→"连续标注"按钮├┤├，标注剩余尺寸，如图 9-34 所示。

❹ 单击"默认"选项卡"绘图"面板中的"直线"按钮╱和"多行文字"按钮A，进行标高标注，如图 9-35 所示。

❺ 单击"默认"选项卡"绘图"面板中的"圆"按

钮⊙、"多行文字"按钮A 和"修改"面板中的"复制"按钮⅗，标注轴线号和文字说明。最终完成剖面图的绘制，如图 9-2 所示。

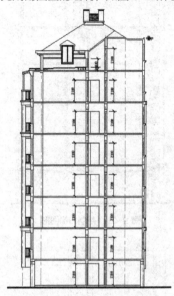

图 9-32　标注细部尺寸

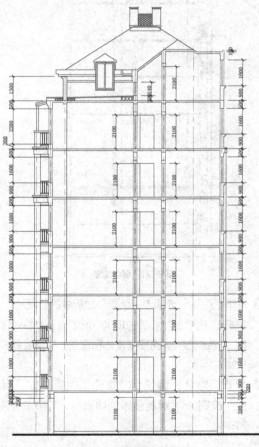

图 9-33　标注第一道尺寸

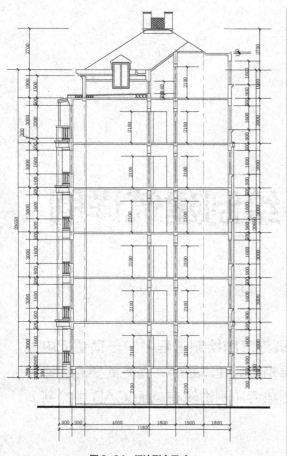

图 9-34　标注剩余尺寸

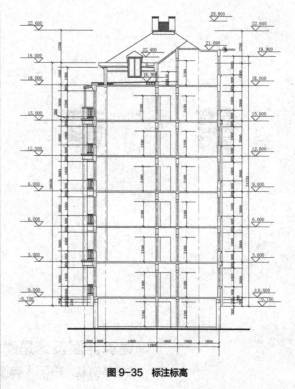

图 9-35　标注标高

第 10 章

绘制建筑详图

建筑详图设计是建筑施工图绘制过程中的一项重要内容，与建筑构造设计息息相关。在本章中，首先简要介绍建筑详图的基本知识，然后结合实例讲解在 AutoCAD 中绘制详图的方法和技巧。

知识点

- ⊃ 建筑详图绘制概述
- ⊃ 绘制楼梯放大图
- ⊃ 绘制卫生间放大图
- ⊃ 绘制节点大样图

10.1 建筑详图绘制概述

在正式讲述用AutoCAD绘制建筑详图之前，本节简要介绍详图绘制的基本知识和绘制步骤。

10.1.1 建筑详图的概念

前面介绍的平、立、剖面图均是全局性的图形，由于比例的限制，不可能将一些复杂的细部或局部做法表示清楚，因此需要将这些细部、局部的构造、材料及相互关系用较大的比例详细绘制出来，以指导施工。这样的建筑图形称为建筑详图，也称详图。对局部平面（如厨房、卫生间）进行放大绘制的图形，习惯叫做放大图。需要绘制详图的位置一般包括室内外墙节点、楼梯、电梯、厨房、卫生间、门窗、室内外装饰等。

内外墙节点一般用平面和剖面表示，常用比例为1：20。平面节点详图表示出墙、柱或构造柱的材料和构造关系。剖面节点详图即常说的墙身详图，需要表示出墙体与室内外地坪、楼面、屋面的关系，同时表示出相关的门窗洞口、梁或圈梁、雨篷、阳台、女儿墙、檐口、散水、防潮层、屋面防水、地下室防水等构造的做法。墙身详图可以从室内外地坪、防潮层处开始一直画到女儿墙压顶。为了节省图纸，可以在门窗洞口处断开，也可以重点绘制地坪、中间层和屋面处的几个节点，而将中间层重复使用的节点集中到一个详图中表示。节点一般由上到下进行编号。

10.1.2 建筑详图的图示内容

楼梯详图包括平面、剖面及节点三部分。平面、剖面详图常用1：50的比例来绘制，而楼梯中的节点详图则可以根据对象大小酌情采用1：5、1：10、1：20等比例。楼梯平面图与建筑平面图不同的是，它只需绘制出楼梯及其四面相接的墙体；而且楼梯平面图需要准确地表示出楼梯间净空尺寸、梯段长度、梯段宽度、踏步宽度和级数、栏杆（栏板）的大小及位置，以及楼面、平台处的标高等。楼梯剖面图只需绘制出与楼梯相关的部分，其相邻部分可用折断线断开。选择在底层第一跑梯段并能够剖到门窗的位置进行剖切，向底层另一跑梯段方向投射。尺寸需要标注层高、平台、梯段、门窗洞口、栏杆高度等竖向尺寸，还应标注出室内外地坪、平台、平台梁底面等的标高。水平方向需要标注定位轴线及编号、轴线尺寸、平台、梯段尺寸等。梯段尺寸一般用"踏步宽（高）×级数＝梯段宽（高）"的形式表示。此外，楼梯剖面图上还应注明栏杆构造节点详图的索引编号。

电梯详图一般包括电梯间平面图、机房平面图和电梯间剖面图三部分，常用1：50的比例进行绘制。平面图需要表示出电梯井、电梯厅、前室相对定位轴线的尺寸及其自身的净空尺寸，还要表示出电梯图例及配重位置、电梯编号、门洞大小及开启形式、地坪标高等。机房平面图需表示出设备平台位置及平面尺寸、顶面标高、楼面标高，以及通往平台的梯子形式等。剖面图需要剖切在电梯井、门洞处，表示出地坪、楼层、地坑、机房平台等竖向尺寸和高度，标注出门洞高度。为了节约图纸，中间相同部分可以折断绘制。

厨房、卫生间放大图根据其大小可酌情采用1：30、1：40、1：50的比例进行绘制。需要详细表示出各种设备的形状、大小、位置、地面设计标高、地面排水方向以及坡度等，对于需要进一步说明的构造节点，则应标明详图索引符号、绘制节点详图，或引用图集。

门窗详图包括立面图、断面图、节点详图等。立面图常用1：20的比例进行绘制，断面图常用1：5的比例进行绘制，节点详图常用1：10的比例进行绘制。标准化的门窗可以引用有关标准图集，说明其门窗图集编号和所在位置。根据《建筑工程设计文件编制深度规定》（2003年版），非标准的门窗、幕墙需绘制详图。如委托加工，则需绘制出立面分格图，标明开启扇、开启方向，说明材料、颜色及其与主体结构的连接方式等。

就图形而言，详图兼有平、立、剖面图的特征，它综合了平、立、剖面图绘制的基本操作方法，并具有自己的特点，只要掌握一定的绘图程序，绘图难度应不大。真正的难度在于对建筑构造、建筑材料、建筑规范等相关知识的掌握。

10.1.3 | 建筑详图的特点

1. 比例较大

建筑平面图、立面图、剖面图互相配合，反映房屋的全局，而建筑详图是建筑平面图、立面图和剖面图的补充。在详图中尺寸标注齐全，图文说明详尽、清晰，因而详图常用较大比例。

2. 图示详尽清楚

建筑详图是建筑细部的施工图，根据施工要求，将建筑平面图、立面图和剖面图中的某些建筑构配件（如门、窗、楼梯、阳台、各种装饰等）或某些建筑剖面节点（如檐口、窗台、明沟或散水以及楼地面层、屋顶层等）的详细构造（包括样式、层次、做法、用料等）用较大比例清楚地表达出来的图样。详图中表示构造合理，用料及做法适宜，因而应该图示详尽、清楚。

3. 尺寸标注齐全

建筑详图的作用在于指导现场人员具体施工，使之更为清楚地了解该局部的详细构造及做法、用料、尺寸等，因此具体的尺寸标注必须齐全。

4. 数量灵活

数量的选择，与建筑的复杂程度及平、立、剖面图的内容及比例有关。建筑详图的图示方法，视细部的构造复杂程度而定。一般来说，墙身剖面图只需要一个剖面详图就能表示清楚，而楼梯间、卫生间就可能需要增加平面详图，门窗玻璃隔断等就可能需要增加立面详图。

10.1.4 | 建筑详图的具体识别分析

1. 外墙身详图

图10-1所示为外墙身详图，根据剖面图的编号3—3，对照平面图上3—3剖切符号，可知该剖面图的剖切位置和投影方向。绘图所用的比例是1：20。图中注上轴线的两个编号，表示这个详图适用于Ⓐ、Ⓔ两个轴线的墙身。也就是说，在横向轴线③~⑨的范围内，Ⓐ、Ⓔ两轴线的任何地方（不局限在3—3剖面处），墙身各相应部分的构造情况都相同。在详图中，对屋面楼层和地面的构造，采用多层构造说明方法来表示。

将其局部放大，从图10-2檐口部分来看，可知屋面的承重层是预制钢筋混凝土空心板，按3%

来砌坡，上面有油毡防水层和架空层，以加强屋面的隔热和防漏。檐口外侧做一天沟，并通过女儿墙所留孔洞（雨水口兼通风孔），使雨水沿雨水管集中流到地面。雨水管的位置和数量可从立面图或平面图中查阅。

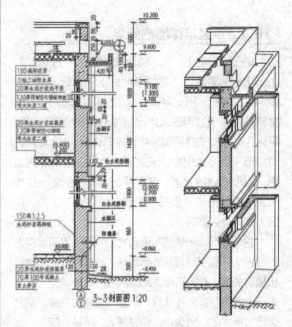

图10-1 外墙身详图

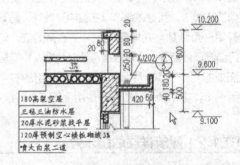

图10-2 屋面详图

从楼板与墙身连接部分来看，可了解各层楼板（或梁）的搁置方向及与墙身的关系。在本例中，预制钢筋混凝土空心板是平行纵向布置的，因而它们是搁置在两端的横墙上。在每层的室内墙脚处需做一踢脚板，以保护墙壁，从图中的说明可看到其构造做法。踢脚板的厚度可大于或等于内墙面的粉刷层。如厚度一样时，在其立面图中可不画出其分界线。从图10-3中还可看到窗台、窗过梁（或圈梁）的构造情况。窗框和窗扇的形状和尺寸需另用详图表示。

如图10-4所示，从勒脚部分可知房屋外墙的防潮、防水和排水的做法。外（内）墙身的防潮层，一般是在底层室内地面下60mm左右（指一般刚性地面）处，以防地下水对墙身的侵蚀。在外墙面，离室外地面300～500mm高度范围内（或窗台以下），用坚硬防水的材料做成勒脚。在勒脚的外地面，用1：2的水泥砂浆抹面，做出2%坡度的散水，以防雨水或地面水对墙基础的侵蚀。

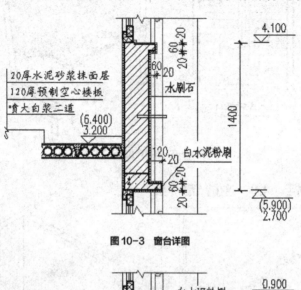

图10-3 窗台详图

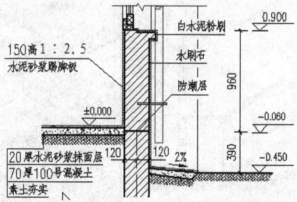

图10-4 勒脚详图

在上述详图中，一般应注出各部位的标高、高度方向和墙身细部的尺寸。图中标高注写有两个数字时，有括号的数字表示在高一层的标高。从图中有关文字说明，可知墙身内外表面装修的断面形式、厚度及所用的材料等。

2. 楼梯详图

楼梯是多层房屋上下交通的主要设施。楼梯是由楼梯段（简称梯段，包括踏步或斜梁）、平台（包括平台板和梁）和栏板（或栏杆）等组成。楼梯详图主要表示楼梯的类型、结构形式、各部位的尺寸及装修做法。楼梯详图包括平面图、剖面图及踏步、栏板详图等，并尽可能画在同一张图纸内。平、剖面图比例要一致，以便对照阅读。踏步、栏板详图比例要大些，

以便表达清楚该部分的构造情况，如图10-5所示。

假想用一铅垂面4—4，通过各层的一个梯段和门窗洞，将楼梯剖开，向另一未剖到的梯段方向投影，所做的剖面图，即为楼梯剖面详图，如图10-6所示。

从图中的索引符号可知，踏步、扶手和栏板都另有详图，用更大的比例画出它们的形式、大小、材料及构造情况，如图10-7所示。

10.1.5 绘制建筑详图的一般步骤

绘制详图的一般步骤如下。

（1）绘制图形轮廓，包括断面轮廓和看线。

（2）填充材料图例，包括各种材料图例的选用

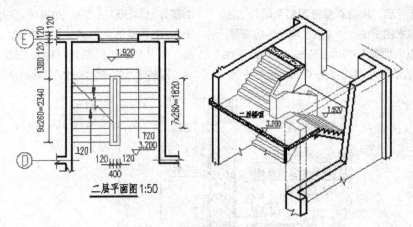

图 10-5　楼梯详图（一）

楼 梯 剖 面 图

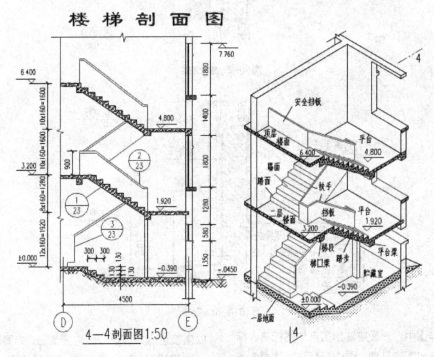

4—4剖面图1:50

图 10-6　楼梯详图（二）

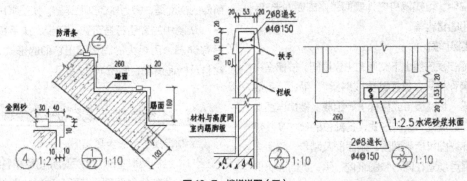

图 10-7　楼梯详图（三）

和填充。

（3）添加符号、尺寸、文字等标注，包括设计深度要求的轴线及编号、标高、索引、折断符号和尺寸、说明文字等。

扫一扫

10.2 绘制楼梯放大图

下面绘制楼梯放大图，如图 10-8 所示。

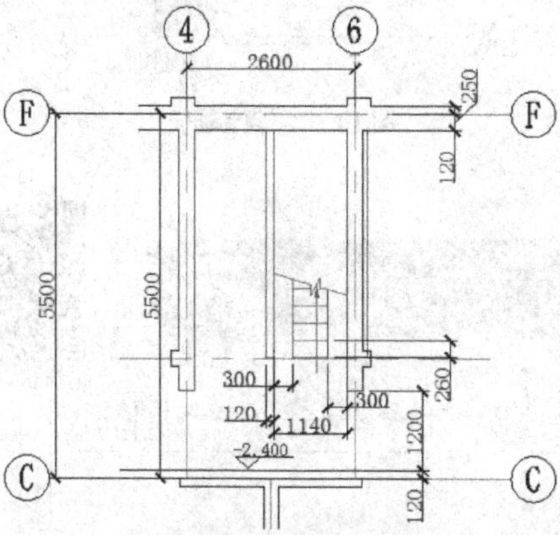

图 10-8 楼梯放大图

10.2.1 绘图准备

STEP 绘制步骤

❶ 砖混住宅地下层平面图楼梯，以砖混住宅地下层楼梯放大图制作为例。

❷ 单击“快速访问”工具栏中的“打开”按钮，打开“源文件/第 10 章/砖混住宅地下层平面图”文件。

❸ 单击“默认”选项卡“修改”面板中的“复制”按钮，选择楼梯间图样，和轴线一起复制出来，然后检查楼梯的位置，如图 10-9 所示。

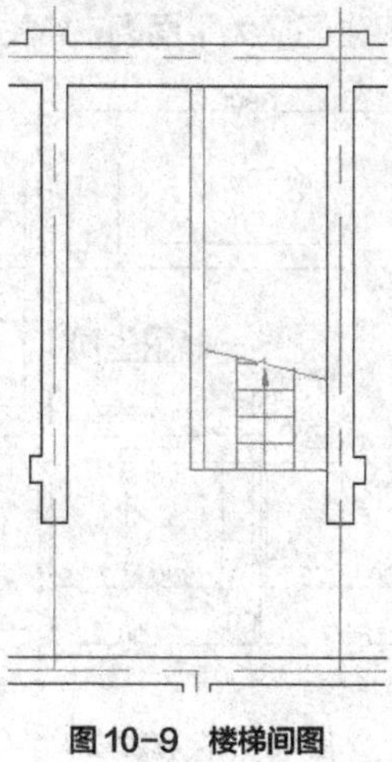

图 10-9 楼梯间图

10.2.2 添加标注

楼梯平面标注尺寸包括定位轴线尺寸及编号、墙柱尺寸、门窗洞口尺寸、楼梯长和宽、平台尺寸等。符号、文字包括地面、楼面、平台标高、楼梯上下指引线及踏步级数、图名、比例等。

STEP 绘制步骤

❶ 单击“默认”选项卡“注释”面板中的“线性标注”按钮和菜单栏“标注”→“连续标注”按钮，标注楼梯间放大平面图，如图 10-10 所示。

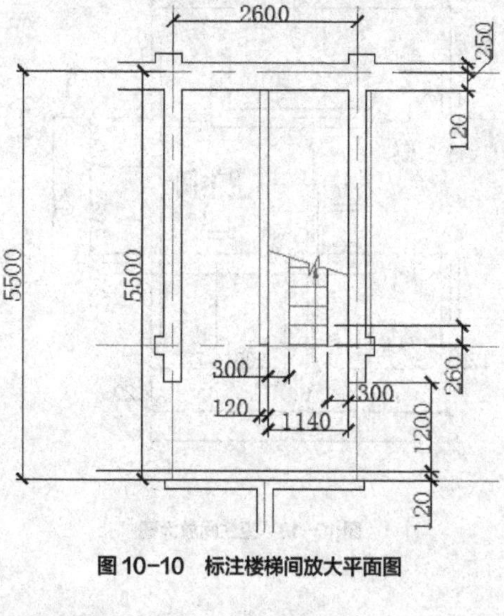

图 10-10 标注楼梯间放大平面图

❷ 单击“默认”选项卡“绘图”面板中的“圆”按钮和“注释”面板中的“多行文字”按钮A，绘制轴号，如图 10-11 所示。

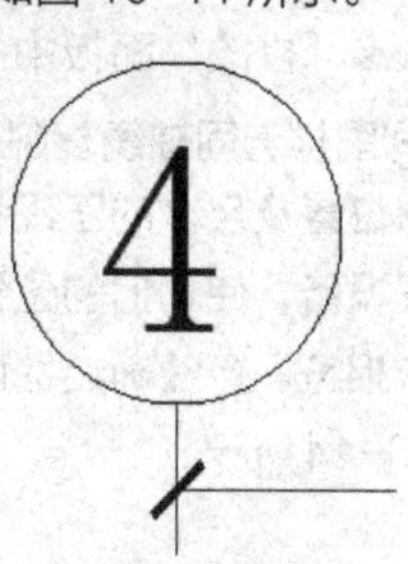

图 10-11 绘制轴号

❸ 单击"默认"选项卡"修改"面板中的"复制"按钮 %，选取第❷步已经绘制完成的轴号，进行复制，并修改轴号内文字。完成图形内轴号的绘制，如图 10-12 所示。

❹ 单击"默认"选项卡"绘图"面板中的"直线"按钮 ╱ 和"注释"面板中的"多行文字"按钮 A，绘制楼梯间详图标高符号，如图 10-8 所示。

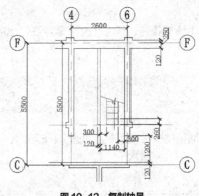

图 10-12　复制轴号

10.3　绘制卫生间放大图

下面绘制卫生间放大图，如图 10-13 所示。

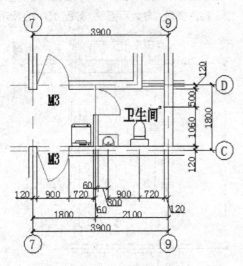

图 10-13　卫生间放大图

10.3.1　绘图准备

以某砖混住宅卫生间放大图制作为例，首先单击"默认"选项卡"修改"面板中的"复制"按钮 %，先将卫生间图样连同轴线复制出来，然后检查平面墙体、门窗位置及尺寸的正确性，调整内部洗脸盆、坐便器等设备，使它们的位置、形状与设计意图和规范要求相符。接着确定地面排水方向和地漏位置，如图 10-14 所示。

图 10-14　卫生间图

10.3.2　添加标注

STEP　绘制步骤

❶ 单击"默认"选项卡"注释"面板中的"线性标注"按钮 ┠┨ 和菜单栏"标注"→"连续标注"按钮 ┞┨，标注卫生间放大平面图，如图 10-15 所示。

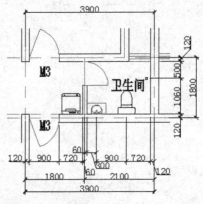

图 10-15　标注图形

❷ 单击"默认"选项卡"绘图"面板中的"圆"按钮 ⊙ 和"注释"面板中的"多行文字"按钮 A，绘制轴号，如图 10-16 所示。

❸ 单击"默认"选项卡"修改"面板中的"复制"按钮 ⊙，选取第❷步已经绘制完成的轴号，进行复制，并修改轴号内文字。完成图形内轴号的绘制，如图 10-13 所示。

图 10-16　绘制轴号

10.4　绘制节点大样图

下面绘制节点大样图，如图 10-17 所示。

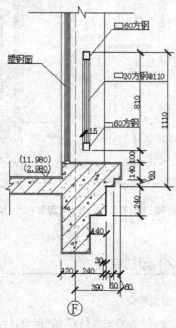

图 10-17　节点大样图

图 10-18　绘制节点图轮廓线

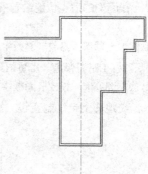

图 10-19　绘制折弯线

10.4.1 | 绘制节点大样轮廓

STEP　绘制步骤

❶ 单击"默认"选项卡"绘图"面板中的"直线"按钮 ╱ 和"修改"面板中的"偏移"按钮 ⊆，绘制节点大样图的墙体轮廓线，如图 10-18 所示。

❷ 单击"默认"选项卡"绘图"面板中的"直线"按钮 ╱ 和"修改"面板中的"修剪"按钮 ✂，绘制节点大样图折弯线，如图 10-19 所示。

❸ 单击"默认"选项卡"绘图"面板中的"直线"按钮 ╱，在图形上边绘制两段竖直直线，如图 10-20 所示。

❹ 单击"默认"选项卡"绘图"面板中的"多段线"按钮 ♪，指定起点宽度为 5，端点宽度为 5，绘制两个大小为 60×60 的矩形，如图 10-21 所示。

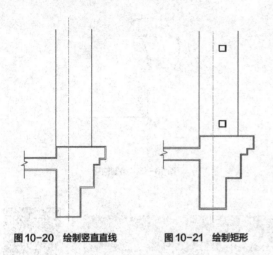

图 10-20　绘制竖直直线　　**图 10-21　绘制矩形**

❺ 单击"默认"选项卡"绘图"面板中的"矩形"按钮 ⬜，在图形的适当位置绘制一个 40×20 的矩形。

❻ 单击"默认"选项卡"修改"面板中的"修剪"按钮 -/--，对图形进行修剪，如图 10-22 所示。

❼ 单击"默认"选项卡"修改"面板中的"修剪"按钮 -/--，在矩形上端绘制直线，如图 10-23 所示。

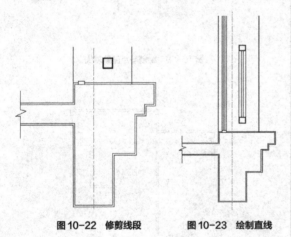

图 10-22　修剪线段　　**图 10-23　绘制直线**

❽ 单击"默认"选项卡"绘图"面板中的"图案填充"按钮 ▦，打开"图案填充创建"选项卡，选择"ANSI31"图案，设置比例为 25，如图 10-24 所示。在"图案填充创建"选项卡左侧单击"拾取点"按钮 ▦，在某一个矩形的中心，单击鼠标，回车确认完成。

❾ 继续选择填充区域填充图形"AR-CONC"，

比例为 1，如图 10-25 所示。

⑩ 单击"默认"选项卡"绘图"面板中的"直线"按钮 ／ 和"修改"面板中的"修剪"按钮 -/--，绘制第❾步折弯线，如图 10-26 所示。

图 10-24　"图案填充创建"选项卡

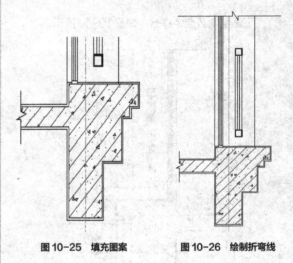

图 10-25　填充图案　　**图 10-26　绘制折弯线**

10.4.2 │ 添加标注

STEP 绘制步骤

❶ 单击"默认"选项卡"注释"面板中的"线性标注"按钮 ⊢⊣ 和菜单栏"标注"→"连续标注"按钮 ⊩⊩，标注节点大样图的尺寸，如图 10-27 所示。

❷ 在命令行中输入"QLEADER"命令，结合"默认"选项卡"注释"面板中的"多行文字"按钮 A，为图形添加文字说明，如图 10-28 所示。

❸ 单击"默认"选项卡"绘图"面板中的"圆"按钮 ⊘ 和"注释"面板中的"多行文字"按钮 A，为图形添加轴号，如图 10-17 所示。

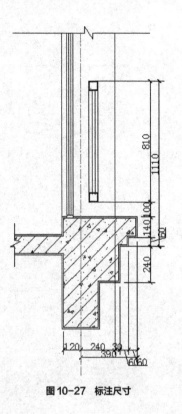

图 10-27 标注尺寸

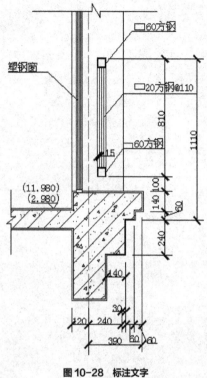

图 10-28 标注文字

第三篇　综合实例篇

本篇导读：

本篇主要结合实例讲解利用 AutoCAD 2018 进行具体建筑设计的操作步骤、方法技巧等，包括总平面图、平面图、立面图、剖面图等知识。

本篇内容通过介绍某别墅建筑设计实例使读者加深对 AutoCAD 功能的理解和掌握，熟悉各种类型建筑设计的方法。

内容要点：

◆ 设计别墅总平面图

◆ 绘制某别墅平面图

◆ 绘制某别墅立面图与剖面图

第11章

设计别墅总平面图

总平面图的作用是标明绘制的建筑对象和周围环境的相对关系，对于简单的建筑物，一般使用比较简单的总平面图就能体现这个作用。别墅总平面图的绘制过程相对也比较简单，只要学会使用常用的 AutoCAD 命令，就能绘制出该总平面图。它的特点是，建筑物很简单，周围环境也非常简单。

知识点

- ➡ 设置绘图参数
- ➡ 布置建筑物
- ➡ 布置场地道路、绿地
- ➡ 添加各种标注

扫一扫

11.1 设置绘图参数

STEP 绘制步骤

❶ 设置单位。

选择菜单栏中的"格式"→"单位"命令，AutoCAD 打开"图形单位"对话框，如图 11-1 所示。设置"长度"的"类型"为"小数"，"精度"为 0；"角度"的"类型"为"十进制度数"，"精度"为 0；系统默认逆时针方向为正，缩放单位设置为"毫米"。

图 11-1 "图形单位"对话框

❷ 设置图形边界。

命令：LIMITS ✓
重新设置模型空间界限：
指定左下角点或 [开(ON)/关(OFF)] <0.0000,0.0000>：✓
指定右上角点 <12.0000,9.0000>：420000,297000 ✓

❸ 设置图层。

① 设置图层名。单击"默认"选项卡"图层"面板中的"图层特性"按钮，弹出"图层特性管理器"对话框，单击上边的新建图层按钮，将生成一个名为"图层1"的图层，修改图层名称为"轴线"，如图 11-2 所示。

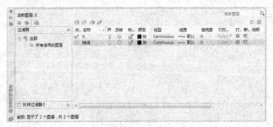

图 11-2 新建图层

② 设置图层颜色。为了区分不同图层上的图线，增加图形不同部分的对比性，可以在上述"图层特性管理器"对话框中单击对应图层"颜色"标签下的颜色色块，AutoCAD 打开"选择颜色"对话框，如图 11-3 所示，在该对话框中选择需要的颜色。

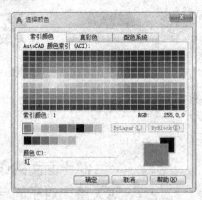

图 11-3 "选择颜色"对话框

③ 设置线型。在常用的工程图纸中，通常要用到不同的线型，这是因为不同的线型表示不同的含义。在上述"图层特性管理器"中单击"线型"标签下的线型选项，AutoCAD 打开"选择线型"对话框，如图 11-4 所示。在该对话框中选择对应的线型。如果在"已加载的线型"列表框中没有需要的线型，可以单击"加载"按钮，打开"加载或重载线型"对话框加载线型，如图 11-5 所示。

图 11-4 "选择线型"对话框

④ 设置线宽。在工程图纸中，不同的线宽表示不同的含义，因此要对不同图层的线宽进行设置。单击上述"图层特性管理器"对话框中"线宽"标签下的选项，AutoCAD 打开"线宽"对

话框，如图 11-6 所示，在该对话框中选择适当的线宽，完成轴线的设置，结果如图 11-7 所示。

图 11-5 "加载或重载线型"对话框

图 11-6 "线宽"对话框

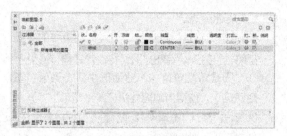

图 11-7 轴线的设置

⑤ 按照上述步骤，完成图层的设置，结果如图 11-8 所示。

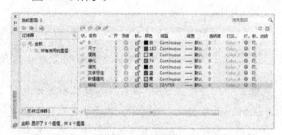

图 11-8 图层的设置

11.2 布置建筑物

STEP 绘制步骤

❶ 绘制轴线网。

① 单击"默认"选项卡"图层"面板中的"图层特性"按钮，弹出"图层特性管理器"对话框，在"图层特性管理器"对话框中双击图层"轴线"，使得当前图层是"轴线"。

② 单击"默认"选项卡"绘图"面板中的"构造线"按钮，在正交模式下绘制一根竖直构造线和水平构造线，组成十字辅助线网，如图 11-9 所示。

③ 单击"默认"选项卡"修改"面板中的"偏移"按钮，将竖直构造线向右边连续偏移 5000、1200、2700、3600、3600、5400、3600。将水平构造线连续往上偏移 1200、4200、1200、2700，得到主要轴线网，结果如图 11-10 所示。

图 11-9 绘制十字辅助线网

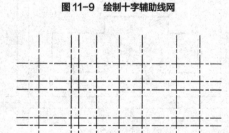

图 11-10 绘制主要轴线网

❷ 绘制新建建筑。

① 单击"默认"选项卡"图层"面板中的"图层特性"按钮，弹出"图层特性管理器"对话框，在"图层特性管理器"对话框中双击图层"新建建筑"，使得当前图层是"新建建筑"。

② 单击"默认"选项卡"绘图"面板中的"多段线"按钮 ，指定起点宽度为 100，端点宽度为 100，根据轴线网绘制出新建建筑的主要轮廓，结果如图 11-11 所示。

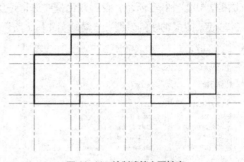

图 11-11　绘制建筑主要轮廓

11.3 布置场地道路、绿地

注意　布置时抓住3个要点：一是找准场地及其控制作用的因素；二是注意布置对象的必要尺寸及其相对距离关系；三是注意布置对象的几何构成特征，充分利用绘图功能。

STEP　绘制步骤

❶ 绘制道路。

使得当前图层是"道路"，单击"默认"选项卡"修改"面板中的"偏移"按钮 ，让所有最外围轴线都向外偏移5000，然后将偏移后的轴线分别向两侧偏移1000，选择所有的道路，然后单击鼠标右键，在弹出的快捷菜单中选择"特性"选项，在弹出的特性选项板中选择"图层"，把所选对象的图层改为"道路"，得到主要的道路。单击"默认"选项卡"修改"面板中的"修剪"按钮 ，修剪掉道路多余的线条，使得道路整体连贯。结果如图11-12所示。

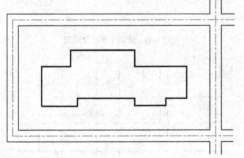

图 11-12　绘制道路

❷ 布置绿化。

① 将当前图层设置为"绿化"图层，单击"视图"选项卡"选项板"面板中的"工具选项板"按钮 ，则系统弹出如图 11-13 所示的工具选项板，选择"建筑"中的"树"图例，把"树"图例 放在一个空白处，然后单击"默认"选项卡"修改"面板中的"缩放"按钮 ，把"树"图例 放大到合适尺寸，结果如图 11-14 所示。

图 11-13　工具选项板

② 单击"默认"选项卡"修改"面板中的"复制"按钮 ，把"树"图例 复制到各个位置。完成植物的绘制和布置，结果如图 11-15 所示。

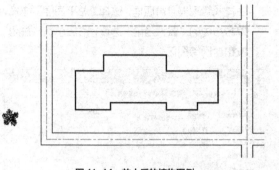

图 11-14 放大后的植物图例

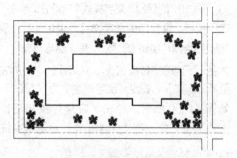

图 11-15 布置绿化植物结果

11.4 添加各种标注

绘制步骤

❶ 标注尺寸。

总平面图上的尺寸应标注新建建筑房屋的总长、总宽及与周围建筑物、构筑物、道路、红线之间的距离。

（1）设置尺寸样式。

① 将"尺寸"图层设置为当前图层。选择菜单栏中的"格式"→"标注样式"命令，则系统弹出"标注样式管理器"对话框，如图 11-16 所示。

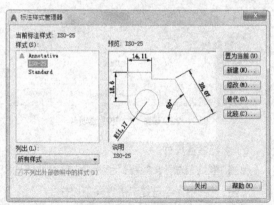

图 11-16 "标注样式管理器"对话框

② 选择"新建"按钮，进入"创建新标注样式"对话框，在"新样式名"一栏中输入"总平面图"，如图 11-17 所示。

③ 单击"继续"按钮，进入"新建标注样式：总平面图"对话框，选择"线"选项卡，设定"尺寸界线"列表框中的"超出尺寸线"为 200，如图 11-18 所示。选择"符号和箭头"选项卡，"起

点偏移量"为 200，设定"箭头"列表框中的"第一个"下边的 ▼，在弹出的下拉列表中选择" ╱ 建筑标记"，单击"第二个"下边的 ▼，在弹出的下拉列表中选择" ╱ 建筑标记"，并设定"箭头大小"为 400，这样就完成了"符号和箭头"选项卡的设置，设置结果如图 11-19 所示。

图 11-17 "创建新标注样式"对话框

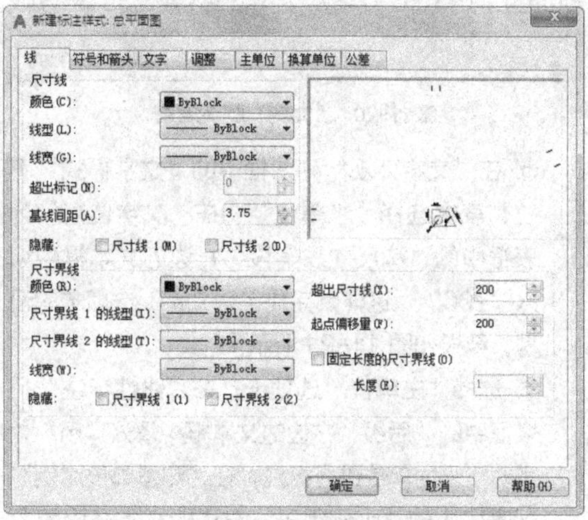

图 11-18 设置"线"选项卡

④ 选择"文字"选项卡，单击"文字样式"后边

的 ⋯ 按钮，则弹出"文字样式"对话框，单击"新建"按钮，建立新的文字样式"米单位"，取消"使用大字体"前边的"√"号，然后再单击"字体名"下边的下拉按钮 ▼，从弹出的下拉列表中选择"宋体"，设定"文字高度"为"1000"，如图 11-20 所示。单击"应用"按钮后，单击"关闭"按钮将"文字样式"对话框关闭。

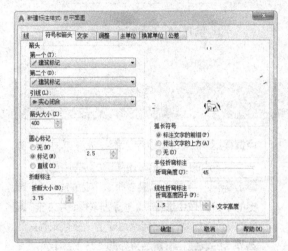

图 11-19 设置"符号和箭头"选项卡

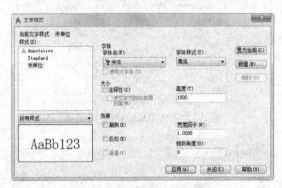

图 11-20 "文字样式"对话框

⑤ 在"文字外观"列表框中的"文字样式"下拉列表中选择"米单位"，在"文字位置"列表框中的"从尺寸线偏移"右边的文本框中填入"200"。这样就完成了"文字"选项卡的设置，结果如图 11-21 所示。

⑥ 选择"主单位"选项卡，在"线性标注"列表框中的"后缀"右边的文本框中填入"m"，表明以米为单位进行标注，在"测量单位比例"列表框中的"比例因子"右边的文本框中填入"0.01"，这样就完成了"主单位"选项卡的设置，结果如图 11-22 所示。单击"确定"按钮返回"标

注样式管理器"对话框，选择"总平面图"样式，单击右边的"置为当前"选项，最后单击"关闭"按钮返回绘图区。

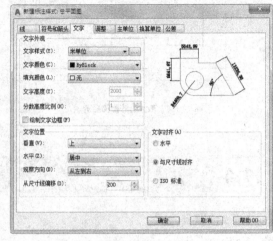

图 11-21 设置"文字"选项卡

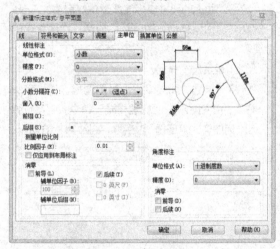

图 11-22 设置"主单位"选项卡

（2）标注各尺寸。

单击"默认"选项卡"注释"面板中的"线性标注"按钮 ⊢⊣，按命令行提示进行如下操作。

命令：_dimlinear↙
指定第一条尺寸界线原点或 <选择对象>：↙（利用"对象捕捉"选取左侧道路的中心线上一点）
指定第二条尺寸界线原点：↙（选取总平面图最左侧竖直线上的一点）
指定尺寸线位置或 [多行文字 (M)/文字 (T)/角度 (A)/水平 (H)/垂直 (V)/旋转 (R)]：↙（在图中选取合适的位置）

结果如图 11-23 所示。

重复执行上述命令，在总平面图中，标注新建

建筑到道路中心线的相对距离，标注结果如
图 11-24 所示。

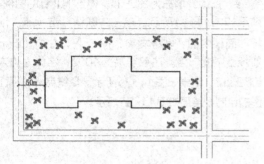

图 11-23　线性标注

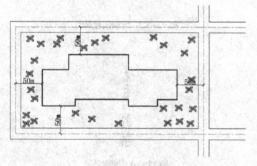

图 11-24　标注尺寸

❷ 标注标高。

单击"默认"选项卡"块"面板中的"插入"按
钮📌，弹出"插入"对话框，如图 11-25 所示。
在"名称"中选择"标高"，单击"确定"按钮，
插入到总平面图中。再调用"多行文字"命令
Ⓐ，输入相应的标高值，结果如图 11-26 所示。

图 11-25　"插入"对话框

❸ 标注文字。

设置当前图层是"文字标注"，单击"默认"选
项卡"注释"面板中的"多行文字"按钮Ⓐ，
标注入口、道路等，结果如图 11-27 所示。

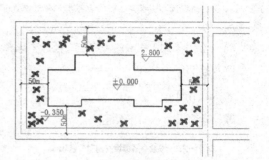

图 11-26　标注标高

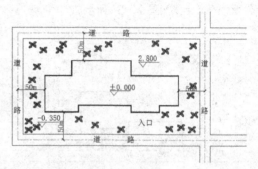

图 11-27　标注文字

❹ 图案填充。

① 设置当前图层是"填充"，单击"默认"选
项卡"绘图"面板中的"直线"按钮╱，绘制
铺地砖的主要范围轮廓，绘制结果如图 11-28
所示。

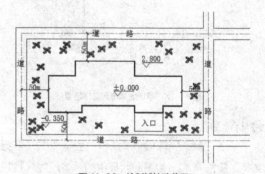

图 11-28　绘制铺地砖范围

② 单击"默认"选项卡"绘图"面板中的"图
案填充"按钮▨。打开"图案填充创建"选项卡，
选择"AR-HBONE"图案，更改填充比例为 2，
如图 11-29 所示。

③ 单击"添加：拾取点"按钮返回绘图区，选
择填充区域后按下回车键确认，完成图案填充
操作，填充结果如图 11-30 所示。

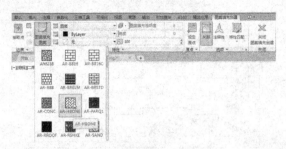

图 11-29　设置"图案填充创建"选项卡

④ 重复执行"图案填充"命令 ⬜，进行草地图案填充，结果如图 11-31 所示。

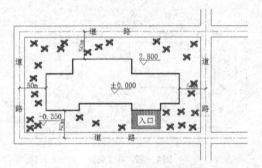

图 11-30　方块图案填充操作结果

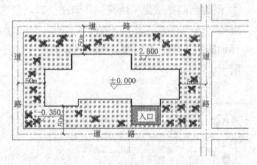

图 11-31　草地图案填充操作结果

❺ 标注图名。

单击"默认"选项卡"注释"面板中的"多行文字"按钮 A 和"绘图"面板中的"多段线"按钮 ⌒，标注图名，结果如图 11-32 所示。

总平面图　1：500

图 11-32　标注图名

❻ 绘制指北针。

单击"默认"选项卡"绘图"面板中的"圆"按钮 ⊙，绘制一个圆，然后单击"默认"选项卡"绘图"面板中的"直线"按钮 /，绘制圆的竖直

直径和另外两条弦，结果如图 11-33 所示。单击"默认"选项卡"绘图"面板中的"图案填充"按钮 ⬜，把指针填充为 SOLID，得到指北针的图例，结果如图 11-34 所示。单击"默认"选项卡"注释"面板中的"多行文字"按钮 A，在指北针上部标上"北"字，注意字高为 1000，字体为仿宋 GB2312，结果如图 11-35 所示。最终完成总平面图的绘制，结果如图 11-36 所示。

图 11-33　绘制圆和直线

图 11-34　图案填充

图 11-35　绘制指北针

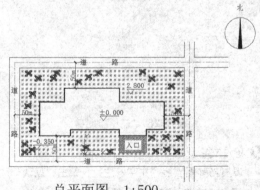

总平面图　1：500

图 11-36　总平面图

第12章

绘制某别墅平面图

别墅是练习建筑绘图的理想示例。因为它建筑规模不大、不复杂，易于被初学者接受，而且它包含的建筑构配件是比较齐全的，所谓"麻雀虽小、五脏俱全"。本章以某别墅设计方案图作为示例，和读者一起体验建筑平面图绘制的过程。

知识点

- 实例简介
- 绘制底层平面图
- 绘制二层平面图
- 绘制三层平面图
- 绘制屋顶平面图

12.1 实例简介

    本实例介绍的是某座独院别墅，砖混结构，共三层。配合建筑设计单位的房型设计，笔者根据朝向、风向等自然因素以及考虑到居住者的生活便利等因素，绘制出了初步设计图，如图12-1所示。

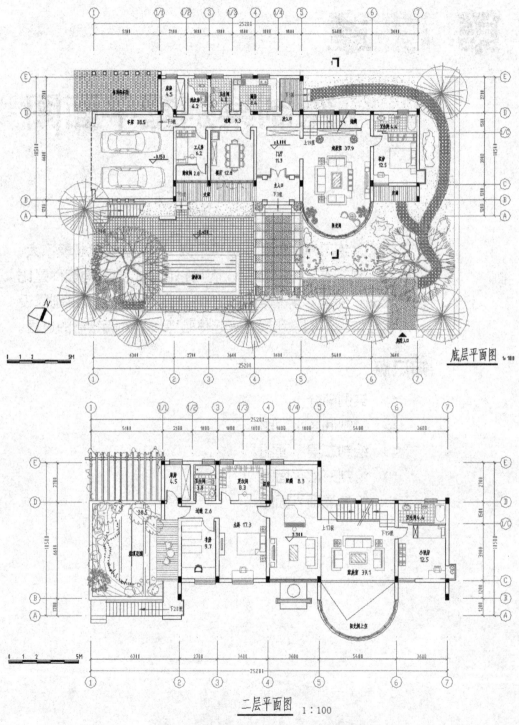

图12-1 某别墅底层、二层、三层、屋顶平面图

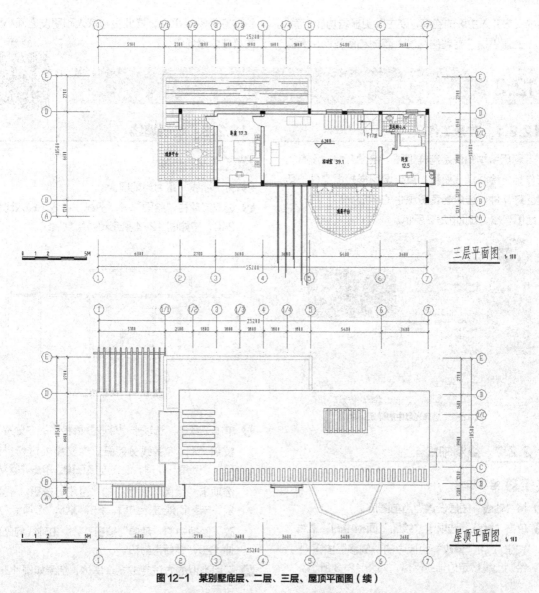

三层平面图 1:100

屋顶平面图 1:100

图 12-1　某别墅底层、二层、三层、屋顶平面图（续）

底层布置了门厅、客厅、餐厅、厨房、客人房、工人房、车库、卫生间和室外游泳池等公用空间；二层布置家庭室、主卧室、书房、储物间、儿童房、杂物间及车库屋顶花园等家庭用空间；三层布置两间卧室、活动室和室外观景平台。建筑朝向偏南，主要空间阳光充足，地形方正。

考虑到整体的地形、面积等因素，首层空间在北侧、南侧、西侧共设置4个出入口，3段室外走廊，这使得这座别墅的交通线路非常通畅，消防通道布置合理。室内楼梯贯穿三层，室外楼梯延伸至二层，这使得二楼的家庭用空间使用更加方便。

底层的起居室、客房、餐厅等对采光有一定要求的空间都设置在了别墅的南侧，采光、通风良好。

起居室的面积较大，将南面设置成半圆形的玻璃幕墙以吸纳阳光，正好成为设置室内阳光花房的最佳地点。餐厅是连接室内外的另一个重要空间，通常不设置室外门，本次设计在南侧设置了大尺度的玻璃室外门，连接室外走廊及室内空间，使业主在就餐期间享受最佳的视野和环境。

利用一层车库的超大屋顶，做成私家庭院独享的空中花园，室外楼梯至二楼的大主卧之间设置了观景木制平台，使业主在闲暇之余有一处可以全身心放松的空中花圃。在观景平台尽头设置了储物间，可以作为室外用品的收纳空间，这一设计点会给业主平时的使用带来很大的方便。二层设计的另一个特点是大主卧的设计，突破原有的设计模式，将私密

215

性的书房并入主卧的空间，使主卧更显得功能全面。

三层占据了有利的高度，西侧和南侧两块大面积的室外观景平台，是业主与家人和朋友之间小聚的最佳静谧场所。

12.2 绘制底层平面图

12.2.1 准备工作

利用所学知识绘制样板图。绘图开始，没有重新作相关绘图标准设置，直接调用样板图文件。新建图形文件，选择配套资源中的样板文件，打开进入绘图状态，如图12-2所示。

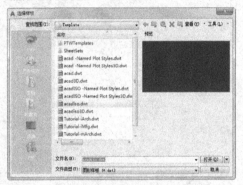

图12-2　选择光盘中的样板文件

12.2.2 绘制轴线

STEP 绘制步骤

❶ 将"轴线"图层设置为当前图层。

❷ 单击"默认"选项卡"绘图"面板中的"直线"按钮／和"修改"面板中的"偏移"按钮⊕，绘制出纵横定位轴线网格，如图12-3所示。

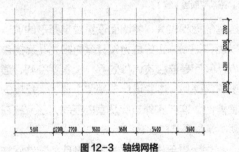

图12-3　轴线网格

> 📖说明　绘制轴线，没有必要一步到位将所有轴线全部绘制出来，可以先将主要的、起控制作用的轴线绘好，而那些附加轴线待需要时再添加，逐步细化。这样做有利于避免繁杂混乱而导致的错误。

12.2.3 绘制墙线

STEP 绘制步骤

❶ 将"墙线"置为当前层。

❷ 选取菜单栏"绘图"→"多线"命令，输入比例240，按如图12-4所示粗线绘制墙线。

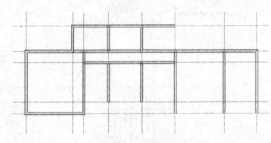

图12-4　绘制墙线

❸ 单击"默认"选项卡"修改"面板中的"分解"按钮 ⟁，将多线分解开，对交接处进行"修剪""倒角"处理，使之连接正确。单击"默认"选项卡"绘图"面板中的"直线"按钮／，对墙头未封口处进行封口。单击"默认"选项卡"修改"面板中的"延伸"按钮 --/，由轴线向外延伸120，然后再封口。

❹ 采用类似的方法完成剩余墙体，结果如图12-5所示。

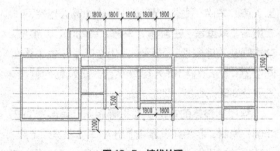

图12-5　墙线处理

12.2.4 | 绘制柱

柱包括混凝土柱和砖柱。

STEP 绘制步骤

❶ 混凝土柱。混凝土柱一般涂黑表示,绘制方法是:首先单击"默认"选项卡"绘图"面板中的"矩形"按钮 □,绘制一个矩形,然后单击"默认"选项卡"绘图"面板中的"图案填充"按钮 ▨,将矩形涂黑,填充图案为"SOLID"。

将"柱"图层置为当前层,按图 12-6 所示绘制并布置混凝土柱。

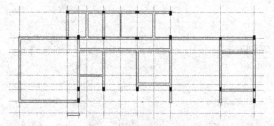

图 12-6 混凝土柱布置

❷ 砖柱。入口处的门柱和西北角备用停车位处的廊柱为砖柱,在"墙线"图层中绘制。

① 入口处门柱截面大小为 360×360,如图 12-7 所示。首先增加定位轴线,然后绘制矩形,最后移动柱图案进行定位,将多余线条修剪掉。

② 西北角廊柱大小为 240×240,如图 12-8 所示。首先绘制一个矩形,然后阵列出其他柱子。

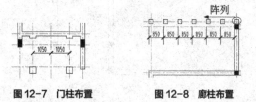

图 12-7 门柱布置　　　**图 12-8 廊柱布置**

12.2.5 | 绘制门窗

STEP 绘制步骤

❶ 门窗洞定位。在"墙线"层为当前层的状态下,参照图 12-9 绘制出门窗洞口边界线。

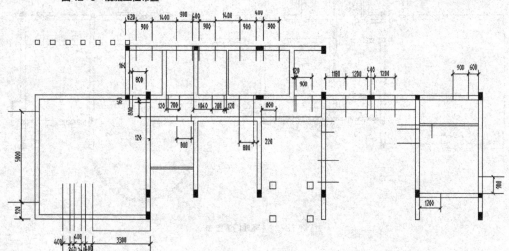

图 12-9 门窗洞定位

❷ 门窗洞整理。逐个修剪、整理门窗洞口,结果如图 12-10 所示。

❸ 将"门窗"图层置为当前状态,完成门窗绘制,结果如图 12-11 所示。下面说明其操作要点。

① C1、C2、C5。首先选取菜单栏"绘图"→"多线"命令,绘制出四线窗,然后单击"直线"命令或"多段线"命令,绘制外侧窗台。

② C3、C6、C8。直接选取菜单栏"绘图"→"多线"命令,绘制出四线窗。

③ C4。首先单击"多段线"命令,绘制出凸窗的内轮廓,然后向外依次偏移 50、50 绘出窗线,如图 12-12 所示。

④ C9。如图 12-13 所示,首先,绘制弧线窗的内轮廓,并向外依次偏移 50 绘出窗线;其次,紧靠墙端部绘制一个 150×50 的矩形作为玻璃幕墙的竖梃;最后,单击"默认"选项卡"修改"面板中的"环形阵列"按钮 ⊹⁙,选中矩形,捕捉圆弧中心为环形阵列的中心,设置项目总数为 13,项目间角度为 180°,对矩形进行环形阵列。

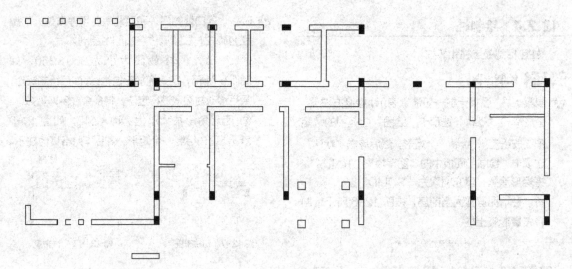

图12-10 门窗洞口

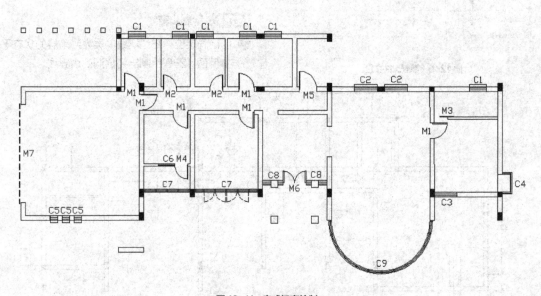

图12-11 完成门窗绘制

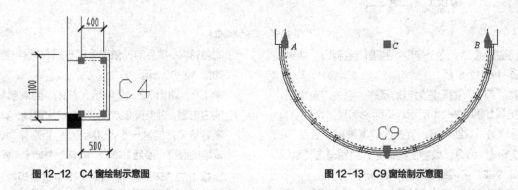

图12-12 C4窗绘制示意图　　　　　　**图12-13 C9窗绘制示意图**

⑤ C7。首先绘制出150厚的窗线，然后按图12-14所示尺寸分布竖梃，虚线门表示玻璃门可开启。

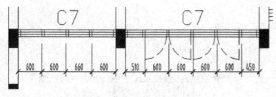

图 12-14 C7 窗绘制示意图

⑥ M1 ~ M6 比较简单，M7 表示卷帘门，用多段线绘制，在其特性中调整线型和线型比例以达到效果。

12.2.6 │ 绘制楼梯、台阶

本例包含两个楼梯：一个在客厅后部，是室内连接一至三层的通道；另一个在室外车库前，连接车库上的屋顶花园。台阶包括主、次入口处的台阶。

STEP 绘制步骤

❶ 室内楼梯。底层层高为 3300，如考虑楼梯每级踏步高度为 175 左右，则总共需要 19 级。如选取踏步宽度为 250，那么梯段长度为 4500，客厅后部净宽 5160，无法满足要求。因此，将楼梯采用三跑楼梯，踏步设计如图 12-15 所示。

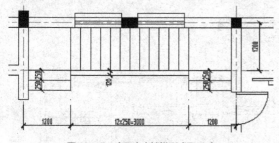

图 12-15 底层室内楼梯形式及尺寸

下面讲述底层楼梯的绘制要点。
① 将"楼梯"图层置为当前状态。
② 单击"默认"选项卡"修改"面板中的"偏移"按钮 ⊆，从左、右、上 3 侧的轴线向内分别偏移 1200，复制出辅助定位线。
③ 绘制出线段 1、2，然后由线段 1 向下依次偏移 250，复制出 3 个踏步，由线段 2 向右阵列出 10 个踏步，如图 12-16 所示。
④ 绘出第一跑楼梯的边线，接着单击"默认"选项卡"绘图"面板中的"矩形"按钮 ▢，绘出第二跑楼梯侧面的 120mm 厚墙体，并把该

墙体置换到"墙线"层中。

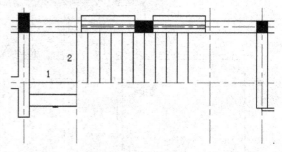

图 12-16 绘制踏步

⑤ 单击"默认"选项卡"绘图"面板中的"直线"按钮 ╱，在第二跑楼梯中部绘制出 60° 倾斜角的折断线（提示：输入相对坐标"@1800<60"）。然后，在 120mm 厚墙体端部开一个 700mm 宽的门洞，楼梯下作为贮藏室，如图 12-17 所示。

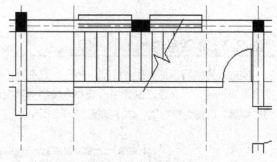

图 12-17 绘制折断线及门

❷ 室外楼梯。室外楼梯的绘制方法与室内类似，现给出楼梯形式和尺寸，如图 12-18 所示。

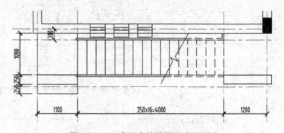

图 12-18 底层室外楼梯形式及尺寸

❸ 台阶。将"台阶"层设置为当前状态。
本例室内外高差为 450，设置的台阶包括主入口台阶、次入口台阶和车库后台阶，踏步高度为 150，宽度为 300，如图 12-19 所示。
主入口台阶依门柱设置，两侧为花台。可以先绘一侧，然后镜像复制另一侧，最后作修整。

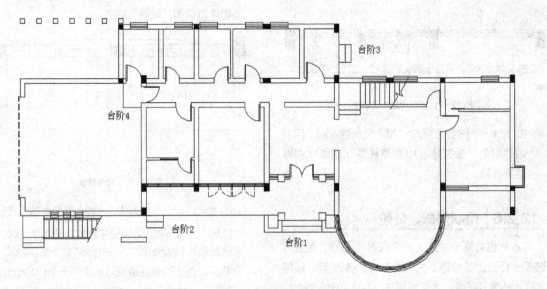

图 12-19　绘制底层台阶

12.2.7 | 布置室内

室内布置内容包括客厅、卧室、厨房、卫生间、车库。本例所需相关家具陈设大部分图块置于"源文件\建筑图块"中，可以通过设计中心或命令按钮选项板调用，但是需要根据具体情况作适当修改。布置时注意将"家具"层置为当前层，结果如图 12-20 所示。

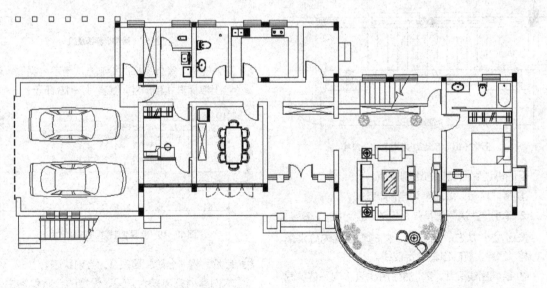

图 12-20　布置室内

12.2.8 | 室内铺地

STEP 绘制步骤

❶ 将走廊、卫生间、厨房填充成铺地图案，如图 12-21 所示。铺地 1 为地面砖，铺地 2 为木板条。

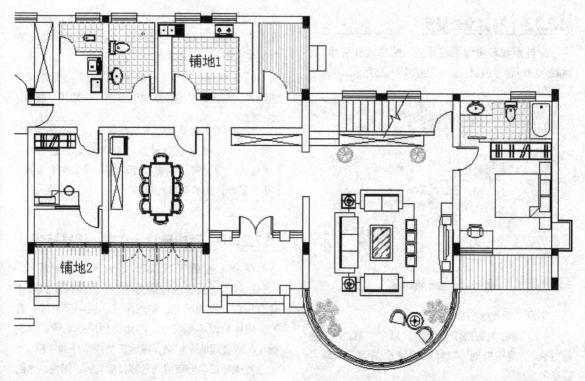

图 12-21　室内铺地

操作要点如下。

① 将"铺地"层设为当前状态。

② 填充之前用线条将填充边界封闭。

❷ 如果出现填充图案将内部孤岛图案覆盖的情况
（图 12-22），可以采用两种方法进行处理。

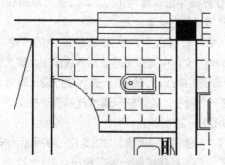

图 12-22　填充图案覆盖孤岛

① 一种方法是单击"默认"选项卡"修改"面
板中的"修剪"按钮 -/--，将重叠部分去掉，选
中大便器边缘，按右键，然后用鼠标选取大便器
边缘内的填充图案，即可去掉，如图 12-23 所示。

② 另一种方法是双击填充图案打开"图案填充编
辑器"选项卡，选择"选项"面板中右下角 ⬎ 按钮，
打开"图案填充编辑"对话框，单击右下角"更

多选项"按钮 ⊙ ，将对话框展开，如图 12-24
所示修改孤岛显示样式，也可实现同样效果。

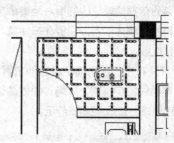

图 12-23　修剪填充图案

图 12-24　修改孤岛显示样式

12.2.9 布置室外景观

室外景观布置包括游泳池、围墙、庭院绿化、庭院入口设置等内容，结果如图12-25所示。

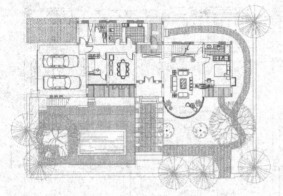

图12-25　室外景观布置

下面介绍其绘制要点。

（1）笔者为庭院部分绘制设置了"庭院""庭院绿化""庭院铺地""辅助线"4个图层，读者可以参考。

（2）将"庭院"图层置为当前层，用于围墙、绿地、道路、游泳池边线绘制。

（3）围墙及庭院入口布置。本例围墙沿别墅周边设置，首先依据建筑红线的相对距离确定围墙位置，然后再绘制墙体；入口设置在东南角，借助辅助线确定其位置。

（4）庭院布置。首先确定游泳池位置和大小，然后借助辅助线控制道路、广场、绿地的边界，最后绘制整理出来，如图12-26所示。

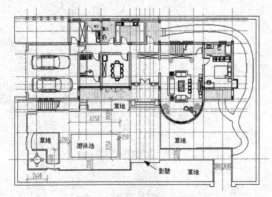

图12-26　庭院主要部分布置

（5）室外铺地设计。首先仍然是借助辅助线来规划铺地，为下一步图案填充做准备；然后，选取不同的图案进行填充，操作方法与室内类似。

（6）绿化布置。从图库中插入乔木、灌木图案，用"修订云线""多段线""点"等命令补充绘制竹子、灌木、山石等园林小品。

（7）整理。布置工作结束后，将不必要的辅助线删去，需要保留的辅助线设置到"辅助线"层中。

> 📖 说明　用户在进行下一项绘制时，可以将暂时不需要进行操作的图层锁定，这样便于绘图，而且可以提高程序运行速度。在进行绿化布置时，将其他图层锁定。

12.2.10 添加尺寸、文字、符号标注

根据《建筑工程设计文件编制深度规定》（2003版）的要求，方案图中，平面图标注的尺寸有总尺寸、开间尺寸、进深尺寸、柱网尺寸等。有的时候也可以不标尺寸，而用比例尺来表示。标高标注包括楼层地面标高，底层应标注室外地坪标高。

其他标注内容有房间名称、指北针、图名、比例或比例尺。底层还应标注剖面图的剖切位置和编号。

结合别墅实例进行各种标注，结果如图12-27所示。

需要说明的要点如下。

（1）本例平面图采用1∶100出图比例。

（2）本例标注两道尺寸，第一道为轴线尺寸（尺寸界线伸出长度为12），第二道为总轴线尺寸（尺寸界线伸出长度为2）。

（3）轴线编号。从配套资源中的"建筑图库.dwg"文件中选择轴号块插入到图中，输入比例100，定位到尺寸线端头，在命令行输入编号，标出第一个轴号。其他轴号通过复制修改来完成，结果如图12-28所示。

（4）楼梯箭头绘制。如图12-29所示，按A、B、C、D的顺序绘制一条多段线，AB为箭头，长度400；调出特性窗口，将"终止线段宽度"设为100，即可实现箭头效果。箭头指向是由本层楼面位置指向其他高度方向。

（5）在填充图案上注写文字如果看不清楚，可将背景遮盖住。操作步骤是：执行"多行文字"命令，打开"文字格式"窗口，单击鼠标右键，在快捷菜单中选择"背景遮罩"，弹出"背景遮罩"对话框，如图12-30所示，单击"确定"按钮完成。

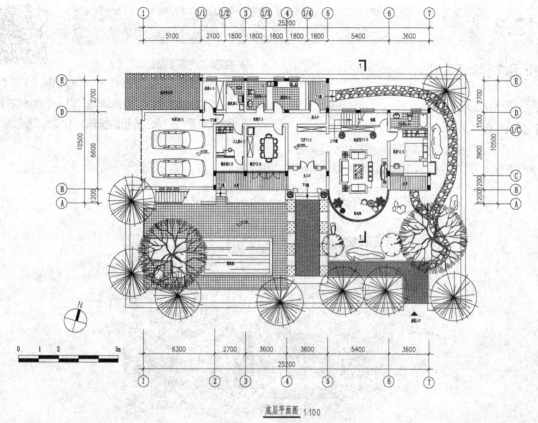

底层平面图 1:100

图 12-27 完成标注

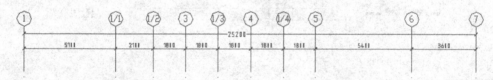

图 12-28 标注尺寸、轴号

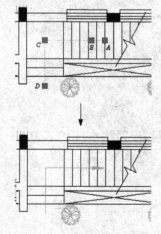

图 12-29 楼梯箭头绘制示意图

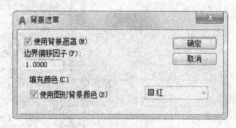

图 12-30 "背景遮罩"对话框

说明 在方案图中可以不标轴线号，但是在初设图和方案图中必须标注。上面介绍的尺寸界线伸长处理办法是根据笔者的经验给出，只要标注效果相同，方法应该是多样的。

房间内标注数字为使用面积，单位为m²。

12.3 绘制二层平面图

12.3.1 准备工作

STEP 绘制步骤

❶ 复制底层平面图。

　　将冻结、锁定的图层全打开，然后将底层平面图复制到其正上方，作为二层平面图，如图12-31所示。

❷ 整理二层平面图。

　　① 将"0"层置为当前层，然后将"0""庭院""庭院绿化""庭院铺地"以外的图层冻结，剩下如图 12-32 所示的图形。将这些图形全部删除。

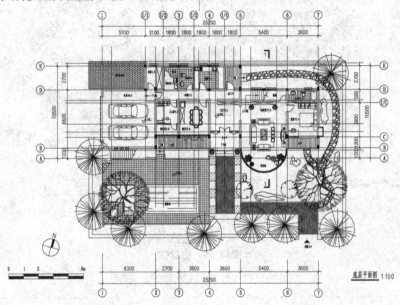

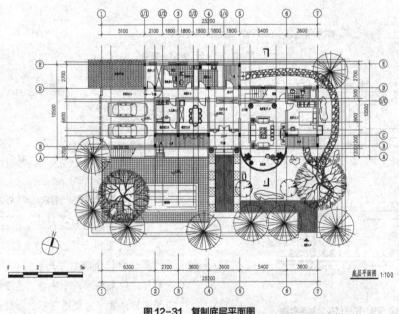

图12-31 复制底层平面图

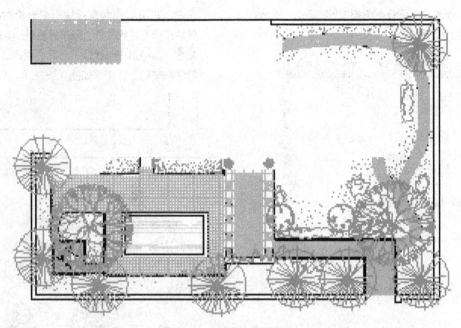

图 12-32 需删除的底层平面图形

② 打开被冻结的图层，进一步将用不到的图层删除，并适当调整尺寸线的位置，如图 12-33 所示。

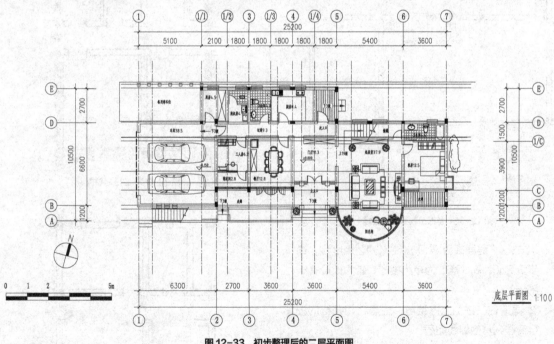

图 12-33 初步整理后的二层平面图

12.3.2 | 修改二层平面图

为了方便修改，将"家具""铺地""文字""配景""尺寸"等图层关闭。依次按照不同的房间区域进行修改。修改到不同对象时，注意将相应的图层

置为当前状态。

STEP 绘制步骤

❶ 家庭室区域。家庭室位置如图 12-34 所示，现将其周围图线（包括墙线、楼梯、入口雨篷、栏杆、

门窗）作修改、增补，结果如图 12-35 所示。
操作要点强调如下。

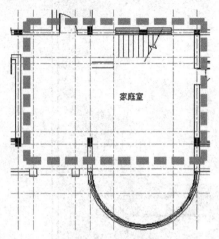

图 12-34　家庭室位置

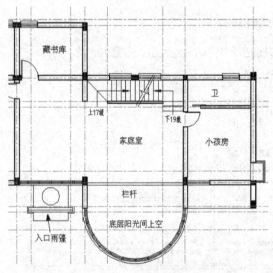

图 12-35　修改后的家庭室区域

① 二、三层层高为 3000，共设 12 级踏步，踏步宽 250，高 176，为单跑楼梯，转角处设 2 级踏步。

② 雨篷在门柱的上方绘制，注意将门柱线的图层调整到其他看线图层。

③ 新增图线内容（如雨篷、楼板、栏杆）均属于看线，可以设置到现有的看线图层（如台阶、楼梯、门窗）中去，也可以新建图层。

④ 在修改墙线时，注意删除多余线段，尽量避免同一位置的重合墙线。

⑤ 同一直线上的两条线段连接可以单击"合并"

命令，它可以使两条线段形成一个对象，这是其他操作不可比拟的。操作方法是：单击"合并"命令，选中第一条线段，然后选取第二条线段，最后回车确定。结果如图 12-36 所示。

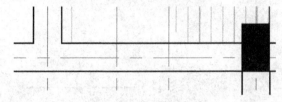

图 12-36　合并后的线条

⑥ 注意楼梯双折断线的画法。

❷ 主卧室区域。主卧室位置如图 12-37 所示，修改内容主要是墙线和门窗，结果如图 12-38所示。

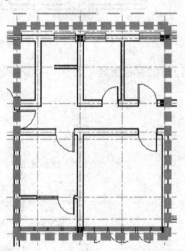

图 12-37　主卧室位置

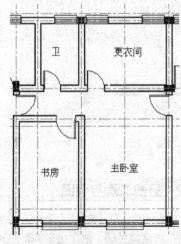

图 12-38　修改后的主卧室区域

❸ 屋顶花园区域。屋顶花园位置如图 12-39 所示，修改内容主要是车库屋顶的女儿墙和楼梯，增绘内容为花园、备用车位上方的栅格，结果如图 12-40 所示。操作要点如下所示。

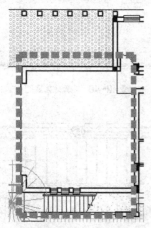

图 12-39　屋顶花园位置

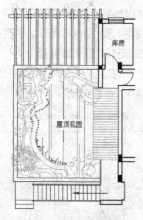

图 12-40　修改后的屋顶花园

① 将车库墙线连通，置换到其他看线图层中，以改变其粗线特性，作为女儿墙。

② 备用车位处廊柱置换到其他看线图层中，以改变其粗线特性，再在上面绘制栅格，单击"阵列"命令处理。

③ 等高线用"样条曲线"绘制。

④ 填充屋顶花园中的水面，注意填充边界的完善。

12.3.3 | 布置室内

打开"家具"图层，调整、增加室内布置，结果参见图 12-41。

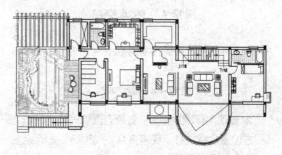

图 12-41　室内布置

12.3.4 | 添加文字、尺寸标注

打开"文字""尺寸"图层，首先将不必要的文字和尺寸删除，然后逐项修改文字，结果参见图 12-35。

12.4　绘制三层平面图

本别墅三层平面布局与底层、二层均存在有差异的地方，所以需要绘制三层平面图。三层平面图需要表达的内容有活动室、两个卧室、楼梯、南侧平台、西侧平台以及西北侧的蓄水屋面。绘制三层平面图的总体方法仍然是在下一层平面图的基础上做修改。

STEP 绘制步骤

❶ 复制并整理二层平面图。

打开所有图层，将二层平面图复制到新程序中，将确定不需要的图线删除，将可能用到的家具图案留下，如图 12-42 所示。

❷ 在二层平面图基础上绘制三层平面图。

活动室区域：在二层家庭室的上部设置活动室，

由于修改的图线较多，下面较详细地说明一下。

① 修改玻璃幕墙。将 C 轴线上④~⑤轴线范围内的玻璃幕墙线延伸到⑥轴线上去，然后在⑤~⑥轴线幕墙上阵列竖梃符号，阵列间距为 600，将两端的竖梃间距作适当调整。最后从底层复制虚线门到幕墙上，如图 12-43、图 12-44 所示。

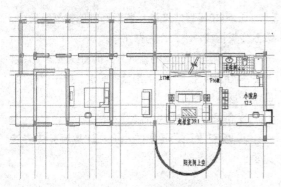

图 12-42　删除确定不要的图线

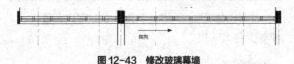

图 12-43　修改玻璃幕墙

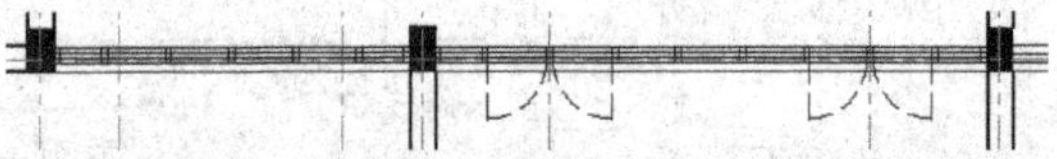

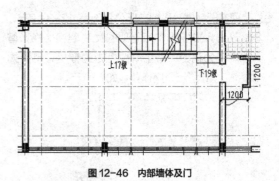

图 12-46　内部墙体及门

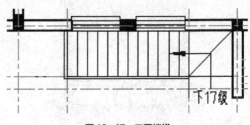

图 12-47　三层楼梯

❸ 修改西侧观景平台及蓄水屋面。

这部分位置如图 12-48 所示。首先如图 12-49 所示修改墙线和蓄水屋面处女儿墙；然后借助辅助线在山墙上开一个门洞，并绘制出栏杆，结果如图 12-50 所示。

图 12-44　布置玻璃门

② 修改南侧观景平台。在原有圆弧形玻璃幕墙上方设置金属栏杆，现将多余图线删除，把剩余图线调整到"栏杆"图层中去；而原有两侧墙体更改为栏板，故将这部分墙线也调整到"栏杆"图层中去。注意，如墙线一直延伸到室内，则应在分界点处用"默认"选项卡"修改"面板中的"打断于点"按钮打断开。结果如图 12-45 所示。

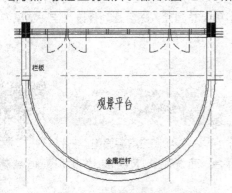

图 12-45　修改南侧观景平台

③ 修改内部墙体、门。删除不需要的墙体及门窗，用"JOINT"命令连接断残墙线，原小孩房入口处按图 12-46 所示进行处理。

④ 三层楼梯为顶层楼梯形式，除了修改踏步线，还需增加栏杆，如图 12-47 所示。

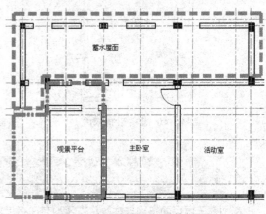

图 12-48　西侧观景平台及蓄水屋面

这样，三层平面图的基本图线就修改、绘制完毕了，下面调整室内布置。

❹ 室内布置及图案填充。

打开"家具"图层，调整室内布置，并作图案填充，参见图 12-51。

❺ 标注尺寸、符号。

打开"尺寸""文字"图层，按三层平面图的要求作相应的修改，结果如图 12-52 所示。

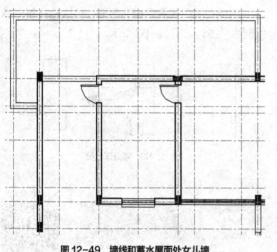

图 12-49 墙线和蓄水屋面处女儿墙

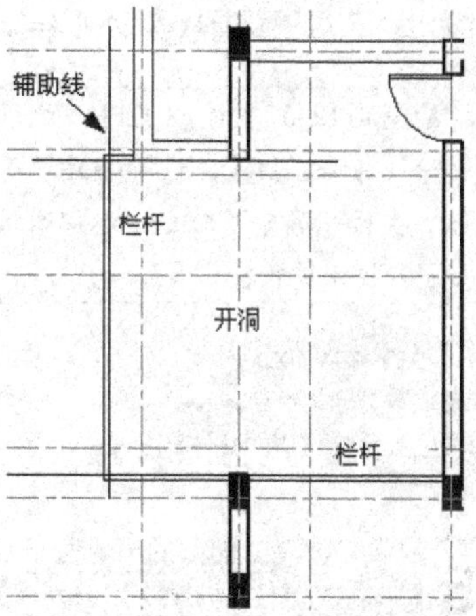

辅助线

栏杆

开洞

栏杆

图 12-50 门洞及栏杆

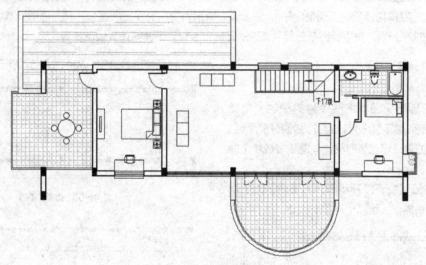

图 12-51 布置三层室内

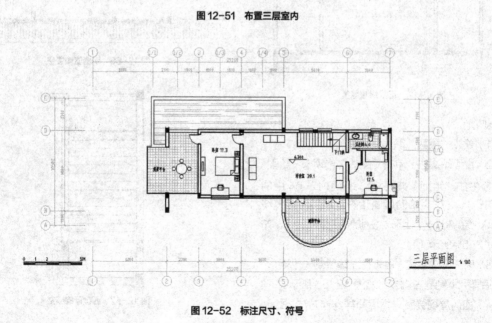

三层平面图

图 12-52 标注尺寸、符号

229

到此为止，三层平面图基本绘制完毕。

> 📖 说明　绘制图12-52中的沙发时，可以用"等分"命令"DIV，*DIVIDE"进行直线的三等分。执行"等分"命令，选中需等分的线段，按命令行提示进行操作。

```
命令：DIV DIVIDE ✓
选择要定数等分的对象：✓
输入线段数目或 [块(B)]：3 ✓
```

这样，就把线段分成三等分，依次捕捉等分点绘制水平线，如图12-53所示。

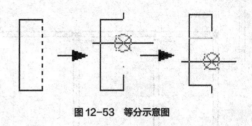

图 12-53　等分示意图

12.5　绘制屋顶平面图

屋顶平面图是从屋顶上空向下投影到水平面上得到的正投影图。前面底层、二层已完成局部屋顶绘制（屋顶花园、南侧观景台等），三层以上屋顶为钢筋混凝土平屋顶，其上局部开洞镂空，活动室上方设一个玻璃采光顶，其平面图在三层平面图的基础上绘制，下面简述其绘制步骤。

STEP 绘制步骤

❶ 整理三层平面图。

　　复制出三层平面图，将图线暂时删减，如图12-54所示。剩下部分借以定位，绘制好屋面后，为了删除方便，可以暂时将这些图线做成块（轴线除外）。

　　如果轴线图层处于打开状态，为了便于大面积删除和其他操作，可以将该图层锁定。

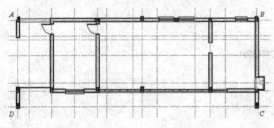

图 12-54　图线删减结果

❷ 绘制屋面。

　　（1）建立"屋面"图层。

　　（2）屋面轮廓线。单击"默认"选项卡"绘图"面板中的"矩形"按钮 ▭，沿图12-54中的 A、B、C、D 点绘制屋面轮廓，然后向内偏移250，绘制出一个矩形，协助镂空部位定位，如图12-55所示。

　　（3）南侧屋檐镂空。首先在左端绘制一个矩形，然后阵列复制到右侧去，如图12-56所示。

　　（4）西侧屋檐镂空。采用同样操作方法，绘制出西侧屋檐镂空，如图12-57所示。

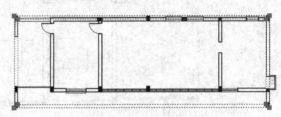

图 12-55　屋面轮廓线

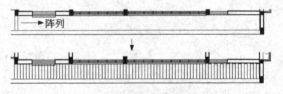

图 12-56　南侧屋檐镂空

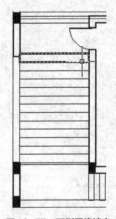

图 12-57　西侧屋檐镂空

（5）玻璃采光顶。如图 12-58 所示，首先借助轴线和辅助线绘制出 2 个矩形，长条形矩形表示玻璃顶上面的固定架；然后再由该矩形阵列出其他固定架。阵列之前可以先测量玻璃顶的水平尺寸，然后再确定阵列间距。

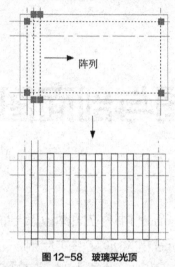

图 12-58　玻璃采光顶

（6）完成屋顶绘制。

① 删除原有图线块及辅助线，并对屋顶图线作必要的修剪，结果如图 12-59 所示。
② 复制底层、二层在竖直投影下能够看到的部分（包括屋顶花园、停车位栅格、雨篷、露台、蓄水屋面）到屋顶平面图上，组合完成整个屋顶平面图。

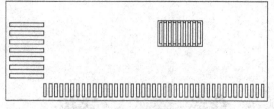

图 12-59　图线修剪

③ 标注出各部分屋面标高，结果如图 12-60 所示。

在本节中，我们以某别墅方案设计为例，向读者详细介绍了各层平面图绘制的步骤及常用方法。从总体上来说，底层平面图内容丰富，是各层平面图绘制的基础，因此应认真、准确、清晰地绘制好才行。千万不可一开始就丢三落四、草草了事或尺寸搭接不准确，否则，后面各层平面图的绘制，乃至立面、剖面、立体建模时会苦不堪言。在具体绘图时，初学者往往会对密密麻麻的图形望而兴叹，甚至产生厌恶感。其实，只要把握住由粗到细、由总体到局部的过程，分类、分项地绘制，也就迎刃而解了。一些无法确定尺寸或定位的图形，可以多借助辅助线来完成，不要总想着一步到位。

在本书中，一再强调图层的划分和管理，该环节非常重要。因为图层处理好了，可为后面的许多设计、绘图工作带来方面，希望读者养成习惯。

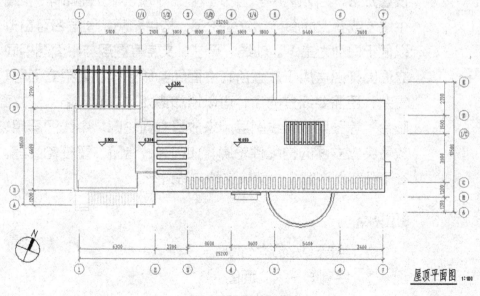

图 12-60　完成屋顶绘制

第13章

绘制某别墅立面图与剖面图

　　本章在上一章别墅平面图的基础上讲述立面图以及剖面图的绘制。立面图可以在平面图所在的图形文件中绘制，也可以在另一个图形文件中绘制。当图形文件较大时，可选择后者。立面图绘图环境的基本设置（单位、图形界限等）与平面图相同。文字样式、尺寸样式则根据出图比例的大小来决定。若比例与平面图相同，则不必再设置新的样式。

　　至于立面图中图层设置的问题，目前没有一个统一标准。不同的绘图习惯，可能采用不同的图层设置。现介绍作者的设置方法，供读者参考。至少设置3个图层：立面图样、粗线、中线（或者立面图样、立面轮廓、构件轮廓。图层名可自拟，以便于识别为主）。轴线、尺寸、文字等图层与平面图相同。立面图样图层用于放置所有立面细实线图样。如果立面图较复杂，还需要细分的话，可以增加诸如"立面门窗""立面阳台"等图层。粗线图层用来放置立面轮廓。中线图层用来放置突出立面的构配件轮廓，如门窗、台阶、壁柱轮廓等。在下面实例讲解中，就按这种方法进行。

知识点

- ⟳ 绘制①~⑦立面图
- ⟳ 绘制Ⓔ~Ⓐ立面图
- ⟳ 绘制某别墅剖面图

13.1 绘制①～⑦立面图

这里重点讲解两个立面图：①～⑦立面图（南立面图）和Ⓔ～Ⓐ立面图（西立面图），如图13-1所示。其他立面图可以参照完成。本节重点知识点包括由平面引出立面定位辅助线、立面门窗、楼梯、台阶、屋顶、栏杆的绘制，以及标注、线型等，注重基本方法的应用。

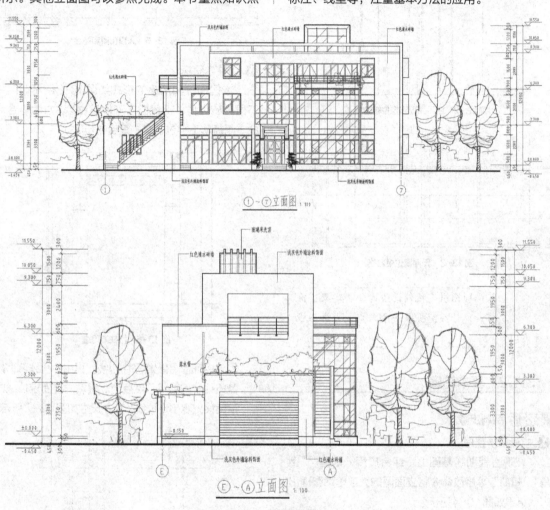

图 13-1　某别墅立面图

13.1.1 绘图环境

STEP 绘制步骤

❶ 准备工作。

　① 建立"立面"图层。

　② 在底层平面图的下方清理出一片空间用于绘制立面图。

　③ 将平面图中暂时用不到的图层关闭，以便于绘图。

❷ 绘制定位辅助线。

　① 在底层平面图下方适当位置绘制一条地坪线。地坪线上方需留出足够绘图空间。

　② 由底层平面图向下引出定位辅助线，如图 13-2 所示。这一步，先把墙体外轮廓、墙体转折处以及柱轮廓定位线引下来。

　③ 根据室内外高差、各层层高、屋面标高、女儿墙高度确定楼层定位辅助线，用"偏移"命令完成，如图 13-3 所示。

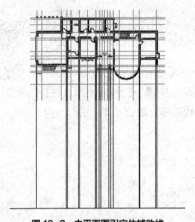

图 13-2　由平面图引定位辅助线

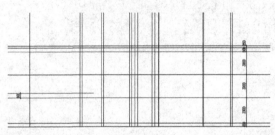

图 13-3　竖向定位辅助线

> **说明**　从平面图引定位辅助线时，将对象捕捉打开，仔细捕捉每一个角点，力求图线准确。

13.1.2　基本轮廓

STEP 绘制步骤

❶ 立面初步整理。

在现有辅助线基础上，综合应用"修剪""倒角""打断"等修改命令将立面图的大致轮廓整理出来，结果如图 13-4 所示。

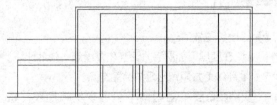

图 13-4　立面初步整理

在此基础上我们对立面内容逐项进行细化绘制。

❷ 入口台阶和花台。

室内外高差为 0.45m，设三级台阶，主入口两边设花台。操作方法是，继续由平面图引入台阶、

花台的定位线，然后用"偏移"命令复制台阶线，最后修剪多余线段，如图 13-5 所示。

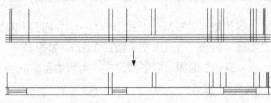

图 13-5　入口台阶和花台

❸ 门柱与雨篷。

本例门柱和雨篷的形式如图 13-6 所示。门柱下段为砖砌体，上段门字形框架由 4 块方木组合而成，雨篷从下穿过。其主要绘制步骤如下。

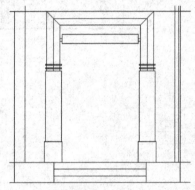

图 13-6　门柱与雨篷

① 由平面图引出柱子中心线，再由中心线偏移出各段柱子的边线；然后由二层室内楼面定位线向下偏移出水平定位线，有关尺寸如图 13-7 所示。

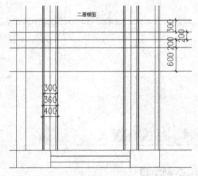

图 13-7　绘制门柱与雨篷步骤（一）

② 进行修剪，结果如图 13-8 所示。在此基础上，再做细部刻画，结果如图 13-6 所示。

❹ 入口门窗。

入口处门窗如图 13-9 所示，其主要绘制步骤如下。

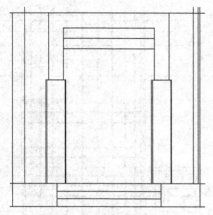

图 13-8 绘制门柱与雨篷步骤（二）

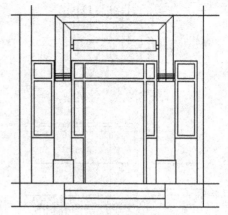

图 13-11 绘制入口处门窗步骤（二）

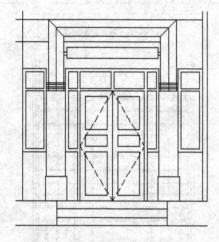

图 13-9 入口处门窗

① 绘制出如图 13-10 所示辅助线。

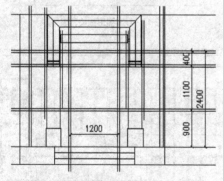

图 13-10 绘制入口处门窗步骤（一）

② 仔细进行修剪，结果如图 13-11 所示。之后，进一步绘制出门扇和开启方向线。

❺ 底层晾衣间、餐厅落地玻璃窗。
采用上述类似方法，绘制出底层晾衣间、餐厅落地玻璃窗，如图 13-12 所示。

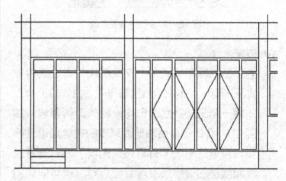

图 13-12 晾衣间、餐厅落地玻璃窗

> 说明　门窗开启方向线交角处一侧为安装合页，虚线表示向内开，实线表示向外开。对于图 13-13 所示的门窗绘制时，若也从平面图引入辅助线，则比较烦琐。可以这样处理，或许显得方便一些：首先从平面图中引出较短距离的直线（图 13-14），然后执行"延伸"命令，选择室内地坪线为"延伸边界"，框选所有的投影线，则一次性延伸到边界处。也可以用"构造线"来绘制。

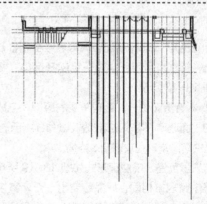

图 13-13 引出投影线

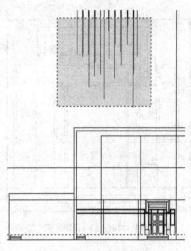

图 13-14　框选所有投影线

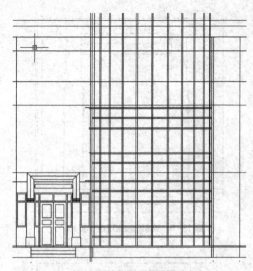

图 13-16　排布竖梃和横档

❻ 玻璃幕墙。

为了使立面形式统一、充满现代气息、获得较大采光面积，本例起居室阳光间、主入口上方、东侧一至三层卧室窗口均设计为玻璃幕墙，如图 13-15 所示。绘制玻璃幕墙的关键是设计好玻璃幕墙的形式（有框还是无框），确定好竖梃和横档的分格尺寸等。而绘制过程与前面相关内容类似。需要说明的要点如下。

图 13-15　玻璃幕墙

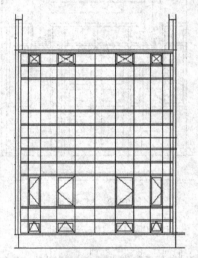

图 13-17　弧形玻璃幕墙

① 按初步设想排布出玻璃幕墙竖梃和横档（图13-16）；利用所学知识绘制开启扇，结果如图 13-17 所示。

② 本着协调统一、合理美观的原则，完成余下的平面玻璃幕墙，结果如图 13-18 所示。

❼ 二三层卧室、书房窗及车库窗。

二三层卧室、书房窗形式如图 13-19 所示。这三个窗规格相同，只需绘制出一个，其余两个复制完成，开启方向只需注明一个。需说明的是，因为立面上窗框为中粗线，复制之前，可以沿

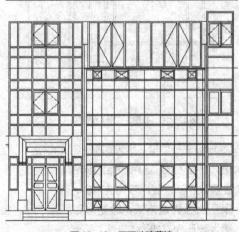

图 13-18　平面玻璃幕墙

窗洞口绘制一个矩形，并将它置换到"中粗线"图层，这样就不用每个窗洞口都重复绘制了。

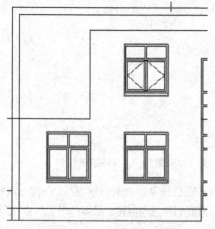

图 13-19　二三层卧室、书房窗

车库窗也采用同样方法完成，如图 13-20 所示。

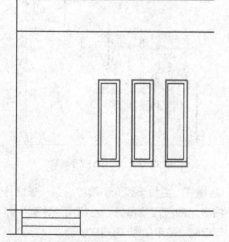

图 13-20　车库窗

13.1.3 绘制楼梯

楼梯立面绘制是本节的难点之一，请读者注意。下面依次按照梯段、栏杆、修整3个步骤来讲。

STEP 绘制步骤

❶ 准备工作。

如图 13-21 所示，将支撑楼梯平台的墙片及伸出墙片的平台板绘制好。注意墙片高于平台1.05m，是根据规范规定的最小栏杆高度1.05m确定的。

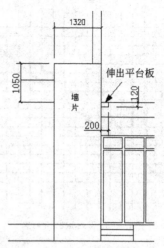

图 13-21　墙片及伸出墙片的平台板

❷ 绘制梯段。

现在绘制的楼梯连接地面至车库屋顶花园，设计踏步宽250mm，高194mm，梯段较陡。但考虑到使用频率不大，这是可以接受的。

① 阵列楼梯踏步网格。如图 13-22 所示，分别由水平和竖直两个方向阵列出踏步绘制的辅助网格。阵列之前，应事先计算好参数，以便一次成功。

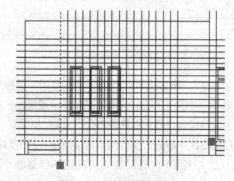

图 13-22　阵列楼梯踏步网格

② 绘制梯段侧立面。单击"多段线"命令，如图 13-23 所示绘制出梯段轮廓。确认绘制正确后，可以考虑将辅助网格删除。

❸ 绘制栏杆。

栏杆高于踏步1.05m，采用金属栏杆，木质扶手。首先绘制扶手，然后绘制立杆和横杆。

① 扶手。如图 13-24 所示，复制梯段底线到墙片左上角，作为栏杆扶手上边缘线。由于墙片高于平台1.05m，又与最上一级踏步前缘齐平，因而这样复制出来的扶手满足不低于1.05m的高度要求。接着，向下偏移60（扶手大小）绘制出扶手。

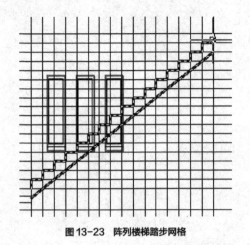

图 13-23　阵列楼梯踏步网格

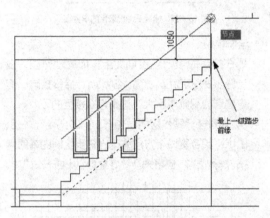

图 13-24　复制扶手线

② 立杆。单击"默认"选项卡"绘图"面板中的"构造线"按钮，捕捉踏步中点绘制出一条竖直的构造线作为立杆的中心线（图 13-25）；然后由此中心线分别向两侧偏移绘出立杆的厚度（图 13-26）；最后完成立杆的细部绘制（图13-27）。

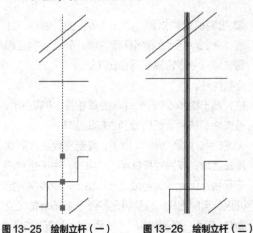

图 13-25　绘制立杆（一）　　图 13-26　绘制立杆（二）

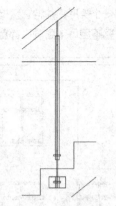

图 13-27　绘制立杆（三）

由于立杆线条较琐碎，建议先将它做成块，然后再复制到其他位置。结果如图 13-28 所示。

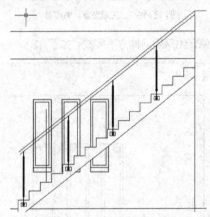

图 13-28　复制立杆扶手端部

③ 横杆。由扶手线向下偏移出第一根横杆，并将多余的线段修剪掉，然后用"阵列"命令向下复制。结果如图 13-29 所示。

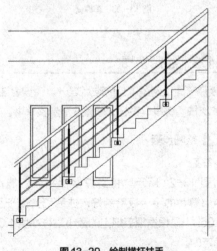

图 13-29　绘制横杆扶手

④ 修整。

修整内容包括扶手端部（图 13-30）、平台处栏杆补充和车库立面被覆盖的线条等，结果如图 13-31 所示。

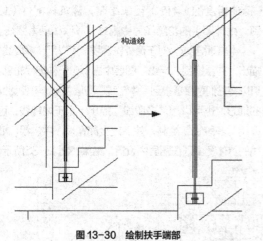

图 13-30　绘制扶手端部

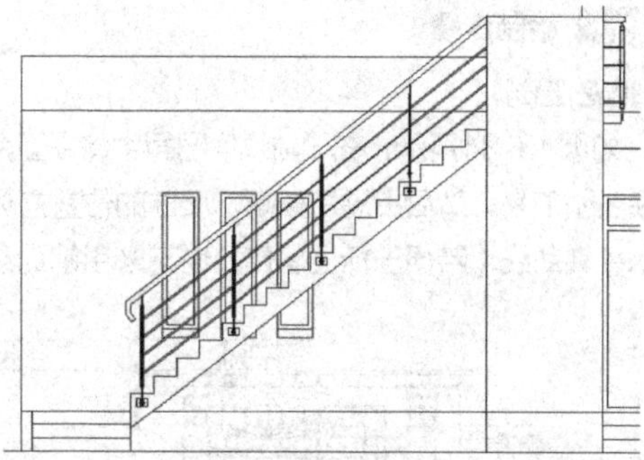

图 13-31　修整后的楼梯

13.1.4 | 其余部分

其余部分绘制内容包括南侧和西侧栏杆、突出屋面的玻璃采光顶以及东侧凸窗等项目。读者参照上面的讲述，不难完成其操作，结果如图 13-32 所示。

图 13-32　基本完成的①～⑦立面图

从"建筑图库"文件中插入立面植物等配景图案，注意树型、大小与立面相协调。也可以适当填充玻璃图案。结果如图 13-33 所示。

图 13-33　①～⑦立面配景

13.1.5 | 添加尺寸、文字标注

在立面图中，不同的设计阶段，对尺寸、文字标注深度的要求不一样。在方案设计阶段，只需要注明各主要部位和最高点的标高或主体建筑的总高度。初步设计阶段，则只需注明两端的轴线和编号，以及平、剖面未能表示的屋顶、屋顶高耸物、檐口、室外地坪等主要标高或高度，而施工图阶段则标注详细。竖直方向上应标注室内外地坪、台阶顶面、门窗洞口上下位置、各楼面及屋面、檐口、屋顶高耸物等标高，共注明三道尺寸。第一道为细部尺寸，第二道为层高，第三道为总高。水平方向一般不标注尺寸，但是要注明两端轴线及编号。此外，根据具体情况，还可以在立面上标注外墙装修、详图索引符号等。各个阶段都需要注明图名、比例或比例尺。

在 AutoCAD 中立面图的基本标注操作和前面相关内容类似。本例基本上按施工图的要求来做标注，出图比例取 1∶100，下面简述其要点。

STEP 绘制步骤

❶ 准备工作。

如图 13-34 所示，在"轴线"图层中将立面两端的轴线引下来，然后由需注标高、尺寸的位置向外引出水平辅助线（若便于标注操作，也不必引辅助线）。

图 13-34　引出水平辅助线

❷ 标注。

逐项进行标注，结果如图 13-35 所示。

❸ 线型设置。

立面图中，最外轮廓线为粗线，地坪线用 1.4b（标注粗度的 1.4 倍）粗线绘制，建筑构配件（门窗、雨篷等）的轮廓线为中粗线，其余线条为细线。

根据此要求，对于最外轮廓线，可以用"多段线"描出，并置换到"粗线"图层中去；对于构配件轮廓，可以将它们直接置换到"中粗线"图层中去，不便置换的地方，也可以用"多段线"描出；至于地坪线，可以用"多段线"绘制，并指定全局宽度。中、粗、细线的具体宽度则在图层中设置。结果如图 13-35 所示。

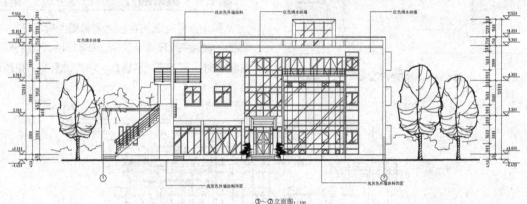

①~⑦立面图 1:100

图 13-35　①~⑦立面图

13.2 绘制Ⓔ~Ⓐ立面图

Ⓔ~Ⓐ立面即西立面，主要内容有车库入口、屋顶花园、西侧平台等，如图 13-36 所示。其绘制的基本

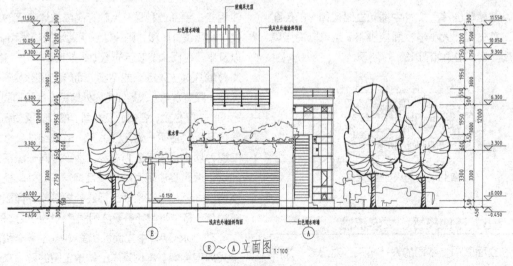

Ⓔ~Ⓐ立面图 1:100

图 13-36　Ⓔ~Ⓐ立面图

方法与①～⑦立面（正立面）相似，但仍然存在不同的地方。前面我们已经完成了各层平面图和正立面图，于是在绘制E～A立面图时，尽量借助已有图形的便利条件，达到快速绘图、节省精力的目的。可利用的条件有：①水平、竖直两个方向的尺寸限定；②相同或相似的建筑构配件图样；③相同或相似的尺寸、文字、配景等内容。读者事先可以结合工程情况作一个简单分析，就会得出下一步的绘制程序，从而有的放矢，事半功倍。

下面，我们重点说明绘制原则和操作要点。

13.2.1 绘制辅助线

由于E～A立面的方位与①～⑦立面不同，属

左侧立面图，因此由平面图引出投影线的方式有所区别。常规做法是，首先，绘制出地坪线1（与正立面图在同一水平线上）、立面图最右边线2、平面图最下边线3。其次，由线条2、3的交点左斜45°绘制一条直线。再次，由平面图向左引投影线交于斜线，再由相应的交点向下引至地坪线。然后，再由绘制好的①～⑦立面图向左引出立面竖向高度控制线（图13-37）。这就是侧立面图绘制的基本方法，其原理仍是正投影作图的原理。

如果同时需要借助其他平面图绘图，也可以如图13-38所示操作，注意斜线相对于平面的位置是固定的。总之，只要符合正投影作图的原理，方法是可以变通的。

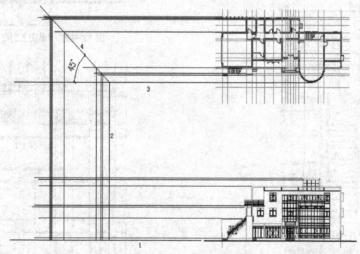

图13-37 引出侧立面投影线

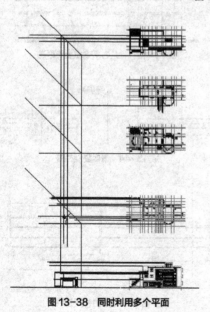

图13-38 同时利用多个平面

13.2.2 绘制弧形玻璃幕墙

观察发现，本例E～A立面中的弧形玻璃幕墙与正立面图中右边一半相同，因此只要将它复制过来，安放到正确位置，适当修改就可完成。复制时注意选择好基点和终点，以便一次定位，如图13-39～图13-41所示。

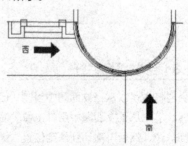

图13-39 弧形玻璃幕墙相同部分

241

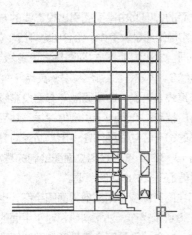

图 13-40 复制、定位弧形玻璃幕墙

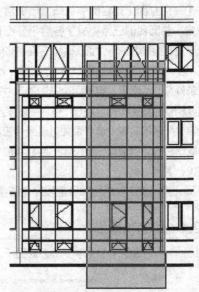

图 13-42 "从左上到右下"框选

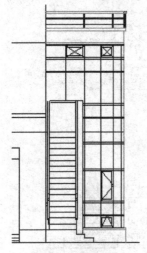

图 13-41 修改完成

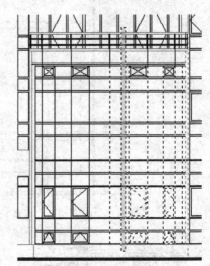

图 13-43 "从右下到左上"框选

> 说明 　用户在面临大量、复杂的图形选择时，可以巧妙地配合应用"从左上到右下""从右下到左上"两种框选的方法。例如选择玻璃幕墙，"从左上到右下"拉出矩形选框，可以一次性选中竖直构件（图13-42），"从右下到左上"拉出矩形选框，可以一次性选中水平构件（图13-43）。如有少数遗漏图形，则个别点选就可以了。

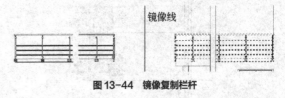

图 13-44 镜像复制栏杆

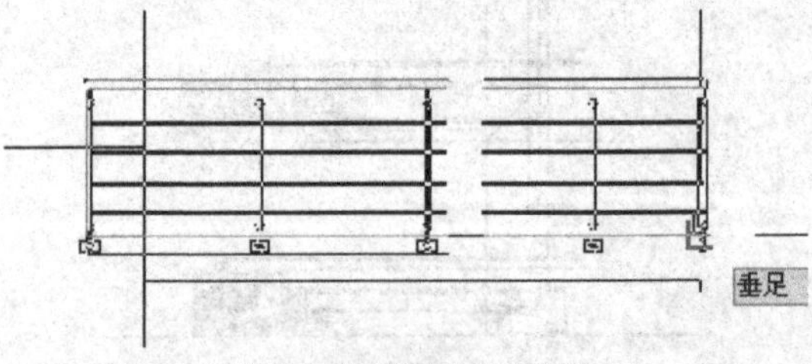

13.2.3 | 绘制平台栏杆

　　平台栏杆也可以从正立面图中复制，但需要作水平翻转。首先从正立面图中用"镜像"命令将栏杆复制到一边，然后再移动到预定位置，最后进行修改，如图 13-44 ～图 13-46 所示。

图 13-45 移动并定位栏杆

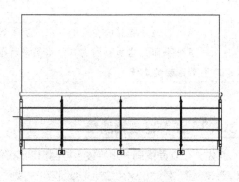

图 13-46　栏杆修改结果

AutoCAD应用情况来看，无论多么复杂的立面图，基本上都是沿着这个思路绘制的。

　　本章中介绍了南立面、西立面两个立面的绘制。至于其他两个立面，在这里简单说明一下。东立面可参照西立面图绘制，只不过投影方向相反。对于北立面的绘制，可以复制一个平面图出来，将它旋转180°后作为参照（图13-47），其余部分的操作与正立面相同。

> 🖼 说明　如图13-46所示残破的线条，最好用"合并" ⊶（J,*JOIN）命令来处理，以便线条完整，不零乱。

　　以上就是(E) ~ (A)立面绘制过程中需要强调的要点。

　　在本节中，我们结合别墅立面图讲解立面图绘制的常规步骤、方法及注意事项。就目前

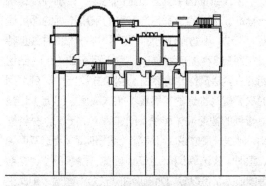

图 13-47　北立面绘制方法示意图

13.3　绘制某别墅剖面图

　　本节以别墅1—1剖面（图13-48）为例讲解剖面图绘制的基本方法，让读者初步体验了剖面图绘制的一般过程。剖面图绘制比较琐碎，需要综合平面、立面来考虑结构、构造、空间尺度等问题，对于初学者有一定的难度。但是，只要按照一定的方法循序渐进，也会达到化繁为简、化难为易的。剖面图的个数因建筑单体复杂程度和设计深度而定，本例选取了最复杂位置的剖面图进行讲解，其他剖面相对简单，可以参照绘制。

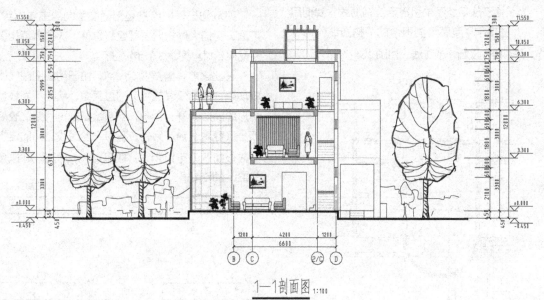

1—1剖面图 1:100

图 13-48　某别墅 1—1 剖面图

13.3.1 绘图环境

跟立面图一样，剖面图可以在平面图所在的图形文件中绘制，也可以在另一个图形文件中绘制。当图形文件较大时，可选择后者。剖面图绘图环境的基本设置（单位、图形界限等）与平、立面图相同。文字样式、尺寸样式则根据出图比例的大小来决定。若比例与平、立面图相同，则不必再设置新的样式。

至于剖面图中图层设置的问题，目前亦没有统一标准。不同的绘图习惯，可能采用不同的图层设置。不过，不妨抓住剖面图的粗、中、细3种线型特征和对应3种图形对象来划分：粗实线（b），剖切到的主要建筑构件轮廓线；中实线（$0.5b$），剖切到的次要建筑构造的轮廓线（如抹灰层、门窗）和投射看到的构配件轮廓线；细实线（$0.25b$），材料图案、轴线、尺寸线、引线等。当图形简单而选取两种线型时，应选择b和$0.25b$。因此，除了尺寸、文字等图层外，可以专门为剖面图建立3个图层：剖面主要构件、剖面次要构造、材料图案（图层名可自拟）。

13.3.2 确定剖切位置和投射方向

根据该别墅方案的情况，我们选择起居室中部作为剖切位置，剖切线经过前侧弧形玻璃幕墙、后侧楼梯、窗户以及二层栏杆、屋顶玻璃采光顶，空间及结构均较复杂。剖视方向向左。

为了便于从平面图中引出定位辅助线，我们用"默认"选项卡"绘图"面板中的"构造线"命令 ，在剖切位置画一条直线，如图13-49所示。

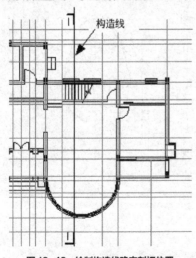

图 13-49 绘制构造线确定剖切位置

> 💡说明　采用构造线的目的在于它可以一次贯通多个平面，当需要利用其他楼层平面图时，就不必再绘制此线。

13.3.3 绘制定位辅助线

首先，在立面图同一水平线上绘制出剖面图室外地坪线位置。然后，采用绘制立面图定位辅助线的方法绘制出剖面图的定位辅助线，如图13-50所示。

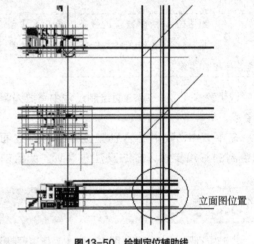

图 13-50 绘制定位辅助线

13.3.4 绘制建筑构配件

建筑构配件的绘制是剖面图绘制的主要内容。下面，我们大体按照主要建筑构件、次要建筑构造及配件、材料图案3个步骤进行。

在此之前，需要说明一点，由于剖面图图线比较琐碎，因此建议在绘制的过程中，就把不同线型图形的图层分开，否则，全部绘制好再调整比较麻烦，且容易遗漏。另外，不同线型图线之间的连接处应该断开（可以用"打断于点" 处理），以免线型设置时出错，如图13-51所示。

图 13-51 不同线型之间断开示意图

看线，如图 13-55 所示。

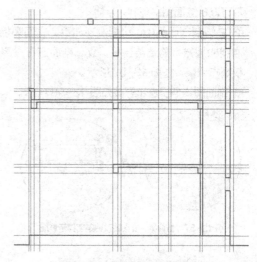

图 13-54　基本完成主要构件绘制

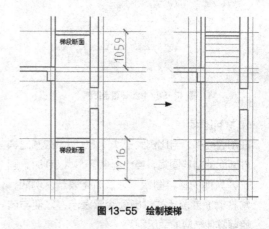

图 13-55　绘制楼梯

❷ 次要构造及配件。

　　次要构造及配件包括门窗、玻璃幕墙、玻璃采光顶、栏杆以及其他看线，结果如图 13-56 所示，操作要点提示如下。

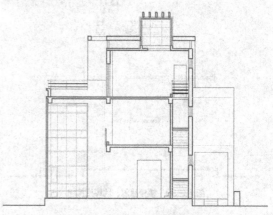

图 13-56　完成次要构造及配件的绘制

绘制步骤

❶ 主要建筑构件。

　　在此部分，主要绘制地坪线、墙、柱、楼板、屋面等部分，初步把整个建筑构架建立起来，后面再逐步细化。操作要点提示如下。

① 引出剖切到的地坪线、墙、柱、楼板、屋面定位辅助线，其他辅助线先不作出，否则容易凌乱，如图 13-52 所示。

② 在此基础上初步绘制出这些构件的轮廓，门窗洞、楼板开洞的位置大小可以先不绘制，如图 13-53 所示。

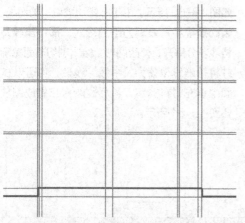

图 13-52　主要构件定位辅助线

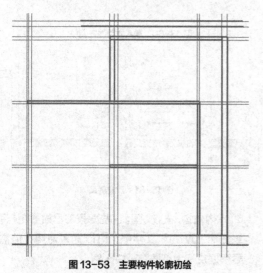

图 13-53　主要构件轮廓初绘

③ 进一步绘出门窗洞、楼板开洞以及梁断面等，基本完成主要构件绘制，如图 13-54 所示。

④ 剖切线剖到直跑楼梯梯段中部，需要事先确定底层、二层剖切位置楼梯的高度，绘出梯段剖切断面，然后再从室内地坪处逐级绘制踏步

① 投射看到的玻璃幕墙、栏杆、玻璃采光顶图形可以从立面图中复制。

② 在绘制剖面图中，可能发现与平、立面图相冲突的地方，需要结合平、立、剖面三者关系权衡作调整，如图 13-57 所示。

③ 剖面图线型设置示意图如图 13-58 所示。

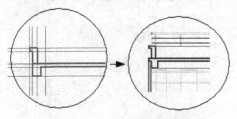

图 13-57　结合平、立面图调整剖面图示意图

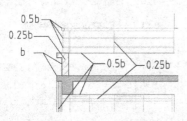

图 13-58　线型设置示意图

④ 材料图案。

在剖面图中，当比例大于 1：50 时，应画出构件断面的材料图案；当比例小于 1：50 时，则不画具体的材料图案，可以简化表示。例如，常将钢筋混凝土构件断面涂黑表示，以便与砖墙等其他材料断面区别。

本例出图比例拟取 1：100，故只需将钢筋混凝土构件（梁、楼板、楼梯）断面涂黑，并把地坪线加粗，结果如图 13-59 所示。

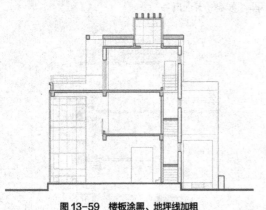

图 13-59　楼板涂黑、地坪线加粗

13.3.5　添加配景、文字及尺寸标注

STEP 绘制步骤

❶ 配景。

在方案图中，可以在室内外增添各种配景，包括室内家具陈设，室内外植物、人物等内容，以体现空间的用途和特点。在其他阶段，考虑到剖面图的深度和侧重点不同，这部分可以省去，重点突出结构、构造、材料、标高、尺寸等信息。

① 室内沙发。事先从平面图中引出沙发定位线，然后从"建筑图库 .DWG"中插入沙发立面块，如图 13-60 所示。由于右侧沙发位于剖切线上，因此需要将它表现为剖面形式。操作步骤是，将沙发分解开，修改图形，绘出剖切断面轮廓，并将轮廓线设置为"中线"线型，也可以在断面中填充材料图案，最后重新将它做成图块，如图 13-61 所示。

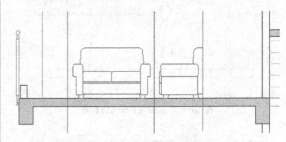

图 13-60　插入立面沙发图块

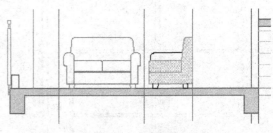

图 13-61　沙发剖面

② 室内植物、人物、画。这些配景都已放置在"建筑图库 .DWG"文件中，可以插入使用，但需要根据空间大小调整图块比例。

③ 室外植物。可以从立面图处复制室外植物。

❷ 文字、尺寸。

根据不同设计阶段的要求来标注文字、尺寸内容，力图清晰、准确，结果参见图 13-48。